Christian Mikunda

Marketing spüren

W0046794

Christian Mikunda

Marketing spüren

Willkommen am Dritten Ort

2., überarbeitete und aktualisierte Auflage

REDLINE WIRTSCHAFT

Bibliografische Information der Deutschen Nationalbibliothek
Die Deutsche Nationalbibliothek verzeichnet diese Publikation in der Deutschen Nationalbibliografie. Detaillierte bibliografische Daten sind im Internet über http://dnb.d-nb.de abrufbar.

ISBN 978-3-636-01424-5

Unsere Web-Adresse:
www.redline-wirtschaft.de

2., überarbeitete und aktualisierte Auflage
© 2007 by Redline Wirtschaft, Redline GmbH, Heidelberg.
Ein Unternehmen von Süddeutscher Verlag | Mediengruppe.

Alle Rechte, insbesondere das Recht der Vervielfältigung und Verbreitung sowie der Übersetzung, vorbehalten. Kein Teil des Werkes darf in irgendeiner Form (durch Fotokopie, Mikrofilm oder ein anderes Verfahren) ohne schriftliche Genehmigung des Verlages reproduziert oder unter Verwendung elektronischer Systeme gespeichert, verarbeitet, vervielfältigt oder verbreitet werden.

Lektorat: Christina Mathoi-Pollack, Wien
Satz: satzstudio@zeiner.net
Cover: Min Jinki
Umschlaggestaltung: Thomas Jarzina, Köln
Druck: Himmer, Augsburg
Bindearbeiten: Thomas, Augsburg
Printed in Germany 2007

Für Denise und Julian

Inhalt

Willkommen am Dritten Ort

Zielstrebig betritt der Besucher das Museumsgelände der Peggy Guggenheim Foundation in Venedig. Er begleicht den nicht unerheblichen Obolus und rauscht durch die Sicherheitskontrolle in den vertrauten Garten, der ihn wie immer unverzüglich in einen Zustand der entspannten Beschwingtheit versetzt. Im Ausstellungsgebäude steht er einige Minuten vor einem bunten Bild von Miro, kurz vor einem Kandinsky und danach vor seinem Lieblingsgemälde von Magritte, auf dem es zugleich Tag und Nacht ist. Dann aber geht er sofort auf die Terrasse direkt am Canale Grande. Viele andere Besucher lehnen hier schon an der Steinbrüstung vor tuckernden Vaporetti und Gondeln im venezianischen Licht. Eine Firma, die ein neues Getränk mit merkwürdig grüner Farbe auf den Markt bringt, kredenzt Kostproben und zwanzig Minuten vergehen wie im Flug.

Als der Besucher das erste Mal hier war, erforschte er noch ausführlich die wertvolle Sammlung von Gemälden und Skulpturen des 20. Jahrhunderts. Doch seither ist für ihn die emotionale Stimmung am Museumsgelände wichtiger als die Ausstellung selbst. Nach kurzen Stopps vor seinen Lieblingsbildern sitzt er lieber in der mit Efeu bewachsenen Steinlaube gleich neben den Gräbern von Peggy Guggenheim und ihrer unzähligen Hunde, stöbert lange im Shop, trinkt einen Café Latte im Museumscafé, berührt zum Abschied, wie jedes Mal, den riesigen Glasstein im kunstvoll gestalteten Tor der Foundation. Obwohl nicht wirklich ein glühender Verehrer moderner Malerei, wurde er so zu einem regelmäßigen Gast des Museums, der Eintritt bezahlt, kleine Dinge kauft und etwas konsumiert.

Home away from home

Die Peggy Guggenheim Foundation gehört zu jenen Plätzen, an denen sich die legitimen Marketinginteressen an Zusatzverkauf und langer Aufenthaltsdauer mit der Sehnsucht der Menschen nach halböffentlichen inszenierten Lebensräumen treffen. Es sind Orte, an denen man sich vorübergehend zu Hause fühlt und die emotional so stark sind, dass sie ihren Besuchern die Möglichkeit geben, sich selbst emotional aufzuladen. Peggy Guggenheim ist ein »Dritter Ort«.

Nach der gestalteten Wohnung und dem ästhetisch ansprechenden Arbeitsplatz gehören die so genannten »Dritten Orte« in die Kategorie der neuen Freizeit. Der »Erste Ort«, das durchgestaltete Heim, war bereits eine Erfindung des neunzehnten Jahrhunderts. »Zeige mir deine Wohnung und ich sage dir, wer du bist«, formulierte einmal ein Schriftsteller. Die Ästhetik des Heims wurde zum Ausdruck des eigenen Ich, der Life Style war entdeckt. Man wohnte bescheiden biedermeierlich oder schwülstig exotisch, wie es der Malerfürst Makart in Wien propagierte. In jedem Fall war der Mehrwert der Ästhetik noch ganz unter der Kontrolle des Einzelnen, der »inszenierte Lebensraum« war zu Hause.

Das sollte sich ändern, als man im Amerika der sechziger Jahre die motivierende Kraft einer ästhetischen Arbeitsumgebung entdeckte. So entstand der »Zweite Ort«, der sich in weitläufigen Großraumbüros mit viel Licht, Luft und Grün äußerte und in Experimenten mit bunt gestrichenen Fabrikhallen. Mitarbeiter wurden seltener krank, identifizierten sich stärker mit dem Unternehmen, waren motivierter und somit produktiver, was den Chef freute. Somit war jetzt auch der Arbeitsplatz ein Stück weit »inszenierter Lebensraum«.

In den achtziger Jahren schwappte der damals neue Trend zum erlebnisorientierten Marketing zunehmend auf den öffentlichen Raum über. Man begann Shops und Restaurants zu inszenieren, Museen wurden entstaubt, die ersten Erlebnishotels gebaut. Die Sinnlichkeit und Wohnlichkeit dieser Plätze brachte die Menschen dazu, auch diese halböffentlichen Orte als persönlichen Lebensraum wahrzunehmen. Der »Dritte Ort« war geboren und der »inszenierte Lebensraum« war jetzt auch Bestandteil der Vitalität unserer Städte. Ihre Freizeit verbrachten die Menschen nun nicht mehr ausschließlich an klassischen Orten der Unterhaltung wie Kino, Fußballplatz, Kegelbahn, sondern auch an den neuen Orten des Business Entertainment, in Shopping Malls, bei Events und in der Erlebnisgastronomie.

Der Puppenladen als Reiseziel

»Habt Ihr schon ›American Girl Place‹ gesehen?«, fragt ein Kollege aus den Staaten. »Da reisen die Mütter mit ihren kleinen Töchtern extra an, um einen Tag lang so eine Mutter-Tochter-Sache zu erleben.« Und tatsächlich, wer eines der drei mehrstöckigen Kaufhäuser in New York, Chicago oder Los Angeles betritt versteht schnell, warum diese Mütter mit ihren durchschnittlich acht- bis zwölfjährigen Töchtern manchmal eine weite Reise auf sich nehmen, um hier mehrere Stunden zu verbringen. Neben dem eigentlichen Shop gibt es ein schickes Café, in dem Mütter, Töchter und Puppen gleichberechtigt zu Lunch, Brunch oder Dinner um den Tisch herum sitzen, und es gibt ein Theater für rund hundert Zuschauer, in dem mehrmals täglich ein eigens für diesen Ort konzipiertes Musical läuft. Doch im Zentrum der hochprofessionellen Erlebniswelt steht der Verkauf. »Follow Your Inner Star!«, lautet der Wahlspruch. Die jungen Kundinnen sollen herausfinden, wer sie sind und wie man sich im Leben verhält. Dazu gibt es zwei große Produktgruppen:

Die »Historical Characters« sind elf erfundene Mädchen aus der Geschichte Amerikas von 1764 bis 1944, um die herum man heroische Geschichten »vom richtigen menschlichen Verhalten« ausgedacht hat. Meine derzeitige Lieblingsfigur ist Felicity Merriman (1774), deren Geschichte in der Zeit des amerikanischen Unabhängigkeitskrieges gegen das britische Empire spielt. Doch während Felicity an die Selbstbestimmung Amerikas glaubt, steht ihre beste Freundin Elizabeth und ihre Familie auf der Seite der Royalisten. Wird es Felicity gelingen, an das Richtige zu glauben, ohne dabei ihre beste Freundin zu verlieren? Jeden »Character« gibt es als realistische Puppe, deren Geschichte in einer Vitrine mit Kulissen, Gegenständen und Spezialeffekten erzählt wird. Zu kaufen gibt es das Puppenhaus zur Geschichte, unendlich viele Möbel, Kleider, Gegenstände zur Geschichte, das Buch zur Geschichte (manchmal mehrere) und den Spielfilm zur Geschichte auf DVD, der wie eine große Hollywoodproduktion aussieht (Julia Roberts produziert gerade einen). Alle jungen erfundenen Damen sind neun Jahre alt und werden im Verlauf der Geschichte zehn, was zur Folge hat, dass für jede ein aufwendiger Geburtstagstisch aufgebaut ist, dessen Gegenstände – der Leser errät es – gekauft werden können.

Die zweite Produktgruppe nennt sich »Just like You« und besteht im Kern aus einer einzigen Puppe mit immer denselben Gesichtszügen, aber in 25 unterschiedlichen Varianten in Bezug auf Gesichts-, Haar- und Augenfarbe. Die junge Kundin versucht nun herauszufinden, welche Puppe ihr vom Typ her am meisten ähnelt. Habe ich helle Haut mit Sommersprossen, braune Haare mit dunkelblonden Strähnen und blaue Augen (Nr. 6) oder – ähnlich und doch ein ganz anderer Typ – helle Haut ohne Sommersprossen und normal braunes Haar zu meinen blauen Augen (Nr. 16)? Dann kommt die Puppe zum Puppenfriseur, der ihr für 10 Dollar dieselbe Frisur verpasst, die auch die kleine Kundin hat. Umgekehrt kaufen sich manche Mädchen in der nächsten Abteilung ein Kleid, das die Puppe trägt, ihre Tasche, ihr Nachthemd. So kann es passieren, dass man auf dem Gang einer Neunjährigen begegnet, die ihrer Puppe am Arm zum Verwechseln ähnlich sieht, und – wie unheimlich – auch die Mama daneben sieht oft genauso aus wie Tochter und Puppe.

Was uns Europäern beinahe wie eine Parodie auf den »American Way of Life« erscheint, produziert neben all dem Kaufrausch doch auch schöne, reale Erinnerungen. Denn wenn einmal die Puppe längst vergessen sein wird, ist vielleicht die Erinnerung an einen großartigen Nachmittag in New York immer noch höchst lebendig und stellt sich rückwirkend als das eigentliche Produkt heraus. Der Slogan von »American Girl Place« lautet deshalb konsequenterweise: »Cafe. Theater. Shops. Memories.« Und so werden viele »Dritte Orte«, deren eigentliche Funktion der Verkauf ist, heute zugleich als Sehenswürdigkeit vermarktet. In den Augen der Marketingabteilung ist ein solcher Verkaufsort einfach dreidimensional gebaute Werbung, begehbare Public Relations. Man kann Storys mit tollen Fotos in Life-Style-Magazinen platzieren und manche öffentliche Diskussion in Gang setzen, was über den eigentlichen Kernverkauf, der bei »Mattels American Girl« übers Internet läuft, nicht so ohne weiteres möglich wäre.

Neben Aufsehen erregenden Shops werden immer öfter die Markenwelten der Industrie, die Brand Lands, zu erstklassigen Reise- und Ausflugszielen. Im Guinness Storehouse in Dublin wird im Gebäude einer ehemaligen Lagerhalle authentisch und emotional erzählt, was es bedeutet, ein Guinness-Bier zu brauen. Allein schon das Atrium, das an ein riesiges Pint-Glas erinnert, zieht die Menschen an. So hat Guinness das Kunststück zu Wege gebracht, zur meistbesuchten Touristenattraktion Irlands zu werden. Ähnlich ergeht es den Swarovski-Kristallwelten in Tirol. Gleich nach dem Schloss Schönbrunn ist die Wunderkammer im Inneren eines Waldriesen die am zweithäufigsten besuchte Attraktion Österreichs.

Außer dem nahe liegenden Mehrwert, auch Sehenswürdigkeit zu sein, haben sich eine ganze Reihe weiterer Zusatzfunktionen herausgebildet, die aus Orten der Wirtschaft jene vitalen Lebensräume machen, die wir als »Dritte Orte« erleben. Hotels sind nicht allein zum Schlafen da, sie sind auch Treffpunkt für alle, die sich mit ihrem Life Style identifizieren und aufladen wollen. Die Lobbys, von Phillipe-Starck-Hotels etwa, weisen eine hohe Dichte an hübschen Models auf, die mit ihrer Clique hierher kommen, um auszugehen. Starcks Designhotels bieten einen dramatischen Auftritt wie auf einem Catwalk – im Delano in Miami Beach eine tiefe Schlucht aus weißen, turmhohen Tüllvorhängen quer durch die Halle – und jede Menge inszenierter Bars, Restaurants und Gärten.

Das Warten auf Bahnhöfen war früher eine Qual. Heute gehören die neuen First Class Lounges der Deutschen Bahn zum Besten, was es an inszeniertem Warten gibt. Zwischenorte, wie Lobbys, Lounges, Museumsatrien, werden mit genauso viel Aufmerksamkeit registriert wie die eigentlichen Hauptorte selbst. Shops in Museen waren früher kleine Zusatzeinrichtungen. Heute erscheinen uns manche Museen wie Shopping Malls. Ähnliche Tendenzen zur multifunktionalen Verdichtung finden sich in der Gastronomie und anderen Formen des Ausgehens, auf Messen, Weltausstellungen, Sportveranstaltungen, Events und Festivals.

Überall wird einer Kernfunktion ein beinahe gleichwertiges emotionales Extra dazugegeben.

- Shops sind auch Ausflugsziele für Familien.

- Brandlands sind auch Sehenswürdigkeiten für Touristen.

- Hotels sind auch Treffpunkte mit Life Style.

- Museen sind auch Shopping Malls und Orte der Kraft.

Die Welt des Ray Oldenburg

In Pensacola, Florida, geht jede Woche ein nicht mehr ganz junger Soziologieprofessor namens Ray Oldenburg mit einigen Freunden, Polizisten in karierten Flanellhemden, Kaffee trinken. Sein »Coffee with the Cops«, wie er sagt, findet im Good Neighbour Coffeeshop statt, einer »Kneipe ums Eck«, deren Name und unkompliziertes Aussehen mit einfachen Holztischen durch Oldenburgs Buch »The Great Good Place«[1] inspiriert wurde.

In diesem Buch wettert der Soziologe aus Sicht eines intellektuellen konservativen Amerikaners gegen die Shopping-Mall- und Fastfood-Gesellschaft seines Landes. Er bezeichnet ihre Plätze als »Nicht-Orte« und preist den kleinen Friseurladen, der auch Informationszentrum der Gemeinde ist, die Buchhandlung, in der man gute Gespräche mit dem Buchhändler führen kann, die Kneipe, in der einen jeder kennt. Diese »guten, alten Plätze«, an denen man stundenlang herumhängt, nannte Oldenburg schon Ende der achtziger Jahre »Third Places«. Sie seien emotional anregend ohne inszeniert zu sein, für jedermann zugänglich und gleich um die Ecke, würden keinerlei sozialen Druck ausüben, seien gemütlich, aber leider weitgehend ausgestorben. Als Vorbilder nannte Oldenburg seinen Landsleuten die historisch gewachsenen »Third Places« in Europa – das irische Pub, die italienische Piazza und das Wiener Kaffeehaus.

Knapp vor Weihnachten 2001 eröffnete ausgerechnet in der Kaffeehaus-Metropole Wien ein großes Starbucks Coffeehouse in erstklassiger Lage gleich gegenüber der Wiener Staatsoper. Es ist von frühmorgens bis spätabends geöffnet und war trotz aller Unkenrufe vom ersten Augenblick an gnadenlos erfolgreich. Bequeme Club-Fauteuils um niedere Tische erzeugen Wohnzimmeratmosphäre, und das ist kein Zufall. Mit leuchtenden Augen verkündete der eigens zur Eröffnung angereiste Starbucks CEO Howard Schultz: »Wie auch die Wiener Kaffeehäuser betrachten unsere Gäste weltweit die Starbucks Coffee Houses als ihr drittes Zuhause, eine Oase zwischen Heim und Arbeitsplatz, wo man sich mit Freunden trifft.«

Auch Sony-Deutschland-Marketingchef Ron Lakos bezieht sich in der PR von Sonys Spielkonsole Playstation2 auf den Third Place. Da heißt es etwa: »Befrei dich von Ordnung und Logik und trete in einen neuen Ort ein. Es ist nicht der

Arbeitsplatz. Es ist nicht das Zuhause. Noch niemand hat ihn auf Landkarten verzeichnet. Nichts ist sicher. Alles ist möglich. *Welcome to the third place.*« Der Slogan verweist auf das spezielle Flair der PS2-Videospiele, ihren hohen Realismus, der die Spielorte als eigenständige Realität, als Third Place, glaubhaft macht. Darüber hinaus ist der Slogan auch Anspielung auf eine in den USA geführte Diskussion, ob denn nicht die Welten des Internet und anderer virtueller Umgebungen die wahren Third Places seien – temporäre Zufluchtsorte, für jedermann zugänglich und emotional aufgeladen.

Sony und Starbucks sprechen in ihrer Öffentlichkeitsarbeit ausdrücklich an, was viele andere Unternehmen ebenso praktizieren. Sie benützen den emotionalen Mehrwert eines vorübergehenden Zuhauses als Marketinginstrument. Wie mag sich dabei wohl Ray Oldenburg fühlen? Ausgerechnet die von ihm kritisierten Vertreter einer marketingorientierten Erlebniswirtschaft sind drauf und dran, etwas vom verloren geglaubten Third Place zurückzuerobern. Allerdings muss gesagt werden, dass dabei die persönliche Präsenz eines Buchhändlers, mit dem man plaudern kann, oder des Wirtes, der seine Gäste kennt – beide auf Grund der Globalisierung stark dezimiert – durch Inszenierungsmaßnahmen ersetzt werden muss.

Man muss Ray Oldenburg zugute halten, dass seine Kritik an der Kälte und Infantilität amerikanischer Marketinginszenierungen damals, in der Zeit der Spaßgesellschaft, durchaus etwas für sich hatte. Doch die Zeiten haben sich geändert. Denn während noch vor Jahren die inszenierte Flucht in eine Traumwelt im Vordergrund des Business Entertainment stand, ist jetzt – und nicht nur seit dem 11. September 2001 – eine gewisse Nachdenklichkeit eingekehrt.

Die erfolgreichen Erlebniskonzepte der Gegenwart verbinden die Sehnsucht nach dem Entertainment mit ehrlichen, großen Gefühlen, mit echten Materialien und hochwertigem Design, mit Lebenshilfe im Alltag, mit der Seelenmassage zwischendurch für den gestressten Kunden. Kurzum: Die Erlebnisgesellschaft ist erwachsen geworden.

Deutliche Indizien für diese Entwicklung sind die Veränderungen in Las Vegas, der Welthauptstadt des inszenierten Marketings. Da gibt es im Mandalay Bay Resort ein Restaurant mit Bar namens Rumjungle. Ein solcher Ort zum Thema Rum, Karibik und Dschungel hätte wahrscheinlich noch vor wenigen Jahren so ausgesehen, dass ein computergesteuerter Pirat neben einem Rumfass vor dem

Lokal gesessen und dem Gast freundlich zugeprostet hätte. Jetzt hat man sich überlegt, aus welchen Ingredienzien Rum besteht, und anscheinend hat das auch etwas mit Feuer und Wasser zu tun, denn man betritt das Lokal durch eine Feuerwand aus unzähligen Gasflammen vor schwarzem Stein. Im Inneren des Lokals strömen dann gut ein Dutzend Dschungelwasserfälle über Designglasplatten, die auch als Raumteiler wirken. Ab 23 Uhr herrscht ein strenger Dresscode und niemand kommt mehr in Turnschuhen in die hippe Bar.

Die Marketingbranche insgesamt musste einsehen, dass in der Vergangenheit so manches gut gemeinte Entertainment – zusätzlich zu Konsumdruck und Informationsüberflutung – auch noch einen Erlebnisdruck auf den Konsumenten ausübte. Einige Läden sahen plötzlich wie Freizeitparks für Kinder aus, was vor allem in Europa bisweilen befremdlich wirkte. Also setzt man Erlebnisse jetzt so ein, dass sie den Gesamtdruck auf den Konsumenten eher abbauen.

In einem Supermarkt bei Wien startete vor einigen Jahren die größte österreichische Supermarktkette Billa ein interessantes Experiment. Über den Kühlregalen erblickte der Käufer ein breites Sonnenblumenfeld, das mit vielen zusammengeschalteten Videobeamern auf die Wand projiziert wurde. So ergab sich eine Art Videofries mit erstaunlichen Auswirkungen. Die sonst so hektischen Käufer standen jetzt versonnen vor den großen, gelben Sonnenblumen, die sich langsam hin und her wiegten, und genossen die inszenierte Verschnaufpause zwischendurch: Seelenmassage in der Hektik des Alltags. Schade, dass die interessante Innovation nach einigen Jahren entfernt wurde. Eine andere technologische Neuerung, um Druck aus dem Supermarktbesuch herauszunehmen, ist allerdings geblieben. Alle Einkaufswagen sind mit Scannern ausgerüstet, mit denen die Käufer selbst den Preis der Ware einlesen können. Hat man eine Kundenkarte, verringert sich dadurch die Wartezeit an der Kasse auf unglaubliche zehn Sekunden.

Ein solches »Convenience Entertainment«, das den Alltag reibungsloser macht, ist derzeit ebenso ein Hit der Erlebnisbranche wie das von wogenden Sonnenblumenfeldern ermöglichte »Mood Management«, das dem Konsumenten seine persönliche Stimmungskontrolle erlaubt. Beide Trends sind typische Beispiele für eine gewisse Professionalisierung im Business Entertainment. Erlebnisse werden erwachsener, authentischer, dosierter eingesetzt als noch vor Jahren. So gesehen haben Ray Oldenburg und seine Freundesgruppe im Flanellhemd gesiegt. Doch in einem haben sie Unrecht: Ganz auf Erlebnisse verzichten wird man niemals wieder. Der emotionale Mehrwert von Entertainment im Marketing hat sich sowohl langfristig als imagebildender Faktor als auch direkt am Ort des Geschehens bewährt. Denn Erlebnisse steigern die Aufmerksamkeit, erhöhen die Verweildauer und wirken unmittelbar verkaufsfördernd.

Warum Erlebnisse verkaufen

Ein berühmt gewordener Werbespot der britischen Tageszeitung *The Guardian* (siehe Farbbildteil, Seite I) führt eindrucksvoll vor Augen, warum Erlebnisse so verführerisch sind. Wie jede Qualitätszeitung wirbt der Guardian damit, seinen Lesern den Überblick über eine komplex gewordene Welt zu geben. Dazu zeigt er aus drei unterschiedlichen Kameraperspektiven, wie ein gefährlich wirkender junger Mann, der auch ein Skinhead sein könnte, eine Straße hinunterläuft. In der ersten Einstellung denkt man unwillkürlich an eine Flucht, denn der junge Mann läuft in dem Augenblick los, als hinter ihm ein Wagen auftaucht, aus dem ihm zwei Männer, vielleicht Polizisten, nachsehen. Das Bild friert ein. In der nächsten Einstellung sieht die Sache plötzlich ganz anders aus. Der Skinhead-Typ läuft direkt auf einen Geschäftsmann zu und greift ohne Vorwarnung nach dessen Aktentasche, die von ihrem Besitzer schützend hochgerissen wird. Das Bild friert erneut ein und wir sind felsenfest davon überzeugt, einen Raubüberfall beobachtet zu haben. Doch schließlich müssen wir erkennen, dass wir uns wieder geirrt haben, denn die Kameratotale der dritten Einstellung zeigt eindeutig, dass der scheinbare Räuber die Tasche gar nicht an sich reißt, sondern sie mitsamt ihrem Besitzer in der Gegenrichtung wegstößt. Die schwere Last eines Baukranes über dem Kopf des Mannes war gekippt, und der Skinhead, der keiner ist, stößt ihn im letzten Augenblick zur Seite. »It's only when you get the whole picture you can fully understand what's going on« lautet die Botschaft des Guardian.

Der AIME-Faktor

Erst Flucht, dann Raub, schließlich Lebensrettung: Innerhalb von 50 Sekunden reimt sich der Zuseher drei ganz unterschiedliche Geschichten zusammen, wird dazu gebracht, sozusagen selbst die letzten Puzzlesteine einzusetzen. Diese mentale Aktivität bezeichnet der Psychologe Salomon als den »Amount of Invested Mental Elaboration«. Wenn dieser AIME-Wert hoch ist, hat der Zuschauer Spaß und fühlt sich auf eine vibrierende Weise lebendig und beschwingt. In diesem aufgekratzten Zustand der erhöhten Aufmerksamkeit saugt er begierig jede Art von Information mit ein. Erlebnisse öffnen also den Konsumenten für Botschaften. Daher ist Werbung heutzutage aufwendig produziertes Entertainment, daher werden Verkaufsorte emotional aufgeladen.

Ein Erlebnisort bringt den Konsumenten dazu, alle Möglichkeiten und Angebote am Point of Sale abzugrasen. *Browsing* nennt man in Amerika daher dieses Verhalten in Shops, Museen oder auf Messeständen. Der Konsument möchte möglichst alles sehen. Auf diese Weise verlängert sich seine Aufenthaltsdauer, steigt sein Wohlwollen für das, was an diesem Ort präsentiert wird. Erlebnisse wurden daher zu einem bedeutenden Marketinginstrument.

Drehbücher im Kopf

Im Fall des Guardian-Werbespots reimt sich der Zuschauer Geschichten zusammen. Passen die Signale in verführerischer Weise auf einen Raub, kann man gar nicht anders, als sich die Story so zu Ende zu denken. Wir wissen eben prinzipiell, wie ein Raubüberfall abläuft, haben dafür und für unendlich viele andere Grundsituationen des Lebens so genannte *Brain Scripts* erworben, »Drehbücher im Kopf«. Professionell Geschichten erzählen bedeutet, diese mentalen Drehbücher anzustoßen.

Wenn beispielsweise fünf Schauspieler vor einer neutralen weißen Wand sitzen und zugleich interessiert die Köpfe hin und her wenden, synchron dazu ein verräterisches »Plop, Plop« zu hören ist und vielleicht auch noch jemand aus dem Hintergrund Dinge sagt wie »fünfzehn – null«, dann kann man befragen, wen man will: Alle Menschen werden bestätigen, dass hier ein Tennisspiel läuft. Dabei waren doch weder irgendwelche Spieler zu sehen noch ein Tennisplatz oder der Ball. Alle Signale passten bloß unwiderstehlich auf unser Tennis-Brain-Script.

In den meisten Fällen sind Geschichten am inszenierten Ort eher ein emotionaler Zusatz. Ein Schaufenster mit einem umgeworfenen Weinglas, ein roter Stöckelschuh, ein Stück Spitzenunterwäsche, um das es eigentlich geht, und der vorbei eilende Konsument meint, dass hier eine »nette Nacht« gelaufen sei. Die Story dramatisiert zwar die Ware, aber die Produkte stehen immer noch im Vordergrund. Nachdem aber auch Verkaufsorte immer mehr zum temporären Lebensraum für Kunden wurden, entstanden Ladenkonzepte, bei denen das Sortiment in den Hintergrund tritt und der inszenierte Akt des Kaufens, die Story, die sich zwischen dem Kunden und dem Produkt abspielt, in den Mittelpunkt der Aufmerksamkeit rückt.

Wie man einen Hasen macht

Spektakulärstes Beispiel für diesen Trend ist Build-a-Bear. Entzückende Kätzchen, Teddybären oder Hasen warten in den Shops der amerikanischen Ladenkette, noch ungefüllt, auf ihre zukünftigen kleinen Besitzer, oder eher auf deren Eltern und Großeltern. Nirgendwo sonst kann man so viele gerührte Omas und Opas sehen, die mit Tränen in den Augen für ihre Enkel zu Hause »ein Tier machen«. Dabei bekommt man von Station zu Station immer mehr das Gefühl, an einem Schöpfungsprozess beteiligt zu sein, an einer Geburt. Zuerst sucht man sich das Tier aus, sagen wir, einen lieben Hasen mit langen Ohren. Während man sich an der Füllmaschine anstellt, wählt man aus einer Schütte ein kleines Herz für das Tier. Es gibt sie in rot-weiß-kariert oder in knalligem Rot. Manche Amerikaner holen auch noch einen Sprachchip aus einer Schublade. Das Tier sagt dann zum Beispiel »I love you«. Wir Europäer beobachten vielleicht lieber, wie die Füllung durch eine Plexiglasröhre quer durch den Shop in die bunte Füllmaschine flutscht. Dort sitzt eine junge Frau, meist schwarz und trotz bescheidener Bezahlung äußerst freundlich, und sagt uns, wo das Pedal ist, auf das wir treten müssen, um den Hasen selbst zu füllen. Bevor sie ihn zunäht, kommt das Herzritual. Sie macht es vor, wir machen es nach. Man drückt das Herz an das linke Auge, dann an das rechte, dann küsst man es und steckt es in das Tier. Das ist der Augenblick, in dem man zum ersten Mal ernsthaft gerührt ist.
Weiter geht es. In einer Art Luftdruckbadewanne bringen wir das Fell des Hasen auf Vordermann. Dann braucht der Hase ein Outfit. Während die Tiere selbst recht wohlfeil sind, haben es die Accessoires in sich. Zuerst bekommt der Hase eine Unterhose, in der man ein Loch für die Blume gelassen hat. Dann Jeans, eine Jacke, einen langen roten Schal. Zur Sicherheit kaufen wir noch etwas für den Sommer: Turnschuhe passend für ein Tier der Größe 3, eine Sonnenbrille

und, ach ja, eine Badehose kann nicht schaden. Das alles kostet ein Vielfaches des Tieres selbst, aber um uns herum können wir sehen, dass auch andere Erwachsene und Kinder einem kollektiven Kaufrausch verfallen sind. Wir gehen schnell zu den Computern, an denen man die Geburtsurkunde für das Tier erstellt. Name des Tieres: »Hasi« schreiben wir einfallslos. Der Computer identifiziert an Hand der Warennummer die Farbe des Fells, der Augen und die Größe des Tiers. Dann noch der Name des zukünftigen Besitzers: »Hasi made for Julian from Mama with Love«, lesen wir gerührt auf dem Computerausdruck. An der Kasse wird das Tier von einer anderen netten Frau komplett angezogen, auch wenn noch andere Kunden warten. Schließlich steckt sie den Hasen in ein Transporthäuschen aus Karton. Man sieht ein Stück seines Fells durch ein kleines Fensterchen hindurch. Auf dem Haus steht geschrieben: »I'm going home«.

Einem kleinen Wesen wird mittels Füllung und Herzritual Leben eingehaucht. Es wird mit Luft gebadet, gekleidet, mit Namen und Geburtsurkunde versehen und schließlich nach Hause gebracht. Der elterlichen Zielgruppe von Build-a-Bear kommt das alles irgendwie bekannt vor. Das *Brain Script*, das dabei unterschwellig, doch kraftvoll, losgetreten wird, erzeugt die Rührung, an die man auch dann noch zurückdenkt, wenn das Tier zu Hause schon längst durch ein anderes Lieblingstier verdrängt wurde. Der Kunde zahlt bei diesem Konzept in erster Linie für den Kaufakt, dessen Emotionalität den Aufenthalt im Laden zu einem Erlebnis voll echter Gefühle macht.

Die Kühe sind los

Hinter der Erlebnisqualität des Guardian-Werbespots mit dem vermeintlichen Skinhead stehen nicht nur die »Drehbücher im Kopf«. Während uns die *Brain Scripts* sagen, was da eigentlich gespielt wird, führt ein zweiter psychologischer Mechanismus dazu, dass man auch den Verblüffungseffekt genießt, den der Spot auslöst. Man muss sich ja ganz schön geschickt anstellen, um mit den Haken mitzuhalten, die die Geschichte schlägt. Flucht, Raub und Lebensrettung wechseln einander innerhalb kürzester Zeit ab. Die Handlung *dreht sich*, sagt man dazu in der Filmbranche. Ein solcher Effekt ist typisch für eine Zeit, in der sich viele Menschen mit den Medien und dem Konsum enorm geschickt anstellen.

Sie haben eine hohe *Media Literacy* erworben, die Zuschauer, die schon mit Fernsehen, Internet, Videospielen aufgewachsen sind.

Zürich Hauptbahnhof. Ich steige aus dem Zug und bekomme sofort Gelegenheit, meine *Media Literacy* unter Beweis zu stellen. Staunend stehe ich vor einem überdimensionalen Mobile in der Bahnhofshalle. Es besteht ausschließlich aus bemalten Skulpturen von Kühen. Die Kühe bilden sozusagen das sich langsam drehende Mobile. Auf meinem Spazierweg durch die Stadt treffe ich auf weitere Kühe, die andere Dinge oder Menschen imitieren. Eine Kuh vor der berühmten Confiserie Sprüngli macht für uns den Schokoladekuchen inklusive Riesengabel im Rücken. Eine ganze Kuhherde kommt uns als Fußballer entgegen. Eine einzelne Kuh empfängt mich als Page in Livree vor dem Eingang meines Hotels. Als ich abends Essen gehe, traue ich meinen Augen nicht. Die Fassade des vegetarischen Restaurants wurde begrünt und zur Alm umfunktioniert, inklusive grasenden Kühen, die die Fassade hinaufklettern.

Solche Verkleidungs- und Täuschungseffekte ziehen unsere Aufmerksamkeit stärker auf sich als irgendwelche anderen Gestaltungsmittel. Sie sind richtige »Hingucker« und sie lassen darüber hinaus alles smart und schick erscheinen, was uns dazu bringt, uns geschickt anzustellen, unsere *Media Literacy* anzuwenden. Diese beiden Eigenschaften haben dazu geführt, dass die inszenierte Verblüffung zu den wichtigsten Techniken des Stadtmarketings gehört. Städte treten heute gegeneinander um Touristen, Investoren, künftige Bewohner und Steuerzahler an. Mit Stadtevents voller Esprit und Witz wird die ganze Stadt zur Bühne, deren verblüffende Täuschungseffekte der staunenden Öffentlichkeit zeigen, was in ihr steckt.

Die Zürcher Kuh-Kultur von 1998 war einer der erfolgreichsten Stadtevents der letzten Jahre. Seine Grundidee war, dass Unternehmen für wenig Geld eine oder mehrere von insgesamt 800 unbehandelten Kühen in den Grundmodellen »stehend«, »liegend« oder »fressend« erwerben und dann ihren eigenen Vorstellungen entsprechend zur Kuhskulptur umgestalten konnten. Durch die Aktion wurde nicht nur das Image der beteiligten Firmen transportiert, sondern es wurde insgesamt die Stadt Zürich zum international beachteten »Hot Spot«. Zürich galt bis dahin eher als seriös und bieder und nicht gerade als Stadt mit Esprit. Tatsächlich täuscht dieses Image. Ausgeflippte Shops, Bars und eine aktive Underground-Szene haben in den letzten Jahren aus Zürich eine hippe Stadt ge-

Abb. 1:
Zürcher
Kuh-Kultur

macht. Mit Hilfe des Stadtevents wurde dieser Esprit sichtbar, fotografierbar, sinnlich erfahrbar. Die Aktion war schließlich so erfolgreich, dass sie zahlreiche Nachahmer fand. »Die Kühe sind los« hieß es in den Jahren darauf auch in Chicago und in Salzburg. In Bern waren es, dem Maskottchen der Stadt entsprechend, die Bären, die den öffentlichen Raum nach demselben Prinzip bevölkerten, und weitere Tiere in Deutschland und anderswo folgten.

Rezeptbuch der neuen Erlebniswelten

Erlebnisse sind also immer ein essentieller Bestandteil Dritter Orte. Nicht zuletzt sind sie es deshalb, weil sie aus jedem Lebensraum einen Verkaufsort im weitesten Sinn machen. Ob nun inszenierte Geschichten, wie in Build-a-Bear, im Spiel sind oder Verblüffungseffekte, wie bei der Zürcher »Kuh-Kultur«: Immer werden dabei psychologische Erlebnismechanismen aktiviert, wie *Brain Scripts* oder *Media Literacy*.

Dabei folgt die Erlebnisgestaltung einem strikten Aufbau, der für alle Dritten Orte, für alle neuen Erlebniswelten charakteristisch ist:

1. Die Erlebnisgestaltung zielt darauf ab, dem Dritten Ort einen starken Auftritt zu verschaffen, ihn zum Wahrzeichen zu machen. Seine Außenwirkung muss extrovertiert seine Gegenwart bekunden, sonst wird ihn niemand betreten – gleichgültig, ob der Konsumaspekt im Vordergrund steht oder der Ort eher als temporärer Lebensraum erfahren werden will. Ein Third Place muss also unbedingt zum *Landmark* werden.

2. Die Erlebnisgestaltung zielt außerdem darauf ab, den Besucher innerhalb des Ortes herumzubewegen. Wenn der Käufer, Museumsbesucher, Hotelgast nicht flanierend den Ort erforscht, wird er die gerade für ihn wichtigen Waren, Ausstellungsstücke, Serviceangebote nicht finden. Er wird sich zusätzlich fremd statt heimisch fühlen. Ein Third Place muss also ein Ort des Promenierens sein, des *Malling*.

3. Die Erlebnisgestaltung zielt darauf ab, alle Abteilungen und Regionen des Ortes durch einen gemeinsamen roten Faden zu verbinden. Ein Dritter Ort braucht eine konzeptionelle »Linie«, um als Ganzheit wahrgenommen zu werden. Das kann eine versteckte Geschichte sein, wie bei Build-a-Bear, ein gemeinsamer Verblüffungseffekt, wie bei der Zürcher »Kuh-Kultur«. Eine Vielzahl dramaturgischer Effekte eignet sich als *Concept Line* für den Dritten Ort.

4. Die Erlebnisgestaltung zielt schließlich darauf ab, die Öffentlichkeit neugierig zu machen. Ein Third Place muss die Menschen wie magnetisch anziehen, muss etwas aufweisen, was man gesehen haben muss, braucht eine *Core Attraction*.

Dieses »Rezeptbuch« hat universelle Gültigkeit, egal, ob es sich um ein Brandland wie die VW Autostadt handelt, ein Urban Entertainment Center wie die Casinos in Las Vegas, einen Concept Store in Soho oder ein Museum mit spektakulärem Atrium. Auch die Größe spielt keinerlei Rolle. Eine Messekoje eines Ein-Mann-Buchverlages unterscheidet sich im dramaturgischen Aufbau nicht von der 50 Millionen Euro teuren Messehalle von BMW.

Landmark sein, *Malling* auslösen, *Concept Line* haben und mit *Core Attraction* locken – das sind immer die vier Säulen eines *Third Place*. Der »Schnellkochkurs« auf den folgenden Seiten zeigt einige typische oder besonders aktuelle Anwendungen dieses »Rezeptes«.

1. Landmark

Wer heute durch eine attraktive Stadt spaziert, verspürt dabei ein ähnliches Gefühl der Lebendigkeit wie in einer gelungenen Unterhaltungsshow. Diese Vitalität des öffentlichen Raums wird in hohem Maß von der spektakulären Außenwirkung Dritter Orte erzeugt. Ihre Schaufenster, Fassaden und Gebäude leuchten geradezu, wollen sich unbedingt bemerkbar machen – müssen es auch, um für sich zu werben –, sind die neuen Wahrzeichen unserer Zeit. »Kommt herein!«, rufen Museen, Shops und Markenwelten uns zu, und »Fotografiert mich!« Würde man plötzlich allen Läden verbieten, ein emotionales Statement nach außen abzugeben, wären unsere Städte mit einem Schlag öde Wüsten ohne die geringste Attraktivität.

Prinzipiell macht jede Art von Signalhaftigkeit, jede Abweichung von der Norm, aus einem Ort ein Wahrzeichen. Dazu gehört zum Beispiel die Methode der Vergrößerung. Ein normales Rad ist unauffällig. »The Eye of London«, das neue Riesenrad an der Themse, fällt durch seine Größe aus der Reihe und wurde so eines der Wahrzeichen des Milleniumsjahres 2000. Eine besonders alte und typisch europäische Methode zur Herstellung eines *Landmarks* ist das Zunftzeichen. Ein großer Schlüssel an der Geschäftsfassade sagte einmal »Hier arbeitet ein Schlosser«. Zunftzeichen treten mit einem Schlag das *Brain Script* eines Ortes los, seine Bedeutung und die Handlungen, die man an ihm erwarten kann. Es signalisiert auf der Fassade, was sich dahinter verbirgt. Dieses Prinzip hat bis heute als die Methode der »gebauten Schlagzeile« überlebt, als dramaturgischer *Header*. Berühmt wurde der *Header* einer Werbeagentur in Venice Beach, Kalifornien. Mit einem überdimensionalen begehbaren Fernglas, das einen Großteil der Fassade einnimmt, will uns das spektakuläre Gebäude des Architekten Frank Gehry mitteilen, dass hier etwas mit Scharfblick, Fernblick und Zukunftsorientierung geschieht.

Abb. 2: Zunftzeichen in Salzburgs Getreidegasse, Eislöffelchenwolke des Café Lex in Stainz

Header machen Wahrzeichen

Man könnte sogar sagen, dass wir durch sie in einem Zeitalter der Wahrzeichen leben. *Header* sind heute allgegenwärtig. Es gibt sie überall im öffentlichen Raum, von winzig und improvisiert bis riesengroß und megateuer, in bedeutenden Städten und in Kleinstädten am Land. Im steirischen Stainz findet sich das Café Lex, in dessen Fassade ein Fensterchen eingelassen ist, durch das hindurch Eis über die Gasse verkauft wird. Um die Funktion dieses Fensters nach außen zu verdeutlich, bastelte Herr Lex aus den allseits bekannten Eislöffelchen aus Plastik eine surreale Wolke – ein wunderbarer *improvisierter Header* eines Unternehmers. Ein gut sichtbares Segelschiffmodell im Eingangsbereich eines Ladens für nautische Objekte ist ein kleiner, *temporärer Header*, der einfach Bestandteil der Ware ist. Abercrombie & Fitch ließ als *lebenden Header* seine männlichen Plakatmodels lebendig werden. Lässig lehnte da vor dem New Yorker Flagship Store ein gutaussehender junger Mann mit nacktem Oberkörper und tiefsitzenden Jeans vor dem weit geöffneten Eingangstor, hinter dem er selbst auf dem Plakat zu bestaunen war. Viele Damen jeden Alters ließen sich mit ihm fotografieren und er selbst war eine perfekte Vorveröffentlichung der Lifestyle-Welt, für die Abercrombie & Fitch steht.

Bei einer Technik, durch die man gleich zwei Fliegen mit einer Klappe schlägt, wird die zentrale Attraktion im Inneren des Gebäudes so platziert, dass sie durch ein Schaufenster hindurch auch von Außen deutlich sichtbar ist. Der Outdoor-Sportausstatter REI verfügt in seinen Flagship Stores in Seattle und Minneapolis über eine überdimensionale Kletterwand, auf der wagemutige Kunden ihre Ausrüstung sofort ausprobieren können. Da der spektakulär beleuchtete Felsen zugleich für das Sortiment steht, wird er durch eine riesige Glasfassade nach Außen vorveröffentlicht, wird zum *Header einer Schaufassade*.

Viele Messestände sehen heute einander zum Verwechseln ähnlich. Der *Messestand als Header* macht jedoch aus dem ganzen Stand ein unverwechselbares inhaltliches Statement. Wie soll sich etwa eine Versicherung darstellen, die Direct Line Insurance heißt und ihr Geschäft über Telefon abwickelt? Auf einer britischen Messe trat die Versicherung mit einem Stand in Form eines knallroten Kindertelefons im Plastik-Look auf, das die Größe eines kleinen Einfamilienhauses hatte und durch eine weiße Tür betreten werden konnte.

Schließlich wagen sich einige Architekten sogar daran, ein ganzes Gebäude in eine zu Stein gewordene Botschaft zu verwandeln. Der in Berlin lebende Amerikaner Daniel Libeskind gilt als besonders engagierter Architekt, der formale Lösungen mit Inhalten verbinden möchte. Sein jüdisches Museum in Berlin sieht aus der Luft wie ein riesiger zerbrochener Davidstern aus, in den der Blitz gefahren ist. Diese Botschaft hat die Berliner so sehr ins Herz getroffen, dass lange vor der Eröffnung bereits Hunderttausende das noch gänzlich leere Museum besuchten.

Noch eine zweite zentrale Methode zur Herstellung von *Landmarks* hat in den letzten Jahren Furore gemacht. Sie beruht nicht auf den *Brain Scripts* – der Herstellung von Geschichten und Botschaften –, sondern auf der weiter oben bereits skizzierten Fähigkeit des Menschen, sich mit dem Leben, den Medien, dem Konsum geschickt anzustellen. Diese *Media Literacy* erobert sich unsere Aufmerksamkeit schneller als irgendein anderer psychologischer Mechanismus. Besonders stark wirksam ist der Kunstgriff des *Replikats*. »Echt oder nicht echt?« war die Frage, die man sich schon im Barockzeitalter stellte, als in den Kirchen manche Säulen gebaut, andere aber nur hyperrealistisch gemalt waren. Wer sich der Neuen Staatsgalerie in Stuttgart nähert, bemerkt verblüfft einige Sandsteinblöcke, die scheinbar aus der Fassade gefallen sind und noch im Rasen vor dem Museum liegen. Natürlich ist der Effekt ein Fake, eine Vorspiegelung falscher

Abb. 3: Neue Staatsgalerie von James Stirling und Gasometer B von Coop Himmelb(l)au

Tatsachen, die aber ausreicht, um den Besucher zu stoppen. *Replikate* sind richtige Eye Catcher, die den vorbei eilenden Passanten dazu bringen, sich jene entscheidenden Sekunden lang einem Objekt zuzuwenden, die über »sein oder nicht sein« entscheiden. Sie machen dadurch jeden Ort zu einem auffälligen Ort.

Replikate machen Wahrzeichen

An einem heißen Tag im August fährt Herbert Muschamp, Architekturkritiker der New York Times, vom Wiener Flughafen in die Innenstadt. Nach kaum fünf Minuten Fahrt mit dem Taxi fällt sein Blick wie elektrisiert auf vier Rundzylinder aus rotem Backstein. Aus den alten Gasbehältern des 19. Jahrhunderts wurde ein Urban Entertainment Center mit Wohnungen, einer Shopping Mall, einem Multiplexkino und einer unterirdischen Konzerthalle für Rock und Pop. An einem der Gasometer lehnt ein moderner Anbau, der aussieht, als ob er gerade entzwei brechen würde und damit lustvoll unsere Sinne täuscht. Dieses *Replikat-Gebäude* der Architektengruppe Coop Himmelb(l)au ist das spektakuläre *Landmark* der Gasometer. »Yoo-hoo! Mr. Architecture Fan! Over here!« wird Muschamp später in der Sonntagsausgabe der New York Times die Wirkung des neuen Wiener Wahrzeichens beschreiben.[2]

   Da Replikate ideale Fangnetze für Passanten sind, finden sie bevorzugt dort Verwendung, wo sich Konsumenten in ständiger Bewegung befinden und der allgemeine Reizpegel sehr hoch ist: auf Publikumsmessen, in einem geschäftigen Einkaufsviertel in der Innenstadt. Manchmal kann man beobachten, wie sich Touristen in einer Fußgängerzone mit einer hyperrealistischen *Replikat-Figur* fotografieren lassen, die auf einer Bank lümmelt und scheinbar die Sonne genießt. Winston Churchill samt Zigarre sitzt auf diese Weise in einer Londoner Fußgängerzone herum. Der Juwelier Wint and Kitt im Londoner Trendviertel Notting Hill und Pleats Please im New Yorker Shopping District SoHo sind zwei Läden, die dieselbe Technik eines *Replikat-Schaufensters* verwenden, um auf sich aufmerksam zu machen. Wenn man sich der Auslage nähert, erscheint sie zuerst undurchsichtig wie Milchglas. Je frontaler man zur Scheibe steht, desto durchsichtiger wird sie, bis man schließlich die Waren im Schaufenster glasklar sehen kann. Geht man weiter und schaut dabei zurück, schließt sich das Schaufenster wieder. So mancher vorbeihastende Passant, der den Effekt aus dem Augenwinkel gesehen hat, geht nach einigen Metern verwundert zurück, um nachzuschauen, was denn das eigentlich war.

Replikat-Objekte sind relativ kostengünstige Eye Catcher auf Messen. Während viele Messestände auf der Frankfurter Buchmesse genauso langweilig aussehen wie das Verlagssortiment, schoss ein Newcomer mit wenig Budget vor einigen Jahren den Vogel mit einer simplen Buchsäule im Eingangsbereich seiner Messekoje ab. Man hatte das ganze Jahresprogramm an Buchtiteln aufeinandergeklebt und damit einen physikalisch unmöglichen, sich wagemutig in die Höhe schraubenden Eye Catcher gebaut.

2. Malling

Sich zum *Landmark* machen und eilige Passanten stoppen ist eine Sache. Doch jeder, der ein weitläufiges Museum oder ein mehrstöckiges Kaufhaus betreibt, weiß, wie schwierig es ist, die Menschen überhaupt herumzubewegen. Die Trägheit der Motorik ist groß. Wenn das *Landmark* den Passanten auf sich aufmerksam gemacht hat, er endlich den verheißungsvollen Ort betritt, bleiben viele Menschen nach dem Eingang erst einmal wie angewurzelt stehen. Doch nur wer ohne ständige Zuhilfenahme einer Landkarte den Ort erforscht, ihn begeistert abgrast und herumflaniert, wird die für ihn wichtigen Informationen, Ausstellungsstücke und Waren entdecken.

Paco Underhill[3] hat mit seiner berühmten New Yorker Beratungsfirma Envirosell herausgefunden, dass ein Großteil des Umsatzes am »Point of Sale« durch Spontankäufe getätigt wird. Wer nicht promeniert, nicht zum *Malling* gebracht wird, der wird auch nicht zu Produkten hingeführt, an die er ursprünglich gar nicht dachte, die er aber immer schon haben wollte. Mehr noch: Wir wissen heute, dass der inszenierte Spaziergang über ein Gelände genauso lustvoll sein kann wie das eigentliche Angebot, das einen dort erwartet. Das intuitive »Suchen und Finden« ist deshalb ein charakteristisches Merkmal aller Dritten Orte und entscheidend für das Gefühl, sich an einem Ort heimisch zu fühlen, ihn als temporären Lebensraum zu empfinden. Dafür braucht man statt einer Landkarte aus Papier eine innere Landkarte, die man lustvoll anwendet.

Landkarten im Kopf

Die kognitive Psychologie hat entdeckt, dass alle Menschen möglichst schnell versuchen, sich ein inneres Bild eines Ortes zu machen, eine so genannte *Cognitive Map* aufzubauen. Dazu suchen wir nach bestimmten Anhaltspunkten. Europäische, ursprünglich mittelalterlich geprägte Städte, sind ein gutes Bespiel für psychologisch gestylte Orte. Da gibt es immer eine wichtige *Achse*, eine Hauptstraße. Die Schnittpunkte der Achsen, die großen Straßenkreuzungen, sind bedeutsame *Knoten*. So entstehen zentrale Plätze, die durch einen *Merkpunkt* betont sind – mit dem Dom, dem Rathaus, einer Pestsäule oder einem Siegerdenkmal. Schließlich registriert man noch die Unterschiedlichkeit der Stadtviertel. Das waren früher die *Viertel* der Metzger, der Handwerker, das jüdische Ghetto. Das sind heute das Bankenviertel, das Museumsviertel, das Rotlichtviertel oder die Gegend, wo der Wein fließt, wie Grinzing in Wien oder Sachsenhausen in Frankfurt. *Achsen, Knoten, Merkpunkte, Viertel* sind die vier typischen Merkmale einer *Cognitive Map*. Einmal erlernt, navigiert man mit ihrer Hilfe schlafwandlerisch sicher durch jede Stadt, über jedes Gelände, fühlt sich sicher und heimisch. Erst die kognitive Landkarte macht aus einem Dritten Ort ein »Home away from home«.

Dass es Spaß macht, auf einem solcherart gestylten Gelände herumzuspazieren, wurde schon früh entdeckt. Höfische Lustgärten waren wahrscheinlich die ersten Dritten Orte, deren Unterhaltungswert in erster Linie vom inszenierten Promenieren ausging. Noch heute ist jeder Wiener von Kindesbeinen an gewöhnt, sich bei einem Sonntagsausflug in den Park von Schloss Schönbrunn nach der kognitiven Landkarte des Ortes zu richten und daraus Lustgewinn zu ziehen. Man weiß, dass zwischen dem Schloss mit seiner Freitreppe und der Gloriette, dem Kaiserpavillon am Hügel gegenüber, die zentrale *Achse* der Anlage liegt, die von Statuen in beschnittenen Bäumen, aufwendigen Blumenornamenten und einem steilen Serpentinenweg, auf dem sich die Jogger mühen, betont wird. Viele kleinere *Achsen* verlaufen durch den Park und ziehen den Blick des Besuchers in die Tiefe. Wo sie sich mit anderen *Achsen* schneiden, betonen auffällige Fontänen, Pavillons, ein großer Vogelkäfig oder eine imitierte römische Ruine die *Knotenpunkte*.

Unweigerlich führt jeder Spaziergang dazu, dass man entlang der *Achsen* die wichtigsten *Merkpunkte* des Geländes aufsucht. Man sagt, dass man eigentlich schon lange nicht mehr am Palmenhaus war, oder man geht zum alten Labyrinth, das gerade wieder erweitert wurde. Neuerdings klappert sogar ein kaisergelb gestrichener Zug auf Gummirädern die *Merkpunkte* des Parks ab. Die Größe des Schlossparks erlaubt funktional und atmosphärisch ganz unterschiedlich besetzte *Viertel*. Da ist der älteste Zoo der Welt, da ist der alpenländisch gestylte Tiroler Garten im Wald, da sind barocke Freiflächen, das Gebiet um die Orangerie, der Hietzinger und der Meidlinger Teil des Parks.

Abb. 4: Entrance Map Schloss Schönbrunn, Wien

Der barocke Schlosspark ist der Prototyp aller inszenierten Orte. Was im 17. Jahrhundert für den lustvollen Umgang mit *Achsen, Knoten, Merkpunkten* und *Vierteln* unter freiem Himmel entwickelt wurde, ist heute Bestandteil aller Erlebniswelten unter Dach: von Shopping Malls, Urban Entertainment Centern und Markenwelten jeder Art. Nicht immer müssen dabei alle Elemente einer kognitiven Landkarte gleich stark inszeniert werden. Wer aufmerksam die Ansichtskarten betrachtet, die im Kiosk von Schloss Schönbrunn verkauft werden, kann zwei Methoden erkennen, die offensichtlich den Kern des Lustwandelns ausmachen.

Der betonte Knoten

Diese Methode ist in jenen Ansichtskarten ersichtlich, die aus der Vogelperspektive zeigen, wie sich mehrere Spazierwege im Park dramatisch in einem bestimmten Knotenpunkt treffen und diese Kreuzung durch eine auffällig gestaltete Wasserfläche, etwa das Sternbassin, und eine Brunnenstatue markiert wird.

Dem Kunstgriff des *betonten Knotens* begegnen wir auf praktisch allen zentralen Plätzen von Erlebniswelten wieder. Es gibt kaum ein Fünfsternhotel, in dessen Lobby nicht irgendein spektakulärer Blumenstrauß auf einem Tisch steht, genau dort, wo sich alle Wege treffen. Viele kleine Läden haben in der Mitte des Raums einen runden Kassen- und Beratungsbereich, der noch irgendwie betont wird. In einem schicken Touristenshop auf der Insel Mykonos geschieht das durch ein Bambusdach, das über der runden Kassentheke schwebt. Fehlt im Atrium eines großen Kaufhauses ein Objekt, das genau im Schnittpunkt aller Blicke in der Luft hängt, kann man darauf wetten, dass ab dem dritten Stockwerk gähnende Leere herrscht.

An lifestyleorientierten Orten kamen vor einigen Jahren Riesenbildschirme als optische Akzente in Mode. Im Wiener Meinl am Graben lodert im Winter ein Kaminfeuer auf dem Großbildschirm und wärmt, zumindest psychologisch, die Kunden des Delikatessenkaufhauses (siehe Farbbildteil, Seite III). Spektakulär ist der Großbildschirm des AMLUX Buildings von Toyota in Tokio. Durch das Atrium, das fünf Stockwerke mit inszenierten Autos verbindet, schwebt der Schirm wie ein Aufzug durch das Gebäude, überträgt Produktpräsentationen aus anderen Stockwerken oder zeigt smarte Image Clips. Ein Zufallsgenerator bestimmt, wann der Bildschirm wieder einmal vorbeikommt und wo er stehen bleibt: Kurzweiligkeit im Showroom des japanischen Markenführers.

Am vernünftigsten sind jene *betonten Knoten*, die durch die Inszenierung ohnehin nötiger Treppen, Lifte, Rolltreppen entstehen. Das Düsseldorfer Design-Kaufhaus Sevens hält dafür eine Vollversion bereit. Wenn man das Atrium betritt, fällt das Auge zuerst auf den hoch oben schwebenden eiförmigen Riesenbildschirm. Dahinter leuchtet in Neonblau der Turm der Glasaufzüge, die uns nach oben bringen. Sieht man von dort ins Basement zurück, erblickt man die Lounge Bar in Form eines Schiffsbuges, die mit ihrer leuchtenden Thekenoberfläche alle Blicke auf sich zieht. Wer zu ihr gelangen will, schreitet am besten eine Freitreppe hinunter. Auf halbem Weg betritt man dabei eine runde Plattform mit Tischen und Stühlen, deren Leuchtboden unablässig seine Farben verändert. Alles in allem ist das Sevens-Atrium eine spektakuläre Ansammlung *betonter Knoten*, die das lustvolle Promenieren fördert und viele begeisterte Touristen dazu bringt, ihre Kameras zu zücken. Dass sich Sekunden später junge Sicherheitsleute im dunklen Anzug und mit schlechten Manieren auf sie stürzen, um ihnen brüsk zu untersagen, ihre Schaulust zu verewigen, zeigt nur, dass manche Betreiber keine Ahnung davon haben, wie ihre teuer erkaufte Erlebniswelt geführt werden muss: als vitaler Lebensraum in der Stadt, als temporäres Zuhause.

Die Spannungsachse

Jeder *Third Place* verlangt durch seine Dramaturgie geradezu danach, abgebildet zu werden. Das belegen nicht zuletzt die Ansichtskarten des Schönbrunner Schlossparks. Neben *betonten Knoten* gehören eindrucksvolle Tiefenperspektiven zu den beliebtesten Fotomotiven. Sie zeigen zumeist eine Allee von Bäumen, die geometrisch zurechtgestutzt wurden und dadurch den Blick umso kraftvoller auf ein Ziel am Ende des Weges ausrichten: das Schloss, die Gloriette, die Ruine. Solche *Spannungsachsen* setzen Menschen in Bewegung, wirken wie ein Gummiband, das die Trägheit der Motorik überwindet. Vielleicht ist das der Grund, warum viele Wiener lieber durch den Schönbrunner Schlosspark joggen als durch irgendeine andere Grünfläche der Stadt.

Neun Flugstunden westlicher ziehen jährlich Millionen von Touristen über die eindrucksvollste *Spannungsachse*, die man jemals als Instrument des Stadtmarketings und der Repräsentation geschaffen hat: die Washington Mall. Zwei Meilen ist die Achse lang, die sich, gesäumt von unzähligen Museen, zwischen dem Kapitol und dem Lincoln Memorial erstreckt. Dazwischen steht die enorme Nadel des Washington Monument, die höchste Steinmetzarbeit der Welt. Egal, ob man oben von Präsident Lincoln herab über die Achse hinweg auf das Kapitol blickt oder von der anderen Seite her zum Präsidenten aufblickt – immer verwendet man die Nadel, um über die *Spannungsachse* hinweg das Ziel in der Tiefe anzuvisieren: Die Washington Mall hat sozusagen Kimme und Korn. Ein Element zieht den Blick in die Tiefe und ein anderes hält ihn stabil auf der Achse.

Diese Technik findet sich überraschenderweise im Bereich der Ladenarchitektur wieder. Man steht vor einem mittelgroßen Laden, sagen wir vor einem Markenshop von Diesel, und sieht durch den Eingang hindurch auf die Rückwand des Geschäftes. Der Schriftzug »Diesel« ist dabei sowohl am Ende der Achse zu sehen als auch über dem Geschäftsportal davor. Die britische Ladenkette Reiss verwendete für diesen Effekt in der letzten Zeit Großfotos von Models. Im Schaufenster in der Nähe des Eingangs sieht man ein leicht unscharfes Foto eines Models, das etwas in einer prägnanten Farbe trägt, zum Beispiel in Rot. An der Ladenrückwand am Ende der Sichtachse hängt ein gestochen scharfes Bild

Abb. 5: Spannungsachse »Reiss«, England

desselben Models in einem Outfit derselben Farbe. Die Konsequenz: unser Blick oszilliert ständig zwischen dem Vordergrund und dem Hintergrund der *Spannungsachse* hin und her, sodass man sich kaum zurückhalten kann, dem Zug in den Laden nachzugeben.

Spannungsachsen geben jedem Ort einen Auftritt: Läden, Restaurants, Hotels. Was früher der rote Teppich vor dem Portal des Grand Hotels war, sind heute die Laufsteginszenierungen, die Philippe Starck in seinen Hotelfoyers zelebriert. Besonders originell ist die *Spannungsachse* des St. Martin's Lane in London. Zuerst ist man über die gelbe Folie der Drehtüre verwundert, die den Torbereich wie in Sonnenlicht getaucht erscheinen lässt. Doch einmal die Tür passiert, versteht man: ein Lichtstrahl, realistisch durch versteckte Deckenlampen simuliert, zieht quer durch die Lobby und zielt auf die tagsüber geschlossenen Schiebetüren der Hotelbar auf der anderen Seite. Vor den Türen steht ein einzelner, surreal wirkender Stuhl, auf den Türen ziehen gerade projizierte Wolken vorbei. Dieser Kunstgriff der Achse in der Hotellobby wiederholt sich im Wiener Le Méridien Hotel von Yvonne Golds. Sie schuf eine im Boden eingelassene Neonachse, die langsam ihre Farbe wechselt und dramatisch auf zwei leuchtende Sitzlogen mit Neonwänden zuhält, die den Eingang zum Restaurant flankieren (siehe Farbbildteil, Seite III). Der Einsatz der Farbduschen zieht sich durch das ganze Haus, ist der »rote Faden«, die *Concept Line* des Hotels. Zu den Konferenzräumen folgt man einer Leuchtlinie an der Decke, im zentralen Treppenhaus leuchtet ein Neonstab als Kontrast zur klassizistischen Architektur, und die Hotelgänge vor den Zimmern leuchten auf jedem Stockwerk dezent in einer anderen Farbe.

3. Concept Line

Ein modernes Museum besteht nicht nur aus Ausstellungsräumen, sondern integriert auch Restaurants und Geschäfte. Eine Shopping Mall muss mit der Gestaltung der Promenade zwischen den Shops ganz unterschiedliche Geschäftstypen beherbergen. Jeder *Dritte Ort* braucht daher eine emotionale Klammer, die verschiedene inhaltliche Angebote zu einer Einheit verschmilzt, als Ganzheit erleben lässt.

Noch vor wenigen Jahren galten reine Kulissenwelten als die wichtigste Technik zur Herstellung inszenierter Orte, als die *Concept Line* schlechthin. Für Shops, Restaurants, Hotels wurden »begehbare Geschichten« entwickelt, die eine kleine Flucht aus dem Alltag ermöglichen. Der Optimismus der Unterhaltungsindustrie war so groß, dass über die Allgegenwart von Themenwelten Witze in der Branche kursierten: »Was machen wir, wenn die ganze Welt thematisiert ist?«, hieß es da. Also wurden eifrig Kulissen gebaut und die Traumwelt des Hollywoodfilms bemüht. Man errichtete Themenwelten im Stil des Wilden Westens, im Stil von Science-Fiction-Filmen, im Stil des Abenteuerfilms. Wer in Tokio eine Karaokebar besuchte, tauchte in eine Science-Fiction-Welt wie im Film »Alien« ein. Wer in einem Hotel in Las Vegas übernachtete, konnte miterleben, wie gerade ein brennendes Segelschiff vor der Hotelfassade unterging, leck geschossen vom Piratenschiff gegenüber.

Alle Themenwelten versetzen uns mitten in eine Geschichte. Junge Männer zum Beispiel, die sich im Wild-West-Bereich von Disneyland einen Cowboyhut aufsetzen, gehen plötzlich irgendwie breitbeinig. Ihr Verhalten entspricht der Kulisse. Intuitiv spielen sie die »Drehbücher im Kopf« nach, die zur Kulissenwelt gehören. Wer solcher Art seine inneren *Brain Scripts* wahr werden lässt, kann gänzlich in dieser anderen Welt versinken, flüchtet vom Hier und Jetzt an einen anderen Ort, in eine andere Zeit. Themenwelten waren daher immer eine Flucht in eine bessere Welt, waren eskapistisch. Wer auf einer Messe für Bekleidung keine Lust mehr hatte, die Qualität der Lederjacken am Stand zu prüfen, setzte sich für ein paar Minuten auf die Harley Davidson, die da in einer Kulisse à la »einsame, abgefuckte Tankstelle in der Wüste Arizonas« herumstand, und spielte ein wenig Motorradfahren, wurde zum »Easy Rider«, fühlte sich verwegen und frei.

Thematisieren mit Echtheit

Plötzlich wurde alles anders. Irgendwie hatten die Menschen unter dem Einfluss von Rezession und Jahrtausendwende die reine Kulisse satt. Zwar florierten besonders aufwendige und authentische Themenparks, wie jene von Disney, immer noch, aber andere Themenwelten, wie die Restaurantkette Planet Hollywood, gerieten in Schwierigkeiten. Zugleich konnte man feststellen, wie neben Kulissen nach und nach immer mehr Echtheit in Themenwelten integriert wurde. In Disneys neuem Animal Kingdom, dem größten inszenierten Zoo der Welt, weisen dort, wo indische Tiger durch nachgebaute Tempel laufen, auch verrostete indische Coca-Cola-Schilder den Weg zur Erfrischung. Fragt man einen der jungen Männer des indischen Personals nach dem Weg, antwortet dieser mit starkem Akzent wie ein Taxifahrer in New Delhi. Anscheinend hat man gezielt erst vor kurzem eingereiste Inder für diese Aufgaben engagiert und nicht den smarten indischen Marketingstudenten, der in der dritten Generation im Lande ist. Mitten in der Disney World in Florida stellt sich so ein annähernd stimmiges Bombay-Feeling ein.

In Europa setzt man noch radikaler auf den Faktor »Echtheit«, denn schließlich war das immer schon unsere eigentliche Stärke. Wer sich etwa durch das verschneite Tiroler Hochgebirge bis zum Haubenrestaurant Hospizalm durchkämpft, wird dort mit einer authentischen österreichischen Themenwelt belohnt. Nicht mit Kulissen wird hier thematisiert, sondern mit weitgehend echten Teilen alpenländischer Lebenskultur. Im Erdgeschoss eines zweistöckigen Atriums reihen sich, wie kleine Bühnen, echte Tiroler und Südtiroler Zirbelholzstuben aneinander. 1888 ist die Jahreszahl, die in der Wand der Montafoner Stube eingeschnitzt ist, und wir haben keinen Grund, dem zu misstrauen. Mit ihren Malereien und geschnitzten Verzierungen im alten Holz versetzen die Stuben den Gast in eine andere Zeit. Viele Details halten die Illusion im Laufe des Abends aufrecht. Die Speisekarte sieht aus wie ein Brett, hat einen Einband aus Holz. Das offene Feuer in der Mitte des Raums strahlt eine kraftvolle Hitze aus, wie wir Großstadtmenschen sie gar nicht mehr kennen. Gerade macht ein Kellner eine kleine Luke in einer Holzwand auf und reicht ein Glas schweren Rotweins hinein. Dahinter sitzt ein Paar in einem hölzernen Separée und genießt den winzigen privaten Raum. Eine fröhliche Runde zecht im ehemaligen Schafstall, dem seine ursprüngliche Funktion noch deutlich anzumerken ist. Wir drehen eine Runde durch das Lokal. Über eine gemauerte Rutsche, wie in früheren Zeiten üblich, gelangen wir in einen der größten Großflaschenkeller der Welt, wo wir neben einem Gobelinteppich ehrfürchtig die beiden Fünfzehn-Liter-Flaschen Mouton Rothschild Jahrgang 1990 bestaunen. Kostenpunkt einer Flasche: 25.000 Euro. Die Rechnung unseres Abendessens kommt in einem hölzernen Kistchen mit Flügeltüren. Wir machen sie auf und gleich wieder zu, als wir den Preis sehen. Dieser Ort hat eine thematisierte *Concept Line*, er entführt seine Gäste in eine andere Welt. Aber er ist zweifellos europäisch, authentisch und kostspielig.

Thematisieren mit Design

Parallel zur *Thematisierung mit Echtheit*, die ihre Kraft immer irgendwie aus der Vergangenheit oder der Natur bezieht, entstand in den letzten Jahren auch eine urbane Variante der authentischen Traumflucht: die *Thematisierung mit Design*. Dabei werden Designmöbel nicht dekorativ eingesetzt – als stilistisches Statement –, sondern versetzen uns, wie bei der *Thematisierung* üblich, in eine Geschichte. Sie treten ein *Brain Script* los, mit dem man mitspielt. Bestes Beispiel für diese Methode ist wahrscheinlich Sony Style in New York.

Man hatte herausgefunden, dass Frauen den Kauf so mancher hochwertiger TV-Anlage, die sich der Ehemann ausgesucht hatte, mit dem Killerargument verhinderten, die Anlage passe stilistisch nicht ins Heim. Also entschied man sich bei Sony, im Untergeschoss des *Flagship Stores* in Manhattan eine Lounge für Frauen und Familien zu errichten, in der das teure Spielzeug für Erwachsene so wie zu Hause erlebt werden kann. Potenzielle Kunden versinken dort in extrem bequemen Designsofas vor Großfernsehern. Durch nachtblaue Samtwände mit silberfarbenen Masken, durch große Schwarzweißfotos von Hollywoodstars der dreißiger Jahre und durch spektakulär beleuchtete Blumenarrangements entsteht im unmittelbaren Umfeld der Geräte eine hochwertige Wohnzimmeratmosphäre. Was man dann beobachten kann, ist verblüffend. Die heimelige Umgebung bewirkt, dass sich die Kunden tatsächlich wie zu Hause verhalten. Man sieht Menschen, die beim Fernsehen sanft einschlummern. Man sieht Eheleute schweigend vor dem Gerät sitzen, die einander schon lange nichts mehr zu sagen haben. Man beobachtet Familien mit Kindern, die, wie zu Hause, um das Programm streiten, obwohl ohnehin nur zwei zur Auswahl stehen. Mit einem Wort: die Kunden leben das typische *Brain Script*, das sie für ihr persönliches Fernsehverhalten erworben haben. Oder anders ausgedrückt: die Kunden begutachten die Geräte nicht kritisch, wie in einem Showroom, sondern benützen sie bereits entspannt, wie zu Hause. Inzwischen hat Sony dieses Konzept des Innenarchitekten James Mansour mehrmals dupliziert, unter anderem im *Urban Entertainment Center* Sony Metreon in San Francisco und im Berliner Sony Center am Potsdamer Platz.

Die *Thematisierung mit Design* bietet sich überall dort an, wo neue Wege eines stilbewussten Entertainments eingeschlagen werden. Höchste Ästhetik verbindet sich mit dem Anspruch auf Unterhaltung, ist eben nicht nur bloß gutes Design. So ist es nicht verwunderlich, dass man dieser dramaturgischen Methode auch in den neuen hochwertigen Themenhotels in Las Vegas begegnet. »Noodles« im Bellagio Hotel ist ein asiatisches Restaurant zum Thema Nudeln. Dutzende Nudelsorten werden dort in edlen Glaszylindern, die vor einer weißen Leuchtwand aufgestellt sind, wie moderne Kunstobjekte in einer Galerie präsentiert. Dementsprechend ist das Verhalten der Gäste. Zumindest mit den Augen – oder unauffällig auf dem Weg zur Toilette – besichtigt und bestaunt man die Vielfalt und Schönheit der Nudeln. Nur wenige Meter entfernt, im selben Hotel, sitzen die Gäste mit einem Gefühl der Ehrfurcht in der japanischen Sushi Bar Shintaro, ohne sich die innere Andacht auf den ersten Blick erklären zu können. Erst im Laufe der Zeit versteht man. Hinter der Theke und dem Sushi-Koch befindet sich eine Aquariumsinszenierung, die sakrale *Brain Scripts* lostritt. Wie ein Tryptichon, ein mittelalterliches dreiteiliges Tafelbild, erscheinen uns die drei fugenlos in der Wand eingelassenen Aquarien. Im linken und im rechten Aquarium schwimmen blaugrüne Fische. Im mittleren Aquarium funkeln goldgelbe Quallen. Echte Lebewesen werden zum Träger von Design und bringen uns dazu, eine Geschichte mitzuspielen, unbewusst, ob wir wollen oder nicht: *Thematisierung mit Echtheit und Design* in einem.

Image-Kontraste

Uns in Europa fällt ein anderer Kunstgriff beinahe in den Schoß: das reizvolle Spiel mit den Kontrasten zwischen Alt und Neu. Im Wiener Museumsquartier ragt die moderne Stahl- und Glaskonstruktion der Treppe zur großen Veranstaltungshalle ganz nah an die barocken Stukkaturen der alten Kaiserloge heran, die zudem mit Neonlicht kontrastiert werden. Auf der Kärntner Straße kämpft im »Mango« eine weiße New-Wave-Kachelwand gegen klassizistische Säulen. Im Zürcher Hotel Widder, das ich für das beste Business-Hotel Europas halte, kontrastieren moderne Möbel mit den freigelegten Fresken der Renaissance-Gebäude und der hypermoderne Stahl-Glas-Lift fährt, wie im Inneren eines Felsens, durch einen Schacht mit großen, schweren Steinen. Im Atrium der Tate Modern in London liegen viele Besucher dieser »Kathedrale für moderne Kunst« auf den flachen Treppenstufen, die sich über die 155 Meter lange Längsseite des ehemaligen Kraftwerks erstrecken. Sie bestaunen die hoch über ihren Köpfen hängenden Leuchtrahmen, deren strahlend weißes Licht einen unwiderstehlichen optischen Kontrast zur Industriearchitektur der ehemaligen Turbinenhalle bildet.

Wien, Zürich, London – in vielen alten Städten Europas wurde in den letzten Jahren der *Image-Kontrast* zwischen Alt und Neu als wichtigste Inszenierungsklammer bei der emotionalen Aufladung von Museen, Urban Entertainment Centern, Shops und Hotels entdeckt. Durch das Neue wirkt die alte Bausubstanz wie aufgefrischt, beginnt wieder »zu glühen«, wird gefeiert. Das historische Flair der Renaissance, des 19. Jahrhunderts oder der frühen Industriearchitektur ist sogar stärker spürbar als ohne *Image-Kontrast*. Umgekehrt wirkt durch die Nähe zum Alten das Neue geerdet, mit den Wurzeln des Ortes verbunden.

Wie Atmosphäre entsteht

Um zu verstehen, wie es zu diesem Effekt kommt, muss man sich vor Augen führen, wie überhaupt das Flair eines Ortes entsteht. Es ist ein Verpackungseffekt, der dabei wirksam ist. Jeder weiß aus eigener Erfahrung, dass die Verpackung ein Geschenk aufwerten oder gänzlich zerstören kann. Sie gibt sozusagen einen Imagekommentar auf das Verpackte ab. *Inferential Beliefs*, gefolgerte Meinungen, nennt die Psychologie diesen Mechanismus und meint damit, dass Architektur und Design eine Art Vorurteil in Bezug auf das Image, die Atmosphäre eines Ortes lostreten. Eine Burg mit verfallenem Gemäuer kann auf uns romantisch wirken, ohne es tatsächlich zu sein. Das Flair eines Ortes ist ein Bild, das man sich macht und eigentlich Produkt der eigenen Imagekonstruktion ist.

Ausgelöst wird diese innere Konstruktion von der Materialwirkung, dem Stil, dem Sound an einem Ort, seinen Gerüchen. »Bücherbogen« etwa ist eine Buchhandlung für Architektur und Technik in Berlin, die sich ausgerechnet unter den Gewölben der S-Bahn befindet. Der Fußboden knarrt, wenn man von Raum zu Raum geht, und alle paar Minuten rattert eine Garnitur der S-Bahn über die Köpfe der Kunden hinweg. Dieser Sound charakterisiert die Buchhandlung passenderweise als Technikort, erzeugt ein Flair, welches das Image des Sortiments verstärkt.

Die dabei auftretende Imagekonstruktion bewirkt das Erlebnisgefühl. Orte mit einem stimmigen *Image-Kontrast* treten diese Konstruktion gleich zweimal los, müssen innerlich noch stärker ausgearbeitet werden. Sie erzeugen ein bipolares Flair, das in seiner Widersprüchlichkeit besonders reizvoll wirkt. So wurde aus dem *Image-Kontrast* eine in Europa besonders erfolgreiche *Concept Line*, die authentische Erlebniswelten erzeugt. Es sind Orte, die dem neuen Bedürfnis nach Echtheit und Nachhaltigkeit in idealer Weise entsprechen.

Image-Kontrast und *Thematisierung* sind zwei Möglichkeiten, um Erlebniswelten mit einem roten Faden zu versehen, einer *Concept Line*. Nur wenn die Besucher einen Ort als Ganzheit wahrnehmen, funktioniert das entscheidende Spiel von Kernfunktion, für die man kommt, und Zusatzfunktion, wegen der man lange bleibt. Die Ausstellung im Museum ist das eine, die Shopping Mall am Gelände das andere. Aber diese Shops und Restaurants am Museum werden uns nur dann attraktiv erscheinen, wenn sie in die emotionale Klammer des Geländes eingebunden sind.

4. Core Attraction

In ihrem hautengen schwarzen Ganzkörperanzug und den schwarzen Handschuhen sieht sie aus wie eine Fassadenkletterin, die auf Juwelendiebstahl in Grand Hotels spezialisiert ist. Ihre Hände greifen nach dem Stahlseil. Auf Knopfdruck setzt sich das hydraulische Gewinde in Bewegung. Lautlos schwebt sie entlang der Wände des gläsernen Turms hinauf, vorbei an unzähligen perfekt gelagerten und gekühlten Weinflaschen. Siebzehn Meter hoch ist das ungewöhnliche Weinlager, das da mitten im Lokal steht. Die Artistin stoppt auf Höhe der schweren kalifornischen Rotweine und zieht vorsichtig einen Caymus Cabernet Sauvignon Jahrgang 1996 aus dem Regal. Mit offenem Mund verfolgen die japanischen Geschäftsleute, die am Fuß des Turms an der Bar sitzen, das Geschehen. Doch die Flasche Wein, die auf so spektakuläre Weise serviert wird, ist nicht für sie bestimmt. Sie wird Minuten später an einen Tisch im Haubenrestaurant auf der anderen Seite des Turms gebracht. Im Laufe des Abends wird sich das Spektakel noch oft wiederholen und bei vielen Gästen ungläubiges Staunen auslösen. Später werden sie davon anderen Besuchern von Las Vegas erzählen. In einer Stadt wie dieser spricht sich rasch herum, was man gesehen haben muss. Der Weinturm macht aus dem Auréole im Mandalay Bay Resort eine erstklassige Sehenswürdigkeit der Stadt. Er ist die *Core Attraction* des Lokals, der Magnet, der die Gäste anzieht, der sie neugierig macht. Die Verblüffung, der *Wow-Effekt*, der sich dann im Lokal angesichts der Aktion einstellt, befriedigt die zuvor geweckten Erwartungen (siehe Farbbildteil, Seite V).

Wow-Effekte

Während die *Concept Line* für eine lange Verweildauer sorgt und aus jeder Erlebniswelt ein »Home away from Home« macht, bewirkt die *Core Attraction* einen anderen Zusatznutzen, der ebenso typisch ist. Sie macht aus Restaurants, Shopping Malls, Museen die moderne Attraktion für den urbanen Touristen, den Treffpunkt für die lifestyleorientierte Community in der Stadt.

Je eher dabei das ohnehin Notwendige dramatisiert wird, desto authentischer wirkt die zentrale Inszenierung. Ein Weinkeller wird in einem Restaurant mit Barbetrieb auf jeden Fall gebraucht, warum soll man ihn also nicht zu einer Attraktion stilisieren? Ein Kaufhaus braucht Lifte und Rolltreppen. Warum soll man nicht aus einer Rolltreppe einen Wow-Effekt machen? Das fragten sich anscheinend auch die Planer des Kaufhauses Nordstrom in San Francisco und entwickelten runde Rolltreppen, die im Atrium richtige »Hingucker« sind. Wem das zu amerikanisch ist, der soll doch einmal im Billa Supermarkt mitten in der historischen Altstadt von Wien vorbeisehen. Dort, in der Singerstraße gleich neben dem Stephansdom, sorgt eine ungewöhnliche Rolltreppe für Einkaufswägelchen, gleich neben der Rolltreppe für Menschen, für die Attraktion des Ladens. Sie ermöglicht die unkomplizierte Erschließung des zweistöckigen Marktes und ist gut durchdacht, denn man selbst überholt auf der Menschenrolltreppe den eigenen Einkaufswagen daneben, sodass man ihn am Ende der Fahrt stressfrei wieder in Empfang nehmen kann.

Psychologisch gesehen spielen runde Rolltreppen oder Weinkeller als Türme mitten im Raum mit unserer Fähigkeit, uns mit solchen Merkwürdigkeiten des modernen Lebens geschickt anzustellen und lustvoll zu staunen, ohne verzweifelt das Weite zu suchen. Sie sprechen unsere *Media Literacy* an, die mediale Geschicklichkeit, die uns schon wiederholt begegnete. Eigentlich ist das ganze System der *Core Attraction* ein Zusammenspiel psychologischer Mechanismen, in dessen Mittelpunkt das Wechselspiel von Spannung und Entspannung steht.

Die Kunst der Spannung

Alles beginnt mit gezielten Gerüchten, mit einfallsreicher Public Relations. Das Publikum muss neugierig werden, es muss antizipieren, wörtlich übersetzt: »auf ein Ziel gespannt werden«. Niemand hat besser beschrieben, was damit gemeint ist, als der berühmte Trainer für Drehbuchautoren Syd Field.[4] In seinen Seminaren erzählt er gerne eine Anekdote, die zeigt, was *Antizipation* bedeutet:

Ein herumreisender Vertreter kommt abends in ein einfaches Hotel am Lande. Müde geht er sofort schlafen. Aber er hat Pech, denn spät nachts kommt ein anderer Gast nach Hause, der ausgerechnet das Zimmer direkt über ihm bewohnt und zudem ziemlich betrunken ist. Rücksichtslos lässt er einen schweren Stiefel auf den Boden knallen, sodass unser Vertreter hellwach wird. Eine Stunde später klopft er entnervt an die Zimmerdecke und ruft hinauf: »Jetzt lassen Sie doch endlich Ihren zweiten Stiefel fallen!« Er ahnte offensichtlich, dass hier noch etwas nachkommen muss. Immer dann, wenn eine solche Ahnung entsteht, es aber zu einer Verzögerung kommt, bis sie erfüllt werden kann, wird man auf den Ausgang der Geschichte gespannt, man antizipiert, wird neugierig, ist motiviert, dran zu bleiben, und erlebt dabei ein Spannungsgefühl, das in einem Entertainment-Umfeld eine gewisse Zeit lang als angenehm empfunden wird. Dann aber will man diese innere Spannung, die man kognitive Dissonanz nennt, lösen und das erleben, was einem vor die Nase gehalten wurde: die *Core Attraction*.

Jetzt entscheidet sich, ob die zentrale Attraktion den Erwartungen entspricht. Dafür gibt es zwei prinzipielle Möglichkeiten. Entweder die Erwartung wird zusammen mit einem Effekt des Staunens erfüllt, dem *Wow-Effekt*. In diesem Fall ist irgendein Kunstgriff im Spiel, der unsere Fähigkeit zur medialen Geschicklichkeit nutzt, zur *Media Literacy*. Ein Weinkeller, der üblicherweise nach unten in die Erde gebaut ist, wird sozusagen auf den Kopf gestellt und in die Höhe gebaut. Die verblüffende Veränderung des Blickwinkels, mit dem Besteigen des Turmes durch Artistinnen zusätzlich dramatisiert, erzeugt das große staunende »Oh!«, das jegliche Erwartungsspannung löst.

Oder das Einlösen der Erwartung erfolgt als großer *Show-Effekt*, mit dem die Erwartungsspannung körperlich spürbar abgefeiert wird. Shows müssen »Bigger than Life« sein und zusätzlich durch Musik, Rhythmus, tollen Sound und optische Effekte, die unsere Blicke zur Reizquelle hinschnellen lassen, unser Körpergefühl auslösen. Dazu gehören die rhythmisch geschnittenen Filmclips auf der großen Leinwand, die alle dreizehn Minuten in die New Yorker Nike Town hineinfährt und verblüffenderweise jedesmal ein anderes Format hat. Das sind die Wasserspiele vor dem Bellagio Hotel in Las Vegas, deren Fontänen auf einer Breite von 280 Metern im Rhythmus der Musik tanzen und auf musikalische Signale bis zu 75 Meter hochschnellen. Mit Tränen in den Augen stehen die Las Vegas-Besucher vor dem spektakulären Wasservorhang, der sich durch 1400 Düsen zugleich von links und rechts kommend aufbaut, während Andrea Bocelli den letzten Ton seines Liedes bravourös hält. Das sind schließlich die Feuerwerke, die große Zeremonien oder kleine regionale Feste krönen. Licht, Wasser und Feuer »Bigger than Life« in Szene gesetzt und körperlich spürbar gemacht: Sie machen aus der *Core Attraction* ein großes Finale.

Show-Effekte

Zu den klassischen *Show-Effekten* im öffentlichen Raum gehören phantasievolle Leuchtreklamen in den Unterhaltungszentren unserer Städte. Am Londoner Picadilly Circus waren sie schon in den siebziger Jahren die *Core Attraction* des Theater- und Vergnügungsviertels Soho. In der Ginza von Tokio bestaunen Touristen abends die Leuchtshows der großen Konzerne, deren Lichter sich wie auf einer Achterbahn auch in der Tiefe bewegen können und dreidimensionale, bewegte Lichtskulpturen hervorbringen. Am Times Square in New York sind hell leuchtende Riesenbildschirme der Hit, auf denen rasant geschnittene Clips um die Aufmerksamkeit der Menge am Broadway kämpfen. Jeder versucht den anderen durch einen noch größeren Bildschirmwahnsinn zu übertreffen. Derzeit liegt eindeutig der sieben Stockwerke hohe Schirm am Nasdaq MarketSide Tower vorn, der sich spektakulär um das zylindrische Gebäude herumwindet.

Show-Effekte sollen Körpergefühl auslösen. Alle Light Shows bombardieren uns zu diesem Zweck mit ständig variiertem Augenkitzel, der in uns den so genannten *Orientierungsreflex*[5] auslöst. Das ist ein uralter Überlebensmechanismus, durch den wir reflexartig auf schnelle Bewegungen reagieren. Wenn uns so in grauer Vorzeit der Säbelzahntiger aus dem Gebüsch ansprang, war man schon weg, bevor er dort aufkam, wo wir am Lagerfeuer saßen. Innerhalb von Bruchteilen einer Sekunde hat man alle Kräfte für eine Flucht oder einen Angriff zur

Verfügung, spürt, wie die Emotion in einem hochsteigt. Rasant geschnittene Musikvideoclips, der moderne schnelle Spielfilm und die Werbung machen sich diesen Augenkitzeleffekt zu Nutze. Da man sich dabei blitzschnell der Reizquelle zuwendet, wurden solche Effekte zu einer beliebten Methode öffentlicher Leuchtreklame. Mehr und mehr entdeckte man auch den ästhetischen Wert solcher Inszenierungen, woraus sich die lichtorientierten *Core Attractions* in London, New York, Las Vegas, Tokio und Osaka ergaben: Instrumente des Stadtmarketings und des Tourismus, Versammlungsorte für Liebespaare und Nachtschwärmer, *Dritte Orte* in der Stadt.

Paris, Silvester 2000. Die Milleniumsfeiern erreichen ihren Höhepunkt. Im Zentrum der Party stehen zwar die Champs Élysées, aber ihre eigentliche *Core Attraction* ist ein spektakulärer *Show-Effekt*, der den Eiffelturm in den Mittelpunkt rückt. Alles ist gespannt. Ein Feuerwerk der neuen Art soll es sein, eine Licht- und Feuershow mit höchsten Ansprüchen in Bezug auf Design und Emotionalität. Zwei Minuten vor Mitternacht beginnt der Countdown zur Jahrtausendwende. Der Eiffelturm sieht jetzt aus wie eine Rakete, die gleich starten wird. 20.000 Hallogenblitze und immer wieder aufflackernde Feuerwerkssalven arbeiten sich am Turm langsam von unten nach oben. Schließlich gehen die Zeiger der Uhren auf Null und der magische Augenblick ist da. Das Feuerwerk umspielt jetzt den Eiffelturm wie eine Vielzahl floraler Ornamente. Feuerfächer in leuchtendem Weiß laufen den Turm hinauf und hinunter, in perfektem Timing zur Musik, wie lebendig gewordene Art-Deco-Muster. Niemals zuvor wurde ein Bauwerk live derart emotional veredelt wie das Pariser Wahrzeichen in dieser denkwürdigen Nacht. Schließlich tritt der Moderator des französischen Fernsehsenders Antenne 2 vor die Kamera und sagt: »Der Eiffelturm hat es geschafft.« Jetzt flimmern nur mehr die 20.000 Miniblitze. Ihr Reizwechsel tritt unzählige Orientierungsreflexe los und erzeugt den ästhetisch schönsten Augenkitzeleffekt, den man je im öffentlichen Raum gesehen hat. Stündlich wird der Effekt nach Einbruch der Dunkelheit wiederholt und wird schließlich, wegen großen Erfolgs, zur bleibenden Einrichtung über das Jahr 2000 hinaus. Noch Jahre danach werden die Touristen sich die Nasen an den Fenstern der Rundfahrtbusse platt drücken, wenn ihr Reiseleiter aufgeregt sagt, dass jetzt auf der linken Seite der Eiffelturm zu sehen ist, wie er wieder flimmernd zur *Core Attraction* dieser einzigartigen Stadt wird.

Dritte Orte

- *Sie sind nach Wohnung und Arbeitsplatz der gestaltete Lebensraum in der Stadt.*
- *Das waren früher das Wiener Kaffeehaus, die italienische Piazza, der Greißler ums Eck.*
- *Das sind jetzt die neuen Marketingorte der Wirtschaft, wie etwa Flagship Stores.*
- *Brain Scripts und andere psychologische Mechanismen machen sie hyperattraktiv.*
- *Neben dem Konsum dienen Dritte Orte daher auch unserer emotionalen Aufladung.*
- *So wurden Shops zu Sehenwürdigkeiten und Museen zu Orten des Ausgehens.*
- *Ihr Aufbau ist gleich: Hineinziehen, Herumführen, Klammern bilden, Neugier wecken.*

- **Landmark**
  Dritte Orte ziehen uns durch Wahrzeichenbildung an, häufig durch »Header«, die wie mittelalterliche Zunftzeichen draußen sagen, was drinnen zu erwarten ist, oder wir lassen uns von einem »Replikat« stoppen, weil wir uns fragen: »Ist das jetzt echt oder nicht echt?«

- **Malling**
  Dritte Orte bringen uns zum Promenieren, indem sie unser »inneres Bild« eines Ortes ansprechen, etwa durch »Spannungsachsen«, die uns durch den Ort hindurchziehen, oder durch »betonte Knoten« im Schnittpunkt der Achsen.

- **Concept Line**
  Dritte Orte enthalten einen »roten Faden«, der den unterschiedlichen rationalen Funktionen eines Ortes eine gemeinsame emotionale Klammer gibt. Häufige »Concept Lines« sind die begehbaren Geschichten der »Thematisierung mit Design« und der »Image-Kontrast« von Alt und Neu.

○ **Core Attraction**
Dritte Orte machen uns mit einer zentralen Attraktion neugierig, mit der sie zugleich alle Restspannungen abfeiern, wenn wir sie tatsächlich besuchen. Dazu eignen sich »Wow-Effekte«, die uns zum Staunen bringen, und »Show-Effekte«, die unser Körpergefühl ansprechen.

○ *Dritte Orte sind Erlebnisräume der Wirtschaft als Lebensräume in der Stadt.*
○ *Sie sind »begehbare Werbung« und bringen die Menschen dazu, sie »abzugrasen«.*
○ *Sie sind die Avantgarde der populären Kultur, wie früher Rockmusik oder Comics.*
○ *Sie bringen eine Stadt genauso zum Leuchten wie einst nur Paläste oder Kirchen.*
○ *Sie sind vor allem Ausdruck einer erwachsen gewordenen Erlebnisgesellschaft.*

I.
Besuche bei Marke und Werk

Durch den Boom der Freizeitparks ist in den letzten Jahren auch in Europa das Bedürfnis nach begehbaren Erlebniswelten gestiegen. Viele Menschen sind inzwischen daran gewöhnt, sich an emotional gestaltete Orte zu begeben, die ähnliche Vergnügungen bereithalten wie früher nur der Spielfilm oder das Fernsehen. Doch Freizeitparks sind in erster Linie Kinderwelten. Ihre Geschichten sind Kindergeschichten und sie richten sich dementsprechend auch an Familien mit Kindern. Wo aber werden die Erwachsenengeschichten erzählt, die großen Geschichten über Technikfaszination, leidenschaftliche Erfinder, Essen und Trinken oder beeindruckendes Design?

Erlebnisse für Erwachsene bieten heutzutage die Messen und die inszenierten Markenausstellungen, die *Brandlands*. Große Publikumsmessen wie die IFA – die Internationale Funkausstellung in Berlin, die IAA – die Internationale Automobilausstellung in Frankfurt, oder die CeBIT in Hannover sind Orte, an denen die Inszenierung zunehmend genauso wichtig wird wie der eigentliche Neuigkeitswert der präsentierten Produkte. Brandlands, Markenausstellungen, haben allerdings im Vergleich zu inszenierten Messen mehrere Vorteile: Ein Vorteil ist ganz sicherlich die Budgetierung. Wenn man bedenkt, dass BMW für die IAA 2001 etwa 50 Millionen Euro ausgegeben hat, und das für einen Zeitraum von zehn Tagen, dann kann man sich vorstellen, wie schwierig es ist, solche großen, teuren Inszenierungen für so kurze Zeit zu finanzieren.

Brandlands können viele Jahre unverändert stehen. Und sie haben noch einen weiteren Vorteil im Vergleich zu Messen: Sie sind einfach architektonisch beeindruckender. Das Gelände eines Brandlands wird meist neu gebaut. Viele Messegelände aber sind gewachsen und daher oft labyrinthisch angeordnet, verstecken die Marken in den Hallen, sodass eigentlich die Attraktivität nur in der Halle spürbar ist, aber nicht auf dem Gesamtgelände. Brandlands wie die Autostadt von VW in Wolfsburg können von vornherein so gebaut werden, dass sie sich nach außen als emotional nachvollziehbares Gelände vermitteln. Die Autostadt von Wolfsburg hat zum Beispiel ein spektakuläres Wahrzeichen: das sind die beiden großen Türme, die je 400 Autos fassen, die auf ihre Besitzer warten. Da gibt es eine beeindruckende räumliche Erschließung, die nach der Methode der kognitiven Landkarte vorstrukturiert ist. Die Entrance Map, die man in die Hand gedrückt bekommt, zeigt deutlich eine Aufteilung in unterschiedliche Markenwelten, die wie Inseln in einer Wasser- und Gartenlandschaft liegen: da gibt es den Bereich des KonzernForums, da gibt es den Bereich der Auslieferung, da gibt es das Hotel. Im Vergleich zu einer Messe kann ein Brandland einfach nach außen als Erlebnispark sichtbar gemacht werden und es können alle wesentlichen Markenbotschaften auch außen spürbar werden.

Für Messen und für Brandlands gilt jedenfalls, dass das Live-Erlebnis, die tatsächlich gemachte Erfahrung, einen höheren Erinnerungswert hat als bloße Werbung oder konventionelle PR. Wenn man einen zweitägigen Ausflug nach Wolfsburg macht oder die IAA besucht, dann hat man eben einen Ausflug gemacht und hat etwas getan, was Bestandteil des eigenen Lebens, der individuellen Erfahrung geworden ist: einen Besuch bei der Marke oder dem Werk.

1. Brandlands

Markenaufladung durch permanente Ausstellungen

In der Zeit vor der industriellen Revolution war für die Menschen die Herstellung eines Produktes noch unmittelbar zugänglich. Man konnte zusehen, wenn der Schuster die Schuhe reparierte, wenn die Handwerker etwas herstellten. Das Dabeisein erzeugte Glaubwürdigkeit und Nähe und hielt das Bedürfnis aufrecht, etwas Neues kaufen oder eine Dienstleistung in Anspruch nehmen zu wollen. Dann wurde die gesamte Produktion in Fabriken weggeschlossen. Die Sehnsucht nach dem neuen Produkt wurde nun durch Reklame, die gerade erfunden wurde, gewährleistet. Was jedoch verloren ging, war die unmittelbare Nähe zur Produktion, die Glaubwürdigkeit und die Überzeugungskraft. Diese Funktion haben heute die permanenten Ausstellungen am Unternehmensstandort übernommen: die Brandlands, die neuen Markenwelten.

Eine Art Vollversion eines Brandlands ist die VW-Autostadt in Wolfsburg. Sie ist zum einen ein *Ort des Begreifens*, an dem uns die Marke verständlich gemacht wird: durch sinnliches Erklären im KonzernForum und im ZeitHaus. Dort befindet sich eine kleine Inszenierung, die vor Augen führt, auf welche Weise Solarenergie funktioniert. In einer Glasvitrine sieht man kleine Autos, die über Sand fahren. Wenn man die bewegbaren Lampen über sie hält, beginnen die Autos zu fahren, schwenkt man die Lampe weg, bleiben die Autos unmittelbar darauf stehen – Seeing is Believing. Exakt dieselbe Inszenierung findet sich in der Kinderabteilung der berühmtem Cité des Sciences et de l'Industrie in Paris, einem Wissenschaftsmuseum der neuen Art. Daran kann man erkennen, woher dieser Brandland-Typus kommt, der einem die Marken verständlich und begreifbar macht, nämlich von den modernen Science-Museen, die es weltweit gibt. Das ist auch spürbar, wenn man sich im KonzernForum in eine Installation hineinstellt, bei der einem klar gemacht wird, auf welche Weise das Material getestet wird, zum Beispiel durch Hitze oder durch einen Rütteltest, bei dem man als Besucher selbst kräftig durchgerüttelt wird. Das alles sind so genannte *Hands-On*, interaktive Installationen, die unmittelbar aus der Welt der Science-Museen in die Welt der Brandlands gebracht wurden.

Der zweite Brandland-Typus ist der *Ort der Verehrung*, der Aufladung der Marke. Das sind bei der Autostadt die Markenpavillons Audi, Seat, Skoda, Bentley, VW, die im Park verstreut sind. Sie erklären überhaupt nichts über die Marken, sondern sind nur dazu da, die Emotionalität der Marken aufzuladen und ihr Image zum Glühen zu bringen. Da ist zum Beispiel das Gebäude von Lamborghini, ein schwarzer Kubus wie die Kaaba in Mekka, mit einer Show, bei der nichts anderes passiert, als dass ein Lamborghini hinter Gittern wie ein wildes Tier zum Brüllen gebracht wird, das Auto sich schließlich unter Rauch- und Lichteffekten von innen nach außen dreht, für einige Sekunden an der Außenwand des Pavillons hängt, bis es sich wieder nach innen bewegt und die Show dort zu einem grandiosen Finale geführt wird, das einen unmittelbar die Kraft, die Wildheit, die Ungebändigtheit und Energie des Autos spüren lässt.

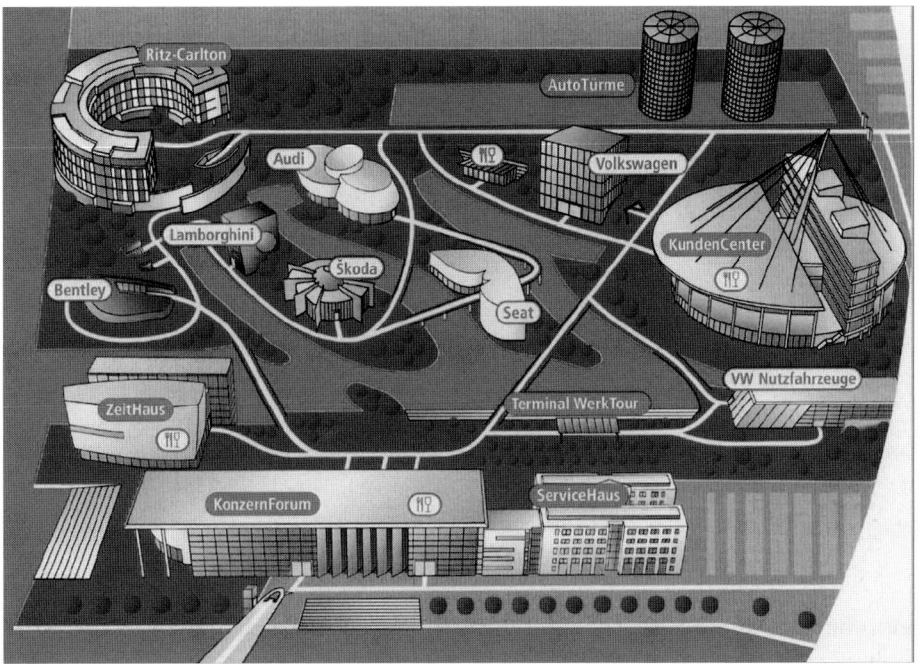

Abb. 6: Entrance Map Autostadt, Wolfsburg

Da ist schließlich auch der *Ort des Begehrens*. Das sind jene Brandland-Orte, bei denen die Auslieferung der Ware an den Kunden im Vordergrund steht und an denen die Spannung, die Sehnsucht nach dem Produkt, die man unmittelbar vor der Übergabe spürt, zusätzlich dramatisiert und inszeniert wird. Diese Inszenierung der Spannung erfolgt bei VW durch die beiden großen Autotürme, die sozusagen die Objekte der Begierde enthalten. Wenn man weiß, dass in drei Stunden der große Aufzug kommen wird, der das eigene Auto in die Auslieferungshalle hinunterbringt, dann steht man mit einem besonderen Blick der freudigen Erwartung vor diesen Türmen. Diese Antizipation, diese Neugier und Spannung überträgt sich auch auf alle anderen Besucher, die einfach gekommen sind, um das Gelände zu erleben, und gar keinen Wagen abholen werden.

Der Ort des Begreifens

Der Ursprung dieser *Orte des Begreifens* sind eindeutig die früher so beliebten Werksbesichtigungen. Selbst in der gestylten VW-Autostadt kann man noch eine Haltestelle mit dem Schild »Werksbesichtigung« entdecken. Werksbesichtigungen funktionieren nach der Dramaturgie des *Über-die-Schulter-Schauens*. Sie haben eine Funktion übernommen, die sich früher ganz selbstverständlich ergab, wenn man einem Handwerker zusah. Werksbesichtigungen gibt es bei allen großen Automobilherstellern, in Deutschland besonders bei VW, Mercedes oder Opel. Welch emotionale Kraft hinter einer Werksbesichtigung steht, habe ich selbst erlebt, als ich zuerst über die Baustelle der noch unfertigen VW-Autostadt kletterte und danach die Gelegenheit hatte, auch das Werk zu sehen. Da waren die Stanzmaschinen, die mit unglaublicher Kraft das Metall herausstanzten, sodass der Betonboden vibrierte. Da waren die Roboter, unter denen es einen Nachzügler gab, der deshalb von den VW-Mitarbeitern mit einem besonderen Spitznamen versehen wurde. Solche Details zu sehen macht einfach Spaß und ist authentisch: Man hat das Gefühl, live mitzuerleben, was da eigentlich passiert.

Dieses Zusehen-Können wird überall in der Welt eingesetzt, um Nähe zu den Produkten zu erzeugen.

Wenn man die Glasbläser in Venedig beobachtet, dann ist der Blick über die Schulter eine unmittelbar verkaufsfördernde Maßnahme gleich neben dem Fabrikshop. Steht man bei Riedel Glas in Österreich auf der großen Zuschauerbrücke und sieht der Arbeit in der Glasmanufaktur zu, so ist das schon Bestandteil einer Markeninszenierung im Werk. Wenn man bei Disney den Zeichnern durch eine Glasscheibe hindurch über die Schulter blickt und mit eigenen Augen sieht, wie sie tatsächlich dabei sind, Einzelzeichnungen für einen Zeichentrick zusammenzufügen, oder wenn die verborgene Wand bei der FBI-Tour in Washington aufgeht und man zusieht, wie im Laboratorium Proben eines Tatorts untersucht werden, dann ist das Live-Erlebnis kalkulierte Kompetenzstrategie in einem *Visitor Center*. Denn Führungen durch ein Werk wurden zunehmend mit einem eigenen Besucherzentrum kombiniert. Man findet sie in Nationalparks, in Manufakturen, in großen Industrieunternehmen. Im angeschlossenen Visitor-Center wurde das Über-die-Schulter-Schauen der Werksführung dann durch zusätzliche interaktive Einrichtungen vertieft. Hands-on machen im wahrsten Sinne des Wortes »begreifbar«. Zunehmend gab es somit auch Visitor-Center ohne eigentlichen Werksbesuch: am Gelände des Unternehmens oder sogar ganz von ihm getrennt.

Der »Seeing-is-Believing-Effekt«

Hinter dem Prinzip des »mit eigenen Augen sehen« steckt ein dramaturgischer Kunstgriff, der schon sehr alt ist. Es geht um die Überzeugenskraft des Augenscheins, um die Beweisführung, die etwas glaubhaft macht, es geht um den Blick des ungläubigen Thomas. Schon in der Bibel wird die Geschichte jenes Jüngers erzählt, der nicht anwesend war, als Jesus Christus – tot und wieder auferstanden – die anderen Jünger besucht. Nachdem er vom Einkauf nach Hause kommt, erzählen ihm die anderen Jünger, dass Jesus da gewesen sei. Er sagt: »Das glaube ich nicht, ich habe doch mit eigenen Augen gesehen, wie er gestorben ist.« Einige Zeit später besucht Jesus Christus die Jünger erneut und diesmal ist Thomas Dydimus anwesend. Jesus geht zu ihm hin, sagt »Hier bin ich, möchtest du mich anfassen?«, zeigt ihm authentische Details wie die Wundmale, die ihm am Kreuz zugefügt wurden, und er fordert Thomas auf, diese Wundmale zu berühren. Thomas sinkt daraufhin auf die Knie und glaubt.

Durch die Überzeugenskraft des Augenscheins und durch kleine authentische Details beginnt man, Dinge zu glauben, die vorher behauptet wurden.

Behauptung und Beweis folgen unmittelbar aufeinander, also der *Consumer Benefit*, der einen Produktnutzen behauptet, und die Beweisführung des *Reason Why*, die diese Behauptung einlöst. Gerade in einem Bereich wie in der Automobilindustrie, in dem die Investitionen sehr hoch sind, muss den Konsumenten der Produktnutzen unmittelbar bewiesen werden, denn wir leben in einem Zeitalter, in dem fast alle Konsumenten »ungläubige Thomase« sind. Da sie sehr viel Geld für ein Auto ausgeben, sagen sie: »Herzeigen! Wir wollen sehen, was das Tolle an diesem Auto ist.« Deshalb kann man im Brandland der A-Klasse von Mercedes in Rastatt mit eigenen Augen sehen, wie der Motorblock bei einem eventuellen Aufprall unter die Sitze rutscht, hier auf Knopfdruck simuliert. So kann man bei VW sehen, wie aus Lehm und anderen Knetmaterialien unmittelbar vor den eigenen Augen des Besuchers ein Modell des Autos entsteht. Und bei *Amlux* von Toyota in Tokio (Amlux steht für **Auto**mobile and **lux**ury) kann man in einem Autotheater alle wesentlichen Farben und Materialen seines Wunschautos selber zusammenbauen und mit eigenen Augen sehen, wie das Auto aussehen würde.

In der Verkehrserziehung gibt es schon seit Jahrzehnten Verkehrserziehungsparks, in denen die Kinder mit Fahrrädern oder Tretautos über eine simulierte Automobillandschaft fahren. VW hat in seiner Autostadt im KonzernForum eine ganz besonders schöne Tretauto-Landschaft gebaut. Der *Toyota E-com Ride* in Tokio hält gewissermaßen eine Erwachsenenversion eines solchen Verkehrserziehungsparks bereit. Da gibt es eine Straße, die durch die Halle des Brandlands durchführt und in das Freigelände mündet. Im Abstand von einigen Minuten fahren automatisch betriebene Autos vorüber. Es sind Concept-Cars, die noch in Entwicklung sind und in die man einsteigen und eine Runde drehen kann – ein großer Spaß, eine zentrale Attraktion im Brandland für alle, eine originelle Erfüllung des Bedürfnisses aller ungläubigen Thomase nach »Herzeigen« und Überprüfen.

In jedem Fall gilt, dass die Kompetenz-Botschaft einzigartig sein muss und das Image der Marke unterstützt und nicht torpediert. Das ist der große Fehler, der in »Opel Live« – dem unglücklichen Brandland von Opel in Rüsselsheim bei Frankfurt – gemacht wurde, das man nach nur kurzer Zeit wieder schließen musste. Da gab es als *Kompetenz-Concept-Line* eine ganze Reihe von *Hands-on*-Einrichtungen, bei denen man zum Beispiel riechen konnte, dass die Filter den Gestank von außen nicht in das Auto eindringen lassen. Man konnte sehen, inwiefern bei Regen die Sicht im Auto beeinträchtigt wird. Man konnte in einem Rüttelsimulator eine Testfahrt machen. Die Image-Auswirkungen waren katastrophal und sind nach hinten losgegangen, denn sie waren zum einen komplett unspezifisch, da jedes moderne Automobil solche Filtereinrichtungen usw. enthält. Zum anderen waren sie auch kontraproduktiv, denn nachdem so manche Besucher im Rüttelsimulator über eine Teststrecke gefahren waren, meinten sie »Wenn man in einem Opel derart durchgerüttelt wird, dann kann das nicht das Richtige sein.«

Der »Aha-Effekt«

Sony hat in seinem sehr schönen Brandland in Tokio, das inzwischen mehr als 30 Jahre alt und damit eines der ältesten Brandlands der Welt ist, einen Raum, in dem alle neuen Geräte von Sony in Plexiglasvarianten ausgestellt sind. Es gibt zum Beispiel einen CD-Wechsler, der 100 CDs enthält. Sieht man so ein Gerät im normalen Verkaufsraum von Sony, denkt man sich, »das ist schon beeindruckend«, aber das Image entfaltet sich tatsächlich erst dann, wenn man die Plexiglasvariante des CD-Wechslers sieht, in das Gerät hineinschauen kann und dort die 100 aneinander gereihten CDs sieht. Im selben Raum gibt es auch eine professionelle Sony-Videokamera, so wie ich sie in meiner Zeit als Fernsehjournalist oft sehen konnte, und ich weiß, wie vorsichtig man eine solche Kamera auf den Boden stellen muss, damit das so genannte Target nicht verstellt wird. Bei Sony habe ich zum ersten Mal das Innenleben dieser Kamera gesehen mit dem Target darin, das, wenn es sich verstellt, so katastrophale Auswirkungen hat. Wenn die eigentliche Stärke eines Produktes, die hinter der Oberfläche verborgen ist, durch eine strategische Enthüllung nach außen gebracht wird, entsteht *ein Aha-Effekt,* der den tatsächlichen Image-Kern erst spürbar macht.

»Seeing-is-Believing-Effekt« und »Aha-Effekt« bilden zusammen die erklärende Concept Line jedes kompetenzorientierten Brandlands.

Doch nicht nur die Geheimnisse eines Produktes werden durch dramaturgische Enthüllungen nach außen transportiert. Auch die Geheimnisse eines Produktionsvorganges können auf diese Weise spürbar gemacht werden. Zu den Merkwürdigkeiten der modernen Produktion gehört zum Beispiel das Prinzip der atmenden Fabrik. Auch die Wagen der A-Klasse von Mercedes werden nach diesem Prinzip produziert. Im Brandland der A-Klasse in Rastatt wird dieses Geheimnis durch eine Frage-Antwort-Box gelüftet. Da stehen Metallsäulen mit Metallklappen, auf denen eine Frage angebracht ist. Die Frage lautet: Was ist eine atmende Fabrik? Man öffnet die Klappe und dahinter wird die Antwort enthüllt. Man sieht das Foto des verantwortlichen Mitarbeiters von Mercedes für diesen Bereich und er gibt über einen Chip ein Statement zur atmenden Fabrik ab. Es geht dabei im Wesentlichen darum, dass gearbeitet wird, wenn die Produktion es verlangt, und nicht dann, wenn die Auslastung nicht so hoch ist. Erst das Öffnen der Klappe, das Darunterschauen und das enthüllende Statement des Mitarbeiters machen aus einer simplen Information einen emotionalen »Aha-Effekt«.

Zu den spektakulärsten »Aha-Effekten« gehört die Enthüllung des Images eines Unternehmens, das auf den ersten Blick ganz anders spürbar ist. »Fujita Vente« ist eine Installation im Keller des größten japanischen Bauunternehmens Fujita. Es ist ein Fun-Keller für Kinder, wo man entdeckt, dass die Elektronik, die in den großen, schweren, staubigen und lärmenden Baugeräten vorhanden ist, auch auf eine sehr spielerische Art und Weise verwendet werden kann. Da kann man etwa einen von mehreren Robotern durch das Gelände steuern oder mit einem speziellen Computerklavier komponieren. Auf diese Weise zeigt Fujita, dass es nicht nur dieses lärmende schmutzige Unternehmen ist, sondern dass es mit einer Technologie arbeitet, die eigentlich voller Abenteuer und Ästhetik ist und etwas Positives für die Menschen darstellen soll. Um diesen Ansatz nach außen zu zeigen, schwebt im Eingangsbereich der Konzernzentrale ein Baum frei in der Luft, dessen Wurzeln zu sehen sind, spielt ein automatisches Klavier in der Lobby, schwimmt ein Hai durch ein Aquarium, entsteht eine Stimmung der Seelenmassage, der Leichtigkeit, der Sauberkeit und der Ökologie, die auch zu einem ökologischen Energie- und Wassersystem geführt hat, das so spektakulär ist, dass es von vielen Spezialisten aus der ganzen Welt besucht wird.

Auch für den »Aha-Effekt« gilt, wie schon für das »Seeing is Believing«, dass die Botschaft der Enthüllung individuell und einzigartig sein muss, dass sie einen USP, eine *Unique Selling Proposition* aufweisen sollte. Riedel Sinnfonie, im Vergleich zu Opel Live, zeigt das sehr schön in seinem Brandland. Auf drei Monitore aufgeteilt sitzt der Junior-Chef des Unternehmens vor uns und führt vor, was es bedeutet, aus einem Riedel-Glas einen Schluck Rotwein zu trinken: auf welche Art und Weise dabei die Kopfhaltung beeinflusst wird, auf welche Art und Weise das Schmecken des Weines durch das Glas verändert und veredelt wird. Und er erzählt mit einer Anekdote – und das ist seine einzigartige Botschaft, sein Statement, seine ganz persönliche dramaturgische Enthüllung –, wie sein Vater vor Jahrzehnten eine Gruppe berühmter Weinkritiker in London durch einen Blindversuch überzeugen konnte, dass ein und derselbe Wein aus unterschiedlichen Gläsern ganz unterschiedlich schmeckt und dass ein perfekt auf die Art des Weins abgestimmtes Glas den Wein deutlich veredeln kann.

Der Ort der Verehrung

Brandlands dieses Typus sind nicht erklärend. Sie laden stattdessen die Marke auf, sollen das Image der Marke zum Leuchten bringen.

In der Autostadt von VW sind das die Markenpavillons, die so funktionieren, wie vom Lamborghini-Pavillon bereits berichtet wurde.

Das Image einer Marke besteht eigentlich aus einem ganzen Image-Fächer von miteinander verbundenen Image-Eigenschaften, erzeugt durch den schon beschriebenen Mechanismus der gefolgerten Meinungen, der *Inferential Beliefs*. Was damit gemeint ist, kann man vielleicht ganz gut an einem Beispiel sehen: Früher, als wir noch keine bunten Brillen und Design-Brillen getragen haben, wie jetzt fast jeder, wurde man als Brillenträger automatisch auch als intelligent angesehen, obwohl ja die Brille nichts anderes sagt, als dass man auf irgendeine Weise fehlsichtig ist. Image ist also eine Konstruktion, die von einem sachlichen Image-Kern ausgeht und damit weitere Eigenschaften verbindet, die eher emotional sind. Die *Orte des Begreifens* helfen uns, den Image-Kern zu verstehen, durch Mechanismen wie »Seeing is Believing« oder die enthüllende Wirkung des »Aha-Effekts«. Das sind die rationalen Aspekte eines Images. Die *Orte der Verehrung* bringen dieses Image zum Leuchten, zum Glühen, und kommunizieren damit die eher irrationalen Aspekte eines Images.

Dafür gibt es eine ganze Reihe von Methoden, zum Beispiel die Methode der Allegorie. Allegorien sind Sinnbilder, die allzu Abstraktes unmittelbar sichtbar machen und damit den Image-Fächer entfalten. Bei den Markenpavillons von VW ist ja bereits das äußere Erscheinungsbild sehr auffallend, es ist sozusagen »sprechend«. Die *Landmarks*, die Wahrzeichen nach außen, sind gebaute Schlagzeilen, sind *Header*, die schon von Weitem spürbar machen, was im Inneren des Pavillons kommuniziert wird. Da ist das brüllende Tier des Lamborghini, der sich nach außen dreht und spektakulär an der schwarzen Fassade des Pavillons klebt. Da ist der Pavillon von Bentley, der wie eine Rennstrecke aussieht, die kommuniziert, dass Bentley früher einmal das wichtigste Auto bei den berühmten Rennen von Les Mans war. Da ist das Spiel mit der geometrischen Perfektion des VW-Pavillons, der aus einer Kugel besteht, die man einem Würfel eingeschrieben hat – Würfel und Kugel als Sinnbild für die Perfektion.

Die Allegorie

Lamborghini, das ist, wie VW selbst sagt, ein *Sinnbild* kraftstrotzender Männlichkeit und italienischer Pracht, das ist die Gefährlichkeit eines unbezähmbaren Tieres, das ist das Bombastische. Alle Image-Eigenschaften zusammen ergeben den Image-Fächer, also das Image-Bild, das man sich von einem Lamborghini macht. Die dramaturgische Methode besteht nun darin, immer wieder andere Elemente des Image-Fächers anzusprechen. Der Käfig, in dem das Auto steckt, kommuniziert das Tierhafte am Lamborghini; das Röhren der Motoren, die Rauch- und Feuerprojektionen, Blitz und Donner kommunizieren die Kraft hinter den Zylindern; der technische Spezialeffekt des sich nach außen drehenden Autos, das dann gewagt an der Pavillonwand hängt, kommuniziert die italienische Grandezza, das Effektvolle an diesem Sportwagen. Die Inszenierung ist also so aufgebaut, dass jeder Inszenierungsteil eine spezielle Eigenschaft im Fächer lostritt. Alle Image-Eigenschaften zusammen ergeben die Allegorie des brüllenden, brillanten Tieres, die für den Lamborghini steht. Der Mechanismus der gefolgerten Meinungen ist dafür verantwortlich, dass beim Anspielen einer Eigenschaft immer alle anderen Eigenschaften im Image-Fächer mitleuchten und so das Marken-Image zum Strahlen gebracht wird.

Im VW-Pavillon einige Schritte weiter beobachtet man, unter einer spektakulären Filmkuppel liegend, die Geschichte zweier Mädchen, die auf ihre Weise jeweils zur Perfektion gelangen, durch Training, durch Übung. Die eine ist Geigerin, die andere ist Eiskunstläuferin, und diese Allegorie vermittelt uns das Gefühl für den Image-Fächer eines ganz anderen Autos, eines VWs, bei dem die Perfektion durch harte Arbeit und durch ständiges Streben nach Verbesserung entsteht. In gewissem Sinn ist das ein sehr – durchaus positiv gemeint – deutsches Image: Perfektion durch Fleiß, und nicht durch Grandezza oder durch eine besondere Vision.

Der Live-Effekt

Fährt man in Kitzbühel auf den Berg hinauf, kommt man zum Starthaus der berühmten und gefürchteten Abfahrtsstrecke, der »Streif«. Dort, neben einem Video, in dem die spektakulärsten Szenen der letzten Jahre des Abfahrtslaufs zu sehen sind, findet man sich unversehens genau an jenem Punkt wieder, an dem sich die wagemutigen Schiläufer in die Tiefe stürzen. Wie zufällig lehnen daneben zwei Schistöcke. Viele Touristen nehmen die Schistöcke einfach hoch und imitieren intuitiv die Haltung des Abfahrtsläufers am Start. In diesem Augenblick kann man in der Magengrube nachvollziehen, was in den Läufern vor sich gehen muss, und die emotionale Situation, Sekunden vor einem solchen Start zu stehen, wird unmittelbar gegenwärtig und durchlebbar. Selbst wer vorher kein Gefühl dafür hatte, was es bedeutet, am Start eines solchen Schirennens zu stehen, für den entfaltet sich in diesem Augenblick der Image-Fächer der Streif mit größter Überzeugungskraft.

Ein solcher dramaturgischer Event macht eine Situation gegenwärtig und durchlebbar, die eigentlich örtlich oder zeitlich getrennt ist.

Es geht dabei um das Spiel mit der Vorstellungskraft, um das Spiel mit den Drehbüchern im Kopf, den *Brain Scripts*. Es geht darum, eine Vorstellung für bare Münze zu nehmen, wie bei einem Kinderspiel, bei dem die Kinder, wenn sie sich mit kleinen Autos oder Puppen Geschichten ausdenken, im Augenblick des Spiels an die Gegenwart der Geschichten glauben.

In einem früheren Kapitel war davon die Rede, wie durch ein verräterisches Plop-Plop und andere Signale unser inneres *Brain Script* für den Ablauf eines Tennisspiels präsent wird. Wenn man nun die Tennisabteilung der Nike Towns in Amerika oder Europa betritt, tönt genau jenes verräterische Plop-Plop aus versteckten Lautsprechern heraus, sodass das Tennis-Brain-Script losgetreten wird und man ein gutes Gefühl dafür bekommt, wofür die weißen Tennissocken links hinten gut sind, die man gerade in diesem Augenblick sieht. Hier wird der Verwendungszusammenhang der Ware am *Point of Sale* emotional durchlebbar und gegenwärtig gemacht. Man wird sozusagen emotional in die Verwendungssituation der Ware hineinversetzt. Die Marke ist live erlebbar.

Durch einen technischen Spezialeffekt spürt man auf diese Art und Weise die Kraft der röhrenden Motoren der Toyota-Autos im »Amlux« von Tokio: Man sitzt in einem Rüttel- und Duftkino, und jedes Mal, wenn ein Toyota-Wagen anfährt, vibrieren durch tieffrequente Lautsprecher die Schalensitze, in denen man den Film verfolgt. Aber zurück zu VWs Autostadt. Wer dort den Audi-Pavillon durch die vier berühmten silbernen Ringe betritt, findet sich unversehens im Heim von Max und seiner Familie wieder. Der berühmte französische Szenograph François Confino, der diesen Pavillon gestaltet hat, empfängt uns mit einer gewissen Ironie und Selbstironie. »Sie werden es nicht glauben«, lässt er Max schreiben, »aber ich wohne hier mit meiner Familie.« Und dann begegnen wir Max wieder, dessen Hobby es zu sein scheint, Audi-Modelle aus Holz zu schnitzen, deren erotische Oberfläche er verehrt und die uns in einer Werkstatt begegnen, die wie ein Künstleratelier aussieht.

Es ist eine *thematisierte Umgebung*, der wir hier begegnen, eine Umgebung, die den Besucher des Pavillons dazu bringt, mit dem Thema mitzuspielen und selbst ein wenig von den Drehbüchern im Kopf auszuleben, die hier in uns losgetreten werden. Und tatsächlich beginnen die Gäste des Pavillons den hölzernen Audi, den Max angeblich geschnitzt hat, lustvoll und sinnlich zu berühren. Einen Raum weiter sitzen wir im Wohnzimmer von Max und es ist ein thematisiertes Lifestyle-Wohnzimmer, dem wir hier begegnen, eine Wohnung, die für den typischen Audi-Benützer steht, so wie der Konzern ihn sieht: lifestyleorientiert und trendy. Die Sushi liegen in der Küche bereit, die Whirlpool-Badewanne bringt uns Bilder eines weißen Segelschiffs nahe, die in die Badewanne projiziert werden, das große Design-Bett steht gleich daneben. Es ist eine surreale und ironische Welt, denn im nächsten Raum sind es tatsächlich zwei Schneemänner, die die technischen Eigenschaften des neuen Audi diskutieren.

So wie man bei Audi den Lifestyle der Marke spürt, indem man beginnt, mit dieser Welt mitzuspielen, spürt man im berühmten Weingut »Opus One« von Robert Mondavi im kalifornischen Napa Valley das sakrale Flair eines ganz besonderen Weines. Wer die Wendeltreppe in den Kellerraum hinabsteigt, findet sich unversehens vor einer Glaswand wieder, die den Blick auf eine gigantische Kircheninszenierung freigibt. In Hunderten Barrique-Fässern, die im Kreis angeordnet sind, lagert der berühmte Cabernet Sauvignon. Es ist eine Tafelrunde wie bei König Artus, es ist ein heiliger Kreis wie in Stonehenge, und davor steht auch noch ein Tisch, der die kreisrunde Form aufnimmt und den Weinkenner einlädt, sich wie die Getreuen von König Artus in der Tafelrunde einzufinden.

Der Verpackungs-Effekt

Noch einmal das »Amlux« von Toyota in Tokio: Es ist Frühjahr, und es läuft gerade eine Aktion, bei der das Naturnahe in den Autos kommuniziert werden soll, die naturnahen Eigenschaften im Image-Fächer betont werden. Künstler haben Farne auf die Autos gelegt, Blütenblätter unter die Autos gestreut, haben Bambusstöcke und Bambusrohre an die Autos angelehnt und bringen dadurch eine Image-Eigenschaft hervor, die ohne diese Verpackung nicht so deutlich spürbar wäre.

Eine dritte Methode, eine dritte Concept-Line, die uns Image spüren lässt, ist die klassische Methode der Verpackung, die Technik des Image-Transfers, die Kunst der Platzierung. Auch dahinter steht der schon bekannte Image-Mechanismus der gefolgerten Meinungen, der *Inferential Beliefs*. Wie schon erwähnt, wissen wir alle, dass ein Geschenk durch eine Verpackung aufgewertet oder auch vollkommen zerstört werden kann.

Die Verpackung gibt immer einen Image-Kommentar auf das Verpackte ab.

Ein normaler, gut gemachter, neutraler Ring, der im Schaufenster eines Juweliers auf einer blauen Samtunterlage liegt, erscheint zumindest dem vorbei eilenden Konsumenten, der den Ring aus dem Augenwinkel sieht, als Preziose, als etwas Edles, Wertvolles. Nimmt man denselben Ring und legt ihn im Schaufenster daneben auf etwas Individuelles, sagen wir, auf ein poliertes Metallzahnrad, gibt vielleicht noch einen blauen Spot darauf, so erhält man allein aufgrund der geänderten Unterlage, der Platzierung, der Verpackung und der gefolgerten Meinung, die von dieser Verpackung ausgeht, einen individuellen Ring, etwas Künstlerisches, etwas Skurriles oder Ausgefallenes, zumindest in Ansätzen. Die geänderte Unterlage gibt einen Kommentar auf das Image des Objektes ab.

In der Autostadt von VW sind es vor allem die Shops, das Hotel und die Gastronomie, die sich dieser Methode bedienen. Wie Juwelen, wie sakrale Gegenstände auf Leuchtpodesten werden im Merchandising-Shop »Collection« die Autobestandteile präsentiert, auf erhöhten Plattformen, symmetrisch angeordnet, gestapelt wie auf Altären. Im Ritz-Carlton Hotel daneben, einem 5-Sterne-Hotel der Luxusklasse, zieht ein gläserner Design-Kamin in der Lobby die Aufmerksamkeit der Besucher auf sich. Er gibt einen deutlichen Image-Kommentar auf das ganze Gelände der Autostadt ab. Er sagt: »Sie befinden sich an einem Ort des Designs, an einem extrem hochwertigen Ort, an einem Ort des modernen Lifestyle.« Und erst die Gastronomie – kein Brandland hält eine größere Anzahl an designigen Weinlokalen wie zum Beispiel dem »Chardonnay« bereit, an Restaurants wie dem »Cylinder«, in dem man in 50er-Jahre-Schalen von Autos sitzt, einer designigen Interpretation eines klassischen amerikanischen Diners. Selbst das Self-Service-Restaurant »CafeCentral« ist ein Design-Restaurant für Hunderte von Konsumenten und ist stolz auf seine acht verschiedenen Kaffeesorten. Und für die Jugend hat man im Winter eine Schneerampe direkt neben dem KonzernForum aufgebaut. Zu Hip-Hop-Musik und Rap kann man über die Schneerampe mit Autoreifen hinunter rasen. Daneben leuchten die Fackeln im Dunkel des Winters.

Zu den klassischen Methoden der Verpackung im Automobilbereich gehört es, die Autos auf *Drehscheiben* zu stellen und damit auf ein Podest zu heben. Die Drehscheibe bringt die visuelle Spannung der sinnlichen und erotischen Form des Autos noch stärker zum Ausdruck. Die ständige Drehung bewirkt, dass man das Spüren der Form ununterbrochen von allen Seiten neu konstruiert. Die visuelle Spannung in den Formen wird dadurch noch stärker spürbar. Peugeot in Paris, direkt auf den Champs Élysées gelegen, hat hier noch eins draufgesetzt. Das Auto, das jeweils hinter dem Schaufenster ausgestellt wird, befindet sich nicht nur auf einer sich drehenden Plattform, sondern wird durch eine hydraulische Einrichtung zusätzlich vertikal geneigt, nach oben, nach unten, zusätzlich emotional verstärkt durch wehende Fahnen, die durch einen Ventilator in der Luft gehalten werden.

Image-Transfer, die Kunst der Verpackung und Platzierung, ist auch die Methode, mit der André Heller seine großen Brandlands gestaltet hat. Zumindest ist es eine der beiden entscheidenden Techniken, die sich etwa in seinen »Kristallwelten« im Tiroler Wattens wieder finden. Dort hat er für die Firma Swarovski ein mutiges Brandland entworfen, das so erfolgreich ist, dass es im Jahr 2002 ums Doppelte vergrößert wurde. Berühmte Künstler aus der ganzen Welt haben die Kristalle von Swarovski verarbeitet. Da ist eine kristalltragende Nana der berühmten Schweizer Künstlerin Niki de Saint Phalle, da ist eine Kristall-Stele des amerikanischen Graffity-Künstlers Keith Haring. Die *Kunst gibt einen Image-Kommentar* auf die Kristalle ab und lädt sie dadurch auf.

Die Wunderkammer

Zusätzlich – und das ist die eigentliche *Concept Line* der Kristallwelten – sind sie moderne Wunderkammern.

Es sind Wunderkammern, die uns an einen Ort des Staunens und der Verblüffung versetzen.

Wunderkammern waren einmal das beliebte und kostspielige Hobby der Fürsten und Könige des europäischen Mittelalters und der Renaissance. Man sammelte damals nicht nur wertvolle Kunstwerke, sondern auch verblüffende monströse Dinge. Neben einem wertvollen Gemälde konnte sich zum Beispiel ein Schrumpfkopf in der Sammlung finden oder ein in Alkohol eingelegter Embryo, die Figur eines monströsen Wesens mit zwei Köpfen und daneben eine mechanische Figur, die des Schreibens fähig war oder so tat, als ob sie Schach spielen konnte. Die Fähigkeit zur *Media Literacy*, zur Geschicklichkeit bei der Wahrnehmung von Dingen, ist also nicht nur eine Fähigkeit des modernen Medien- und Konsumzeitalters, sondern entspricht einem essenziellen Bedürfnis des Menschen nach Staunen, nach dem großen »Oh! und Ah!«-Effekt. André Heller hat seine Auftraggeber überredet, in absolut keiner Weise in diesem Brandland zu zeigen, wie die Kristalle eigentlich geschliffen werden, ja er verschleiert sogar, woraus sie bestehen. Sind das Edelsteine oder ist das einfach geschliffenes Glas? Nach der Aufladung in den Wunderkammern von André Heller ist einem diese Frage vollkommen egal und man kann sich kaum zurückhalten, im Shop, der sich am Ende des Stationenwegs befindet, einige der kleinen Dinge aus Kristall zu erstehen.

Abb. 7: Außenfassade der Swarovski Kristallwelten, Wattens

Das Staunen beginnt schon an der Außenfassade der Attraktion: Unter dem großen Kopf des Riesen, der als *Header*-Schlagzeile signalisiert, dass man sich hier
an einem sagenhaften Ort befindet, springt Wasser in einem künstlich angeleg-
ten Teich von Ufer zu Ufer. Ein Wasserfall ist zugleich die Zunge des Riesen. Im
ersten Raum, dem großen Atrium, staunt man über den größten und über den
kleinsten Kristall der Welt. Dann gelangt man in ein Kristalltheater; dort trifft
man – in einer plastischen Projektion vorgeführt – auf die Lebewesen des Kristall-
planeten. Die Kristalle von Swarovski bilden die Vögel, die Fische, sie formen
sich zu unterschiedlichen Lebewesen, sie werden zu Regen, sie werden zu allen
möglichen Erscheinungen der Natur. *Media Literacy*, ein Effekt der Verblüffung
und des Staunens, steht dabei emotional im Vordergrund. Kammer für Kammer

lädt André Heller das ursprüngliche Produkt mit Elementen des Staunens auf. Schließlich kommt man zu einer riesigen Kristallwand, in der sich Tonnen von Einzelkristallen befinden. Sie zieht sich als rote Linie durch das gesamte Gebäude hindurch und sie bringt die Menschen dazu, sie zu berühren, zu versuchen, sich mit dieser emotionalen Verpackung aufzuladen, den Image-Transfer als *Seelenmassage* zu benützen, um etwas von diesen Staunen machenden Elementen auf sich zu übertragen.

Im Außenbereich findet sich, neben verschiedenen inszenierten Kinderspielplätzen und einem Aussichtsberg, ein Labyrinth, in dessen Zentrum sich ein blauer Stein befindet und das die Form der linken Hand von André Heller hat, natürlich in Riesendimensionen, mit den Mitteln der Natur nachgebaut und simuliert. Die zentrale Attraktion der Kristallwelten ist ein *Kristalldom*, in dem sich die beiden wichtigsten *Concept Lines* zur Entfaltung eines Image-Fächers treffen. Es ist ein begehbares Kaleidoskop aus Hunderten von Einzelspiegeln, das sowohl einen Image-Transfer der Kristalle auf den Besucher erzeugt als auch ein Element des Staunens und der Verblüffung ist. Immer wieder tauchen geheimnisvolle magische Figuren, Köpfe und Objekte in den Kristallen auf, die anscheinend durchsichtig werden und dann wieder zur Kristallwand erstarren. Am Ende des Weges steht man in einem der größten Swarovski-Shops, die es auf der Welt gibt, und betrachtet durch Lupen hindurch, aus der Nähe, die besondere Qualität der Glasminiaturen. Die Aufladung ist so stark, dass man sich kaum zurückhalten kann, eines der Stücke zu erwerben.

Im nordrhein-westfälischen Essen schuf André Heller ein Pendant der Kristallwelten, den »Meteoriten«, im Auftrag des Energiekonzerns RWE. Erstaunlicherweise konnte André Heller seinen Erfolg nicht wiederholen. Der RWE-Meteorit ist komplett misslungen. Auch dort gibt es einen Bilderdom ähnlich dem Kristalldom in Wattens; auch dort gibt es spektakuläre Räume des Image-Transfers und des Staunens wie den Lichtkokon, in dem sich 90 Kilometer Lichtleitfasern befinden, die um den Besucher herum ein erstaunliches, sich ständig veränderndes Farben- und Lichtmeer ergeben. André Heller versucht im Meteoriten, ein ähnliches Gefühl der Verehrung zu erzeugen wie in den Kristallwelten, einer Verehrung durch das Prinzip der Wunderkammer und des Staunens. Doch Strom verehrt man nicht, Strom ist Bestandteil des alltäglichen Lebens geworden und gleichzeitig ein geheimnisvolles Element, das eher erklärt werden sollte und dessen Kommunikationszusammenhänge die eigentliche Kraft, das eigentliche Wesen ausmachen. Strom verehrt man nicht, und so ist der Meteorit von André Heller ein Ort, der nur mühsam am Leben erhalten werden kann. Ist der Kristalldom in Wattens ein geradezu sakraler Ort der emotionalen Bewunderung, so ist der Bilderdom im Meteorit ein Ort, den die Schulkinder abwertend als Kreischraum bezeichnen, denn das einzige emotionale Element, das dort wirklich überzeugend funktioniert, ist der Hall, wenn man laut schreit. Dies ist umso mehr zu bedauern, als es auch im Meteorit einige schöne Details gibt: Im Eingangsbereich gibt es einen Taucher, der mithilfe einer Projektion gewissermaßen in die Tiefe des Brandlands hinunter springt, denn der Meteorit ist spektakulär in die Erde hinein gebaut worden. Letztendlich lehrt uns der Meteorit eines:

Die perfekte Dramaturgie allein ist nicht ausschlaggebend für den Erfolg eines Brandlands, sie muss zugleich zum Produkt passen, und Strom ist eben kein Produkt, das sich für einen Ort der Verehrung, für ein Brandland dieses Typus eignet.

Der Ort des Begehrens

Durch ihren großen attraktiven Shop sind die Swarovski-Kristallwelten in Wattens nicht nur ein *Ort der Verehrung,* sondern auch ein *Ort des Begehrens.* Dr. Andreas Braun, der Leiter der Kristallwelten, sagt manchmal scherzend, dass sein Brandland eigentlich nur ein riesiger Shop mit angeschlossenem kleinen Museum ist. Damit hat er nicht ganz Unrecht, denn neben dem großen *Wow-Effekt,* dem großen Effekt des Staunens im Kristalldom, sind die Shops am Ende des Weges die zweite große *Core Attraction* des Brandlands. Sie feiern die Restspannungen ab, indem man dort Kleinigkeiten kauft, die man nicht wirklich braucht, die aber zur Entlastung im Alltag beitragen. Wenn man möchte, kann man nach dem Besuch der Kristallwelten zusätzlich in einen kleinen Zug steigen, der einen in das Zentrum von Wattens zu den zahlreichen Restaurants und Gaststätten bringt – Abfeiern durch Kulinarisches ein zweites Mal. Hinter jedem *Ort des Begehrens* steckt das Spiel von Spannung und Entspannung, die *Antizipation,* durch die man auf ein Ziel gespannt wird, indem man begehrt. Man begehrt immer dann, wenn man versucht, am Ende eines Weges etwas zu bekommen, was emotional die Erwartungen befriedigt.

So ist jedes Brandland vom Typus Begehren ein Spannungsweg, an dessen Beginn ein Teaser steht, der einen auf das Objekt der Begierde neugierig macht, und am Ende eine Core Attraction, die die Erwartung einlöst.

Teaser

Sony Wonder in Manhattan ist ein solches Brandland. Es ist im selben Gebäude, in dem sich auch die Lounge von Sony Style befindet, jene *Thematisierung mit Design*, die den Besucher in eine Lifestyle-Wohnzimmer-Landschaft hineinversetzt und einen die Unterhaltungselektronik so wie zu Hause erleben lässt. Auf der anderen Seite des Atriums, in der US-Konzernzentrale von Sony, findet sich ein Brandland für die Zielgruppe der 7- bis 15-jährigen Kinder und Jugendlichen. Und so sind wir von Hunderten Volksschülern umgeben, die laut lärmend auf ihren Eintritt warten, als wir uns mit unserer Gruppe von europäischen Business-Leuten vor Sony Wonder anstellen. Die Wartezeit wird durch einen *Teaser* verkürzt; es ist ein Roboter mit dem Namen b.b. wonderbob. Er sieht wie ein futuristischer Gnom aus und ist offensichtlich in der Lage, tatsächlich mit den wartenden Besuchern des Brandlands zu sprechen. »Woher kommst du?«, fragt er ein 15-jähriges Mädchen aus Puerto Rico. »Du hast aber einen schönen roten Pullover«, shakert er mit einer Touristin aus Norwegen, und das Vorstandsmitglied eines deutschen Kaufhauskonzerns, das uns auf unsere Reise nach New York begleitet, wird ganz schön verunsichert durch die Fragen des neugierigen b.b. wonderbob. »Wie macht das der Roboter?« fragt man sich, und so steigt die Spannung, die Erwartung auf das Brandland. Die offene Frage muss später, im Laufe des *Spannungsweges*, eingelöst werden. Zuerst aber loggt man sich ein, spricht seinen Namen in eine Kamera hinein und wird so gewissermaßen als Volontär vereidigt.

Spannungsweg

Mit einer persönlichen Chip-Karte macht man nun seinen Weg durch das Brandland von Sony. Man kommt an unzähligen Hands-on vorbei, die als Brandland vom Typ eines *Ortes des Begreifens* funktionieren. Da ist ein Fernsehstudio, in dem die Kinder hinter den Kameras, vor der Bluebox-Wand, am Schneidegerät, am Lichtsteuergerät eine Live-Moderation durchproben können. Da ist eine Tonkabine vor einer Leinwand, in der man erfahren muss, dass es gar nicht so einfach ist, einen Song von Celine Dion zusammenzumischen, die vor uns erscheint und uns als Ton-Volontäre begrüßt, die jetzt die Gelegenheit haben, mit ihr gemeinsam einen neuen Song zu mischen – *Seeing is Believing*. Am Ende des Weges bekommt man sein Diplom, das mit dem eigenen Foto versehen ausgedruckt wird und einem zeigt, welche Stationen man im Laufe des Brandlands erlebt hat.

Nicht anders funktionieren die Auslieferungszentren der großen Automobilkonzerne. Mächtig ragen die zylinderförmigen Türme des KundenCenters in der VW-Autostadt empor und machen gespannt auf das, was folgen wird. Sie sind der verheißungsvolle *Teaser* am Beginn eines spannungsvollen Weges. Mercedes hat in Rastatt ein Auslieferungszentrum für seine A-Klasse geschaffen, an dessen Beginn ebenfalls ein *Teaser* steht. Verheißungsvoll ist die gläserne Brücke, durch die man das Gebäude betritt. Licht- und Toneffekte machen neugierig und stimmen auf das Erlebnis ein. Dann folgt ein *Stationenweg* voller Hands-on und erklärender Interaktionen. Da befindet sich die enthüllende Klappe der atmenden Fabrik, von der schon berichtet wurde; dort zieht man Schubladen auf, in welchen sich das Material für das Auto der Zukunft befindet; hier sieht man die Konstruktionszeichnungen, die enthüllen, auf welche Art und Weise ein Auto geplant wird. Der Blick in die Halle hinein, in der schon andere Gäste ihre Autos übernehmen, weckt die Erwartung und macht aufgeregt vor dem, was da noch kommt. In einer eigenen VIP-Lounge warten die Kunden auf die Übergabe ihres Autos. Schließlich, Minuten vor der Übergabe, werden sie vor eine Glasscheibe gebeten – die Erwartung steigt. Schließlich wird der Name des zukünftigen Autobesitzers aufgerufen, und man selbst erlebt, wie das Herz zu klopfen beginnt vor diesem magischen Augenblick, in dem die Erwartung eingelöst wird, selbst wenn man nur gekommen ist, um dieses Brandland zu bestaunen, selbst für die Besuchergruppen, die zahlreichen Touristen, Pensionäre, Schüler, die all jene bestaunen, die sich hier ihren A-Klasse-Wagen abholen. Das oft stundenlange Warten auf das neue Auto trägt nur zur emotionalen Erwartung bei, denn *Antizipation* braucht ein Element des Verzögerns.

Dieses *Element des Verzögerns* wird von VW in seiner Gläsernen Manufaktur in Dresden auf die Spitze getrieben. Bis zu einer Woche darf man angeblich mit dabei sein, wenn die eigene Luxuslimousine, der Phaeton, gebaut wird. Und man erlebt alle magischen Augenblicke beim Assembling, beim Zusammensetzen des eigenen Luxusautos mit. Man ist der erste, der den Motor anlässt; man ist dabei, wenn die so genannte Hochzeit durchgeführt wird, wenn der Motorblock, das Chassis und die Karosserie vereint werden. Zwischendurch wird die kaum auszuhaltende Spannung durch kleine abfeiernde Zwischenelemente herausgenommen. Man besucht ein Konzert, man besucht die Semperoper, eine Kunstgalerie. All das erlebt man in Dresden inmitten der Stadt, an einem Ort, an dem die Mitarbeiter von VW in strahlendes Weiß gekleidet sind, an dem nichts an eine Fabrik erinnert, an dem lautlos hydraulisch schwebende Plattformen die polierten Einzelteile der Wagen vorbeischweben lassen, an dem der Fußboden aus einem hochwertigen Parkett besteht – mehr eine Lounge als eine Fabrik. Am Ende: der magische Augenblick der Übergabe, der Schlüssel für den Luxuswagen.

Alle großen Brandlands, wie die VW-Autostadt, sind Kombinationen der drei Grundtypen: des Begreifens, der Verehrung und des Begehrens. Doch in keinem Brandland sind alle drei Typen derart perfekt geplant, emotional realisiert und clever ineinander gewoben wie im Guinness Storehouse in Dublin, dem besten Brandland der Gegenwart. Kein anderes Objekt eignet sich daher so gut, um noch einmal alle Faktoren dieser hochwertigen Erlebniswelten für Erwachsene vorüberziehen zu lassen, und keine Ausdrucksform ist dafür besser geeignet als die der Expertise.

Denn warum sollen nur traditionelle Kunstwerke bewertet und eingeschätzt werden?

»Thank you, Mr. Guinness«

Wer in der 360°-Panorama-Bar von Guinness, hoch über den Dächern von Dublin, sein großes Glas Freibier in Empfang nimmt, wird durch ein Schild freundlich aufgefordert, es doch auf das Wohl von Arthur Guinness zu erheben, der das alles hier 1759 gründete. Unwillkürlich hebt man das Glas vor dem ersten Schluck tatsächlich einige Zentimeter an und bemerkt erstaunt, dass man dabei innerlich bewegt ist. Wie um alles in der Welt, fragt sich der Besucher, ist es Guinness gelungen, diesen Ort und dieses bittere dunkle Bier derart emotional aufzuladen?

Ort des Begehrens
Drei Stunden zuvor sah man schon von weitem den signalhaften Stahl- und Glasaufbau der Gravity Bar, die wie ein Adlerhorst über dem schmucken Ziegelge-

bäude des ehemaligen Lagerhauses schwebt. Die Bar als Signal, als *Cue*, ist das auffällige *Landmark* des Ortes, und sie ist zugleich Verheißung eines entspannenden Abschlusses des Aufenthalts. Schließlich, das sagen uns die *Brain Scripts*, ist jeder Besuch eines Unternehmens, das Gastronomisches erzeugt, unweigerlich mit einem kulinarischen Geschenk verbunden. Die Bar ist also auch *Core Attraction* am Ende des Weges. Um die Sehnsucht nach der kühlen Belohnung gleich zu Beginn anzuheizen, erhält man als Eintrittskarte einen Kieselstein aus durchsichtigem Plastik, in dem ein Tropfen des schwarzen Elixiers eingeschmolzen ist. Der *Teaser* verheißt, dass er sich am Ende des Besuchs in ein Glas dunklen Biers verwandeln wird.

Am Anfang steht man im Atrium und es verschlägt einem buchstäblich die Sprache. Als *Déjà-vu* auf ein überdimensionales Pint-Glas türmt sich ein siebenstöckiges Glasgebilde in die Höhe. Der gigantische *Wow-Effekt* ist der eigentliche Magnet des Ortes, die *Core Attraction*, die jeder mit eigenen Augen sehen will. Im Inneren des stilisierten Pint-Glases kreuzen sich zusätzlich unzählige Rolltreppen als *Knotenbetonung* des Atriums, als zentraler *Merkpunkt*. Dieses Knäuel aus Rolltreppen zieht den Blick derart stark nach oben, dass viele Besucher dem Zug hinauf nicht widerstehen können und dadurch den spektakulären Start der Inszenierung im Erdgeschoss verpassen. Das *Malling* funktioniert beinahe zu perfekt, zusätzlich gefördert durch eine strapazierfähige *Entrance Map*, die Querschnitte des Hauses mit signalhaften Fotos verbindet. Sie zeigt auf der ersten Seite den Kieselstein und erklärt auf der letzten Seite das Panorama, das man von der Gravity Bar aus erlebt.

Ort des Begreifens

Was sind die Bestandteile eines Guinness-Biers, wie wurde es die Jahrhunderte hindurch gebraut, transportiert, beworben? Das sind einige der Themen, die das Brandland mit großer Sinnlichkeit erklärt. Da ist gleich zu Beginn ein eindrucksvoller dunkler Raum, aus dem heraus schon von weitem das Tosen eines Wasserfalls zu hören ist. Minuten später steht der beeindruckte Besucher unter und hinter dem Wasservorhang, dessen unablässig strömende Wassermassen eine *Allegorie* für die unglaubliche Menge Wasser sind, die jeden Tag von Guinness benötigt werden. In einem anderen Raum kann man mit eigenen Augen sehen, wie ungeheuer groß die alten Fässer waren, die früher von Guinness verwendet wurden, und man kann hören, wie es klingt, wenn Bier gärt: *Seeing is Believing*. Videos, die in Fässern installiert wurden, enthüllen mit historischem Filmmaterial die sozialen Umstände der Arbeit, und herausklappbare Werkzeugregale mit Hunderten uns völlig unbekannten Werkzeugen sorgen für *Aha-Effekte*. Alle Kompetenzmaßnahmen zusammen ergeben, gemeinsam mit der Emotionalität des Gebäudes, die *Concept Line* der Markenwelt, ihren roten Faden.

Ort der Verehrung

Seine hypnotische Magie erhält das Gebäude durch die beinahe körperlich spürbare Gegenwart von Arthur Guinness. Bereits in der Warteschlange vor der Kasse steht man unversehens über dem Original des Pachtvertrags für das Gelände der St. Jame's Gate Brewery. »Dieses Stück Papier ist der Grund dafür, dass wir alle hier sind«, lässt uns das Unternehmen mitteilen. Wenig später rührt das *Live-Erlebnis* uns ans Herz, wenn wir selbst am Schreibtisch von Arthur Guinness sitzen, vor uns seine Unterlagen in Griffweite, neben uns sein Lehnstuhl, um uns herum die Bilder seines Lebens als Projektionen, in uns die erstaunliche Erkenntnis, dass sein Bier im Zeitalter der Cholera auch eine Alternative zum ungenießbaren Wasser und dem harten Gin sein sollte, die alle, auch Kinder, tranken. So heben wir also in der Bar auf dem Dach unser Glas auf den Begründer dieses Ortes. Inder, deutsche Touristen, stolze Iren sitzen in bester Laune auf dem Fußboden, da die 50 Designstühle längst besetzt sind. Die Stimmung ist außergewöhnlich. Die Iren nennen das »Craig« – das unverkennbar irische Gefühl von Spaß, Zufriedenheit und Dazugehörigkeit. Es stellt sich tatsächlich ein, hier über den Dächern von Dublin. Thank You, Mr. Guinness!

Brandlands

○ *sind permanente Ausstellungen der Wirtschaft.*
○ *geben uns die Nähe zum Produkt zurück.*
○ *ermöglichen, anders als Werbung, real gemachte Erfahrungen.*

○ **Orte des Begreifens**
Sie erklären, oft mit Hilfe interaktiver »Hands-on«, was eine Marke kann –
ihre rationalen Aspekte. »Seeing is Believing«, die Überzeugungskraft des
Augenscheins, spielt dabei eine besondere Rolle.

○ **Orte der Verehrung**
Sie bringen das Image der Marke zum Glühen – ihre irrationalen Aspekte.
So entstehen etwa moderne »Allegorien«, wie das brüllende Auto im Käfig,
oder jene modernen »Wunderkammern«, die simples Glas zu einem Kris-
tallschatz machen.

○ **Orte des Begehrens**
Sie sind oft Auslieferungszentren, in denen die Sehnsucht nach dem Produkt
durch Spannungs-Inszenierungen verstärkt wird. »Spannungswege« werden
an ihrem Ende durch einen Kaufakt oder durch Gastronomie abgefeiert.

2. Messen und Expos

Schaulust und Besucherfrust

Messen und Weltausstellungen müssten eigentlich ideale dritte Orte sein. Sie bieten hohe Schaulust und großen Erlebniswert. Sie sind urbane Ausflugsorte, die den Menschen die Möglichkeit geben, echte Erfahrungen zu sammeln, an die sie sich später zurückerinnern können. Und: Sie sind Orte, an denen Geschichten für Erwachsene erzählt werden. Trotzdem wird in den letzten Jahren die Frage nach der Existenzberechtigung von Messen und Weltausstellungen immer öfter gestellt.

Das verwundert nicht, wenn man an die negative Berichterstattung über die Expo 2000 in Hannover denkt, über den Besucherfrust, den die Weltausstellung angeblich auslöste. Die Verantwortlichen der Expo in Hannover hatten bekanntlich von Anfang an Probleme, den Erlebnischarakter der Weltausstellung in der Öffentlichkeit zu kommunizieren. Das Thema hieß Mensch – Natur – Technik und viele Deutsche dachten lange Zeit, dass das ein Ort sein muss, an dem man sehr viel lernen muss, der sehr schwierig und sehr schwer ist. Dazu kam, dass das Thema allzu beliebig und unverbindlich wirkte. Erst sehr spät beauftragte man eine Werbeagentur damit, einen Werbespot mit Verona Pooth (damals noch Feldbusch) und Peter Ustinov zu drehen, in dem gezeigt wurde, wie lustvoll ein Besuch auf der Weltausstellung sein kann. War die Weltausstellung viele Monate beinahe leer, so drängten sich sechs Wochen vor Schluss die Massen vor den Toren der Pavillons. Nun begannen viele Menschen darüber zu stöhnen, wie anstrengend die Weltausstellung sei, wie mühsam die langen Wartezeiten vor den Pavillons sind, und sie beschwerten sich über das Reizbombardement tausender Bildschirme, die ihre Botschaften vermitteln wollten. Parallel dazu begann im deutschen Feuilleton eine Grundsatzdiskussion darüber, ob denn Weltausstellungen heutzutage überhaupt noch zeitgemäß wären. Gibt es da nicht das Internet, in dem alles, was neu ist, in Echtzeit auftaucht? Sind die Menschen denn nicht mobiler als früher? Reisen sie nicht? Sehen sie nicht alles, was fremd ist, mit eigenen Augen, wenn sie für vergleichsweise wenig Geld um die halbe Welt fliegen können? Zeigen denn nicht 35 oder mehr Fernsehkanäle ununterbrochen, was es Neues auf der Welt zu sehen gibt? Wozu aber soll dann eine Weltausstellung gut sein, wenn alles Neue ohnehin anderswo früher zu sehen und zu erleben ist?

Das Problem mit der ständigen Reizüberflutung und dem vordergründig mangelnden Neuigkeitswert teilen die Weltausstellungen mit den Messen. Das neueste Auto, das neueste Handy ist im Internet und in der Lifestyle-Zeitschrift früher zu sehen als auf der internationalen Automobilausstellung in Frankfurt oder der CeBIT in Hannover. Messen haben darüber hinaus noch ein zusätzliches Problem: Es macht einfach keinen Spaß, ein Messegelände zu erforschen. Während das Flanieren auf einer Weltausstellung noch ein Spaziergang von einem spektakulären Pavillon zum nächsten ist – zwischen Pavillons, die schon von außen architektonische oder bühnenbildnerische Meisterleistungen sind –, ist das Einzige, was eine Messehalle von einer anderen Messehalle unterscheidet, oft nur die große Nummer, die an ihrer Fassade angebracht ist. Das Problem setzt sich in den Messehallen selbst fort; es ist das Problem der Gerümpel-Totale. Viele Messehallen sind ein einziges visuelles Chaos, in dem die Highlights irgendwo versteckt sind.

Trotzdem sieht es so aus, als ob Messen und Weltausstellungen erste Auswege aus dem Schlamassel gefunden hätten. Denn gerade die Schwächen, die den Besucherfrust auslösen, sind eine Chance für neue Möglichkeiten der Inszenierung. So werden aus den Schwächen die neuen Stärken von Messen und Expos mit zusätzlichem neuen Erlebniswert.

Da sind die Inszenierungsmaßnahmen gegen die Gerümpel-Totale. Da ist das Mood Management, die Seelenmassage, gegen die Reizüberflutung. Da sind die inszenierten Unternehmensleitbilder gegen die Neuigkeitsschwäche von Weltausstellungen und Publikumsmessen.

Abb. 8: »Gerümpel-Totale« auf einer Messe

Die Gerümpel-Totale

Ich recherchiere gemeinsam mit einem Kollegen vom ZDF auf der internationalen Funkausstellung in Berlin. Wir haben uns für einige Zeit getrennt und rufen einander nun auf dem Handy an, um einen Treffpunkt zu vereinbaren. Jeder beschreibt dem anderen eine ganz bestimmte Ecke am Messegelände, und wir wissen beide ganz genau, wo das sein soll. Nach 20 Minuten Wartezeit klingelt erneut das Handy. Jeder von uns steht woanders, denn die Ecke, die wir meinten, die gibt es gleich mehrmals – alles sieht hier irgendwie gleich aus. Da wird uns klar:

Das Problem an den Messen ist nicht der Messestand, das Problem ist das Messegelände!

Messestände verwenden heute dieselben Inszenierungstricks wie Shops oder Brandlands. Da sind sie absolut auf der Höhe der Zeit. Neben der klassischen, eskapistischen Thematisierung, die einen vielleicht in eine Dschungelwelt entführt, gibt es genauso die moderne Thematisierung mit Design, bei der etwa Autozubehör wie ein modernes Kunstwerk präsentiert wird und die Inszenierung im Messebesucher ein Gefühl der Ehrfurcht, wie in einer Kunstgalerie, auslöst.

Das Problem ist das Messegelände als räumliches Gesamterlebnis; ist die einzelne Messehalle als erlebbarer Raum. Wer eine moderne Messehalle betritt, fühlt sich oft wie erschlagen angesichts des Gewusels unendlich vieler visueller Elemente, die auf einen hereinbrechen. Die Augen wissen gar nicht, wo sie zuerst hinschauen sollen. Beim Fernsehen, von dem ich ursprünglich herkomme, nennt man so etwas eine *Gerümpel-Totale*. Wenn junge, unerfahrene Fernsehregisseure Angst davor haben, zu schwach zu sein mit ihren Inszenierungen, dann räumen sie manchmal die Bühne mit Hunderten von Akteuren, Dekorationsstücken und Spezialeffekten voll. Manche Kameraleute gehen dann erschreckt in eine weite Totale der Szene, sodass man alles sieht und doch nichts mehr sieht. Das ist die *Gerümpel-Totale*, ein visueller Müllhaufen, der unseren ständig suchenden Augenbewegungen keinen Halt bietet und der deshalb auch jeden Aufbau einer *kognitiven Landkarte* verhindert. Wenn man also aufgrund der *Gerümpel-Totale* kein Gefühl für den Ort entwickeln kann, dann wird man sich auch nicht intuitiv durch die Halle bewegen. Es entsteht kein Bedürfnis nach dem Promenieren, dem Flanieren, dem Malling über das Gelände. Doch Messen und Expos wollen wie eine Wanderung für die ganze Familie erlebt werden, sind moderne urbane Ausflugsziele.

Was kann man dafür tun? Wie schafft man am Messegelände eine *kognitive Landkarte* mit Merkpunkten, Plätzen, Achsen und Vierteln, die zum »Wandern« verführt? Zuerst einmal ist es wichtig, zu begreifen, dass man Einzelunternehmen erlauben muss, ein spektakuläres Wahrzeichen in einer Halle zu setzen. Ein Aussteller, der einen riesigen begehbaren Wasserfall aufbaut, schafft damit einen Merkpunkt, der der ganzen Halle zugute kommt. Der Wasserfall ist dann ein wichtiger Orientierungspunkt für die Navigation in der Halle, ein Orientierungspunkt, von dem alle profitieren.

Was kann man noch tun? Sackgassen entfernen, in denen man sich unversehens wiederfindet; Irrwege vermeiden und tote Achsen durch eine Inszenierung aufladen. Da leuchten dem Messebesucher die eigentlichen Messestände glamourös entgegen und dann versackt er in den Passagen zwischen den Messehallen in der öden Tristesse langweiliger und endloser Gänge. Hier könnten die Messen von einem Seitenblick zu den Shopping-Malls profitieren, in denen längst nicht mehr die Shops allein gestaltet sind, sondern auch die halböffentlichen Promenaden zwischen den Geschäften. Für Messen inspirierend sollte auch der Seitenblick zu Sportveranstaltungen sein, wie dem Tennisstadium von Roland Garos, auf dem das Paris Open stattfindet. Wer dort zwischen den Tennis-Courts hin und her flaniert, kommt an Ehrenstatuen von Sportlern vorbei, an effektvollen Displays, die den Zwischenstand aller laufenden Tennisspiele spektakulär veröffentlichen, an weißen VIP-Zeltlandschaften. Das alles erinnert an das Campus-System amerikanischer Universitäten. Dort gibt es Plätze, die berühmten Persönlichkeiten gewidmet wurden, Statuen, auffällige Türme, insgesamt ein erlebbares, wahrnehmbares, menschliches Gelände, mit dem man sich identifiziert und das man erforscht. Messen könnten so zu Orten werden, die in sich emotional attraktiv sind, unabhängig von der Qualität der jeweils stattfindenden Messe und unabhängig von der jeweiligen Konjunktur.

Weltausstellungen haben es da bei weitem leichter. Der prinzipielle Ablauf einer Weltausstellung, ihr *Brain Script*, legt ja von vornherein eine ganz bestimmte räumliche Erschließung fest, sodass sich Knoten, Achsen, Merkpunkte und Viertel, die Elemente einer *kognitiven Landkarte*, von selbst ergeben. Man braucht einen zentralen Platz, eine Plaza, auf der sich der Pavillon des Gastgeberlandes befindet. Man braucht einen zweiten Knotenpunkt für die große Abendshow. Das ist meist ein See, weil die Show mit Wassereffekten oder pyrotechnischen Effekten versehen ist und sich außerdem rund um einen See sehr viele Menschen versammeln können. Seit einigen Expos gibt es als Hauptviertel der Expo einen Themenpark, in dem das Generalthema der jeweiligen Weltausstellung verdichtet wird. Dann gibt es noch die unterschiedlichen Gelände für die Pavillons, die meistens nach den Himmelsrichtungen benannt werden – Pavillons Ost, Pavillons West. Dazwischen liegen lange Achsen, Alleen, die durch Bäume betont werden, durch die Fahnen der Teilnehmerländer, durch spektakuläre Designleuchten in der Nacht.

Immer gibt es ein zentrales Wahrzeichen, ein zentrales *Landmark* – auf der letzten Weltausstellung von Hannover war das ein riesiges, gebogenes Holzdach, dessen kunstvolle Verstrebungen nach einer ähnlichen Methode verbogen wurden wie die legendären Thonet-Stühle, die man in Wiener Kaffeehäusern findet. Inoffizielles Wahrzeichen war ein Pavillon, der sich beinahe am Rande des Ausstellungsgeländes befand, ein Pavillon einer Non-Profit-Organisation in Form eines Wals. Er wurde sehr schnell der Liebling der Besucher. *Schwebebahnen* und Aussichtstürme geben den Besuchern einen spektakulären Überblick auf das Gelände und helfen ihnen, gemeinsam mit *Entrance Maps,* schnell eine *kognitive Landkarte* des Geländes zu erlernen. Auf den *Entrance Maps* kann man dann in dreidimensionalen stilisierten Abbildungen vor allem die spektakulären Einzelpavillons einzeichnen. Sie sind wie überdimensionale Zunftzeichen, die die Botschaft des jeweiligen Pavillons nach außen tragen. Sie sind *Header,* gebaute Visitenkarten. So stellte der Medienkonzern Bertelsmann ein riesiges schwebendes Ufo auf die Expo-Plaza, den »Planet M«, der abends durch ein spezielles Lichtsystem in unterschiedlichen Farben glühte, ein Ufo, das für die Zukunftsorientiertheit des Konzerns stehen sollte, ein Gebäude, an dem ich als Berater des Szenographen Triad in Berlin mitarbeiten durfte. Da war das spektakuläre Sandwich-Gebäude der Niederlande, in dem auf fünf Stockwerken verteilt alle wichtigen Kulturlandschaften Hollands platzsparend übereinander gestapelt waren, inklusive eines 12-Meter hohen Waldes, der sich vom zweiten Stockwerk hinauf erstreckte, Symbol für den ökologisch bewussten Umgang Hollands mit seinen natürlichen Ressourcen.

Eine Art Mittelding zwischen einer Weltausstellung und einer Messe war der »Milleniumsdom«, der als Konkurrenzveranstaltung im Milleniumsjahr 2000 unter einem riesigen Zeltdach im Londoner Greenwich aufgestellt wurde. In der Mitte des Milleniumsdoms befand sich eine riesige Arena-Show als zentraler Punkt, in dem alle Wege und Blicke sich schnitten, mit einem zentralen Turm als Bestandteil der Show; rundherum Pavillons, die auffällig als *Header* gestaltet waren, zum Beispiel der Pavillon zum Thema Arbeit, dessen äußeres Erscheinungsbild sich ständig veränderte. Durch ein Lamellensystem, das bewegt werden konnte, sah der Pavillon einmal wie eine überdimensionale Fabrik aus, dann wieder wie eine Bibliothek, dann wie eine Wiese.

Zusammenfassend kann gesagt werden: Für jede Weltausstellung, für jede Messe ist das Erlebnis des Ortes selbst die wichtigste Grundvoraussetzung für den Erfolg der Veranstaltung. Sie ist die Basis von jeder weiteren Art von Entertainment, das an diesem Ort stattfindet. Sie erfüllt das Bedürfnis der Menschen nach gestalteten Lebensräumen; sie erfüllt das Bedürfnis nach einer Sonntagswanderung für die ganze Familie, aber nicht in den Wald, sondern zu einer Messe, zu einer Expo.

Seelenmassage

Welche Probleme könnten noch in ihr Gegenteil verkehrt werden und somit zur Inszenierungschance werden? Ich bin der Gast eines langjährigen Auftraggebers auf der Euro-Shop in Düsseldorf. Plötzlich stürmt eine mir seit vielen Jahren bekannte Innenarchitektin, die Bücher schreibt, abgekämpft auf den Messestand und lässt sich in eines der Sofas fallen. »Warum gibt es hier keine Wellness-Pakete wie auf vielen anderen Messen«, sagt sie, »es müssen ja nicht gerade Masseure sein, die herumgehen.« Da fällt mir ein, dass ich tatsächlich einige Monate davor auf der IFA in Berlin Masseure auf einigen Messeständen gesehen habe, die den gestressten Messebesucher entspannten.

Auf allen Messen und allen Expos leiden die Besucher unter dem enorm hohen Reizbombardement, das auf sie einstürmt, einem hohen Aktivierungsniveau, wie die Psychologie sagt. Da blinkt es und flimmert es und klimpert es den ganzen Tag. Der Geräuschpegel hat zur Folge, dass viele Messebesucher am Ende eines Tages wie Zombies aus den Messehallen herauswanken. Dahinter steckt ein psychologischer Mechanismus, der *Orientierungsreflex*, dem wir schon am Beispiel des angenehm flimmernden Eiffelturms begegnet sind. Was dort noch netter Augenkitzel war, wird zur Qual, wenn der Orientierungsreflex geballt auftritt und zudem mit immer den gleichen einfallslosen Methoden über uns hereinbricht. Das ist wie ein schlecht geschnittener Musikvideo-Clip, dessen rasanter Schnitt ohne Variation und Raffinesse unseren Blick gebannt am Bildschirm hält, ohne dass wir emotional in irgendeiner Weise beteiligt sind. Wenn das Reizbom-

bardement nämlich immer gleich ist, dann gibt der Orientierungsreflex schließlich Entwarnung und es entsteht der gefürchtete Zombie-Effekt, bei dem man
nur mehr auf das hinsieht, was zappelt.

Abb. 9: Liegewippen von Toyo Ito, Expo Hannover 2000

Niemals zuvor in der Geschichte der Menschheit wurden derart viele Video-Mo-
nitore eingesetzt wie auf der Weltausstellung 2000 in Hannover. Und doch
waren jene Pavillons am beliebtesten, in denen es so gut wie keine Videos zu
sehen gab. Am beliebtesten von allen: der Pavillon der Gesundheit, der vom japanischen Stararchitekten Toyo Ito geplant wurde. Er setzte voll auf die Gegen-
strömung zum Reizwechsel, nämlich auf *Mood Management*, auf Seelenmassage
für den gestressten und genervten Expo-Besucher. Im Pavillon waren rund um
einen künstlichen See unzählige Liegewippen aufgestellt, die sich auf Knopfdruck zu bewegen begannen und den Besucher wie in einer Kinderwiege hin
und her schaukelten. Dazu gab es einen entspannenden Sound und ein entspan-
nendes visuelles Environment. Bevor man den Raum betrat, wurde man von den
Hostessen angewiesen, nur eine einzige Fahrt mit den Liegestühlen zu machen.
Doch die meisten Messebesucher standen nach einem Durchgang auf, blickten
sich um, und setzten sich dann verstohlen zwei, drei Stühle weiter ein zweites

Mal hin, um sich noch einmal sanft hin- und herwiegen zu lassen. Die durchschnittliche Verweildauer im Pavillon der Gesundheit war enorm. Hinter jeder Art von *Mood Management* steht ein Verpackungseffekt. So wie die Verpackung eines Geschenks einen Image-Kommentar auf das Verpackte abgibt, lässt man sich von der Emotionalität eines Raums auch emotional beeinflussen, wenn man sich in diesen Raum begibt. Es ist Image-Transfer, der dahinter steht, gefolgerte Meinung, *Inferential Beliefs* von einem Ort auf die eigene emotionale Seelenbefindlichkeit. Vom projizierten Sonnenblumenfries im Billa-Supermarkt bei Wien war ja schon die Rede. Wiegende Sonnenblumen entspannen dort den gestressten Kunden während des Einkaufs.

Seelenmassage für Menschen gibt es heute überall, nicht nur in Shops und auf Messen, sondern überall dort, wo Lounges, Lobbys, Atrien zu einer neuen Renaissance kommen. Später in diesem Buch wird in einem eigenen Kapitel noch ausführlich von inszenierten Lounges berichtet werden. Aufgefallen ist mir der Effekt das erste Mal in Chicago, als ich vor Jahren intuitiv eine Nike Town aufgesucht habe, um mich dort emotional zu entspannen: in einer Umgebung mit indirektem Licht und einem Sound, der einen leichter machte. Die Wirkung war ähnlich wie die Ruhe einer Kathedrale, wenn einem der Stress der Stadt zuviel ist.

Schon auf der Weltausstellung in Lissabon 1998 waren Mood-Management-Inszenierungen besonders beliebt. Da gab es etwa eine Liegewiese in Wellenform, sodass man in der Wiese liegend bequem die Füße hoch lagern konnte; da war der Wassernebel in der Hitze Portugals, durch den man hindurch lief; da gab es die Wasser speienden Vulkane und die Wellenbecken zur Entspannung des Auges und der Seele. Aus den Nebeneffekten in Lissabon wurden auf der Expo in Hannover die Hauptinszenierungen einiger spektakulärer Pavillons. Österreich, mein Heimatland, das sich üblicherweise auf jeder Weltausstellung blamiert, machte in Hannover durch eine Liegelandschaft Furore, die von den jungen österreichischen Stararchitekten Eichinger oder Knechtl gestaltet wurde. Der Effekt war ganz ähnlich wie die gewellte Wiese von Lissabon. Die Menschen lagen am Boden, hatten die Füße hochgelagert, um sie herum Flugbilder aus Österreich, keine Informationen, sondern ausschließlich emotionale Signale, versteckte Lautsprecher im Boden, aus denen das Gemurmel eines Baches oder Fetzen eines Gedichtes von Friederike Mayröcker und anderer österreichischer

Autoren drangen. »Eine schwebende Oase der Entspannung« mit Hörinseln und Tonvulkanen, wie es die Architekten selber formulierten.

Natur fühlen, Langsamkeit und Stille als Erlebnis, das war auch die Botschaft des Schweizer Pavillons, der aus 3000 Kubikmetern frisch gesägten Holzbalken bestand, 55 Meter breit, 9 Meter hoch, zusammengefügt zu einem ungewöhnlichen, nach allen Seiten offenen Labyrinth, gestaltet vom berühmten Schweizer Stararchitekten Peter Zumtor, erfüllt vom Sound einer merkwürdigen Musikgruppe mit Hackbrettern auf einer Art Fahrrad, die sich in Zeitlupe durch den Pavillon bewegten und einmal pro Stunde zusammen mit allen Mitarbeitern des Pavillons zur Salzsäule erstarrten – eine Minute des Innehaltens und Schweigens auf einer ansonsten hektischen Weltausstellung. Faszination der Stille und Kontemplation war auch Thema im finnischen Pavillon. Der Weg durch das Gebäude führte über Brücken drei Mal durch einen echten finnischen Birkenwald hindurch. Zwischendurch stand man einmal in einem schalltoten Raum, dessen Attraktion die Stille war, vor einem Riesengemälde einer finnischen Seenlandschaft, darauf mit Laser projiziert ein Elch, der auftaucht, ein vorbeifliegender Vogel, ein Fisch, der hochspringt. Für die Expo 02 in der Schweiz, die rund um drei Seen in der Westschweiz stattfand, wurde dem Mood Management ein weltweit beachtetes Denkmal gesetzt – eine begehbare Wolke, die über einem der Seen schwebte, erfunden vom New Yorker Architektenteam Elizabeth Diller und Ricardo Scofidio. Dort, in Yverdon-Les-Bains, erhielt man einen Regenschutz und kämpfte sich auf einem Steg in die künstliche Regenwolke hinein, vor bis zur Angel Bar, um die Elemente zu spüren und damit auch wieder sich selbst.

Was für Weltausstellungen gilt, das gilt auch für Messen. *Mood Management* ist der Hit der letzten Jahre bei Publikumsmessen. Auf der internationalen Funkausstellung in Berlin war der Stand von Panasonic besonders beliebt – eine riesiggroße Stadtlandschaft aus Straßen, Plätzen, Wegen, Häusern, deren Straßenwände mit Hilfe von Dutzenden Projektoren in eine inspirierende, entspannende, suggestive Unterwasser- und Farblandschaft verwandelt wurde. So hat es letztendlich die Unterhaltungs- und Elektronikindustrie geschafft, die Videotechnologie auch auf eine ganz andere Art und Weise einzusetzen: nicht als Reizattacke auf den Konsumenten, sondern als *Mood Management*, als Seelenmassage, die den Druck an einem anstrengenden Ort herausnimmt und damit erst recht starke emotionale Erfahrungen vermittelt.

Unternehmens-Leitbilder

Der Moderator eines deutschen Privatfernsehsenders demonstriert seinen Zuschauern eine Innovation in der Automobilindustrie. Es geht um ein aufklappbares Loch im Beifahrersitz, das es dem mitfahrenden Gast im Fond des Wagens erlaubt, während der Fahrt die Füße auszustrecken und es sich bequem zu machen. Zu diesem Zweck hat der Moderator seine Schuhe ausgezogen und steckt seine Füße durch das Loch im Beifahrersitz hindurch. »*Demo or die*« hieß früher die Devise, »Zeig's her oder stirb«. Wenn man etwas Neues auf den Markt bringt, so muss man es herzeigen, oder man wird untergehen.

Doch in einer Zeit, in der auf Messen der Neuigkeitswert von Produkten eher gering ist oder wirklich spannende Innovationen nur für ausgewählte Journalisten unter der Theke bereitgehalten werden, konzentrieren sich die Inszenierungen am Messestand auf prinzipielle Aussagen zur Unternehmenskultur.

Ja, man hat das Gefühl, dass manche Messestände zunehmend Ersatz für das nicht vorhandene Brandland sind, und auch Weltausstellungen werden immer mehr zur Plattform für prinzipielle Aussagen über Länder und Unternehmen.

In dramaturgischer Hinsicht handelt es sich dabei meist um Aha-Effekte, um Enthüllungen, die zuvor verborgenes Image ans Licht bringen. Wer zum Beispiel weiß, was alles zum Medienkonzern Bertelsmann dazugehört, wer weiß, dass neben Buchverlagen und Fernsehsendern wie RTL auch der Nachlass von Elvis Presley, das aktuelle Oeuvre von Thriller-Autor John Grisham oder »die« klassische deutsche Illustrierte, der *Stern*, Bestandteil des Konzerns sind? Eine Media-Gallery sollte diese für die Öffentlichkeit verborgenen Zusammenhänge enthüllen. Wie in einem überdimensionalen Setzkasten waren 137 Inszenierungen am Ende des Weges im Bertelsmann Pavillon der Expo in Hannover aufgebaut. 300 Fenster, die mittels Spezialglas die Objekte mal hinter Milchglas verborgen, mal unvorhergesehen transparent machten, enthüllten dem verblüfften Publikum die Zusammenhänge durch Photos und Originalobjekte.

Ein ganz anderes Deutschlandbild war das Ziel auf der gegenüber liegenden Seite der Expo Plaza. In der »Ideenwerkstatt Deutschland« enthüllte der Deutsche Pavillon in Form einer Skulpturenlandschaft, deren Gipsbüsten offensichtlich ein Bildhauer in seinem Atelier gerade in Arbeit hatte, wer denn nun das Bewusstsein und die

Identität Deutschlands in den letzten Jahrzehnten geprägt hat. Meterhoch waren die Gipsköpfe der Stars, die hier zum Teil erstmals präsentiert wurden. Da war die Lehrerin Irmela Schramm, die bisher kaum in der Öffentlichkeit bekannt war und die seit mehr als 15 Jahren gegen ausländerfeindliche oder menschenverachtende Schmierereien vorgeht. » Wo immer sie diese im öffentlichen Raum entdeckt, greift sie zu Azeton, Spatel und Pinsel und entfernt sie auf eigene Faust«, hieß es im Katalog. Als verblüffter österreichischer Besucher musste man allerdings auch entdecken, dass offensichtlich auch Romy Schneider Deutsche war, denn ihr Gipskopf befand sich groß und prominent in der Skulpturengalerie. Schamhaft wurde Romy Schneider da als große europäische Schauspielerin bezeichnet. *Unternehmens-Leitbilder* sollten unbedingt präzise sein, um nicht nach hinten loszugehen.

Spektakulär war die Enthüllung, die BMW vor Jahren auf der IAA inszenierte. Mit einem Investitionsaufwand von mehr als 50 Millionen Euro für zehn Tage gab BMW ein richtiges Power-Statement ab: BMW ließ eigens für diesen Zeitraum eine Halle bauen, deren aerodynamische Form den präzisen Lufthohlraum sichtbar macht, den ein schnell fahrender BMW durch seine Luftverdrängung aufbaut. Diese ungewöhnliche Form, in der es keinen rechten Winkel gab, wurde genauso spektakulär gefüllt. Da standen die Luxuskarossen auf einer simulierten Straße, umgeben von endlos langen Videoprojektionen, die simulierten, dass uns die stehenden Autos dynamisch schnell entgegenkommen.

Und auch der Milleniumsdom, jene spektakuläre Expo-ähnliche Inszenierung im London des Jahres 2000, war wohl mehr Grundsatzerklärung zum Zustand unserer heutigen Welt als Neuigkeitspräsentation. Am Ende des Pavillons zum Thema Arbeit, der durch sein ständig wechselndes Aussehen – Fabrik, Wiese, Bibliothek – zu den spektakulären Merkpunkten des Doms gehörte, erfuhr man am eigenen Leib, was Teamwork bedeutet: »Zusammen-Spiel«, im wörtlichen Sinn. Ich begleite 50 Manager aus der Automobilindustrie in den Milleniumsdom. Da steht ein riesiges Tischtennisspiel, und tatsächlich, es haben 50 Spieler rings um den Tisch Platz – 25 auf jeder Seite. Um uns herum zischt ein Schiedsrichter auf Rollschuhen, im Schiedsrichterdress und mit Trillerpfeife. Jetzt wird das Spiel angepfiffen und alle 50 Autohändler stürzen sich auf den Ball. Nun heißt es, Teamwork zeigen, denn nur mit Teamwork ist es möglich, dieses Spiel überhaupt zu spielen und zu einem vernünftigen siegreichen Ende zu führen. Am Ende der Pfiff – das rote Team hat gewonnen.

Messen und Expos

○ *Auf heutigen Messen ist die Inszenierung ebenso wichtig wie der Neuigkeitswert.*
○ *Das Problem an den Messen ist nicht der Messestand, sondern das Gelände.*

○ **Kampf der Gerümpel-Totale**
Nur wer die Messehallen entrümpelt, bringt die Besucher dazu, das Gelände
zu erforschen. Spektakuläre Bauwerke erleichtern die Orientierung, tote Achsen müssen durch Inszenierungen aufgeladen werden.

○ **Kampf der Reiz-Überflutung**
Nur wer dem »Zombi-Effekt« entgegentritt, nimmt Messen und Expos den
Druck. Gestaltete Naturerfahrungen und inszeniertes Ausruhen bewirken
die erlösende »Seelenmassage«, den Image-Transfer auf die Psyche des Besuchers.

II.
Ausgehen und Feste feiern

Ausgehen, das hieß immer schon: in erster Line etwas erleben und zusätzlich drumherum ein gastronomisches Angebot in Anspruch nehmen. Man ging ins Theater und davor etwas essen. Man besuchte eine Kinovorstellung und nahm danach einen Drink. Man ging in einen Klub, um zu tanzen, und trank ab und zu etwas zwischendurch. Das eigentliche Ziel des Ausgehens war das Theatergebäude, das Kino, der Klub, und die Innenstadt hielt darüber hinaus ein umfangreiches gastronomisches Angebot für das Davor und Danach bereit. Ausgehen heute, das ist immer noch dieselbe Mischung aus eigentlichem Ereignis und gastronomischem Umfeld, aber komprimiert an einem Ort, in einem Entertainment-Medium, das alle Angebote an einem einzigen Platz, unter einem einzigen Dach vereint.

Im Sommer sind die schönen historischen Plätze in Europa voll mit Open-Air-Veranstaltungen. In Wien etwa findet vor dem klassizistischen Gebäude des Rathauses ein Musikfilmfestival statt. Offiziell kommt man wegen der Übertragung von »La Bohème« auf der großen Leinwand; tatsächlich ist man aber wegen dem Flair und der Gastronomie da, die einen an unzähligen Ständen und Buden rund um den Platz erwartet. Immerhin sind es viele Hunderte Menschen, die täglich die eigentliche Vorstellung besuchen, doch ein Vielfaches an Menschen drängt sich um die Gastronomie am Platz. Das Flair und die Gastronomie sind also wichtiger als das eigentliche Besuchsziel, das zu einer Art Vorwand wird, um den Ort aufzusuchen. Und doch ist es schön – nachdem man griechische Suvlaki gegessen, einen italienischen Chianti getrunken und eine französische Crêpe genascht hat – den Platz zu verlassen und zu Fuß durch die Stadt zu schlendern, während hinter einem noch eine wunderschöne Arie oder ein Duett aus »La Bohème« in die Stadt hinausdringt und Musik in der Luft von Wien ist, an einem lauen Sommerabend im Juli oder August.

Oder da sind die neuen Urban Entertainment Center, die rund um Theater und Kinos entstanden. Auch hier ist der Filmbesuch das vordergründige Ziel, doch letzten Endes – das haben die Erfahrungen der letzten Jahre gezeigt – waren nur jene Kinocenter erfolgreich, die rund um den eigentlichen Kinobesuch ein Lifestyle-Erlebnis mitgeliefert haben und eben wirklich zu einem Urban »Entertainment« Center wurden. Der Lifestyle ist letztendlich genauso wichtig wie der Kinobesuch.

Und da sind die spektakulären neuen Restaurants mit integriertem hochwertigen Entertainment. Vom Restaurant Auréole in Las Vegas war in diesem Buch ja bereits die Rede, jenem Restaurant, in dem die Weinkellnerin einen 17 Meter hohen Glasturm besteigt, um den Rotwein herunterzuholen. Meine Frau Denise Mikunda-Schulz zitiert dazu in ihrem Buch »Das Lokal als Bühne«[6] einen Satz aus dem Spielfilm »Harry und Sally«. Da heißt es: »Restaurants sind in den 80ern das, was das Theater in den 70ern war.« Und tatsächlich werden Restaurants heute genauso rezensiert wie Theatervorstellungen, und natürlich wird nicht nur über das Essen gesprochen, sondern auch über Atmosphäre, Flair und Entertainment, zumal sich solche Zusatzangebote trefflich in Lifestyle-Zeitschriften abbilden lassen. Man kann also sagen:

Überall dort, wo das moderne Ausgehen sich an einem Ort konzentriert, ist das Ergänzende zumindest genauso wichtig wie das Eigentliche.

3. Stadt-Events

Feiern in der »Community«

Während das Ausgehen in Hip-Restaurants oder in Urban Entertainment Centern eine Angelegenheit eines Paares oder einer Gruppe ist, sind die Stadt-Events Ausdruck des Feierns einer größeren urbanen Gemeinschaft. »Panem et circenses« hieß es im alten Rom. »Brot und Spiele« – ein Spruch, der auf die gesellschaftliche Funktion von Unterhaltung in der Gemeinschaft verweist. Wann strömen die Menschen in der Stadt zusammen, um gemeinsam etwas zu erleben? Ist es die abendliche Siegerehrung während einer Olympiade, die jeden Abend viele Tausende Menschen in Salt Lake City dazu veranlasste, sich auf der eigens gestalteten Medal Plaza zu versammeln? Oder ist es eine ausgeflippte Party wie der Life Ball in Wien, der in der ganzen Stadt registriert wird und auf der sogar der Bürgermeister als Punk verkleidet auftritt? Oder ist es der Christkindlmarkt am Wiener Rathausplatz, der längst zur Tradition der Stadt dazugehört und zu einem erstklassigen Touristenmagnet wurde?

Für die Bewohner der Stadt sind solche halböffentlichen Feste Bestandteil des Gefühls, das man für das Leben in der eigenen Stadt hat.

Es ist Mitte Oktober und mein Assistent fragt mich: »Ist eigentlich der Christkindlmarkt schon offen?« Es ist Ende April und meine Frau sagt: »Jetzt müsste bald wieder der Life Ball sein.« Und seitdem ich klein bin, weiß ich, dass im Winter die Eisrevue in der Wiener Stadthalle gastiert. Ich kann mich noch gut erinnern, als ich mit meiner Mutter als 5-Jähriger auf der Heimfahrt von der Stadthalle in unser Haus am Stadtrand in ein schlimmes Schneegestöber geraten bin.

Veranstaltungen in der Stadt, die immer wiederkehren, sind Bestandteil unseres *Community Feelings*, unseres Gefühls für das ganz spezifische Leben in einer Stadt oder einer Region. Die Psychologen nennen dieses Phänomen den so genannten »generalisierten Bewusstseinshintergrund«. Lese ich irgendwo darüber, wie die U-Bahnline U2 über die Donau hinweg verlängert wird, dann sagt mir meine *kognitive Landkarte* von Wien, wo das sein wird. Hat man in Wien einen Amtsweg zu erledigen, dann sagen einem die *Brain Scripts*, die Drehbücher im Kopf, wie die Bürokratie in Wien so tickt und worauf man vorbereitet sein muss. Sieht man im Fernsehen ein Interview mit dem ehemaligen Bürgermeister, dann weiß man, dass er jemand ist, der zu viel redet, aber durch seine liberale Gesinnung seine linke Hand verloren hat bei einem Sprengstoffanschlag eines Wahnsinnigen. Der Imagefächer der *Inferential Beliefs* hält die Persönlichkeiten einer Community in uns lebendig. *Kognitive Landkarten, Brain Scripts* und *Inferential Beliefs* vermitteln einem das Feeling, in einer Stadt oder einer Region zuhause zu sein. Inzwischen lebt eine ganze Industrie von Stadtzeitschriften und Tageszeitungsbeilagen davon, dieses spezifische Stadtleben ständig zu kommunizieren und uns damit die Gelegenheit zu geben, unser *Community Feeling* anzuwenden, uns immer wieder in unserem »generalisierten Bewusstseinshintergrund« zuhause zu fühlen. Alle Events dieser Stadt, die die Gemeinschaft zusammenhalten, vermitteln uns deshalb ein Gefühl von Heimat. Das ist ihre emotionale Stärke und Kraft.

Bespielte Plätze

Wir schreiben das Jahr 1756, es ist der 15. August und wir sind in Rom. Gerade werden die beiden Brunnen auf der Piazza Navona mit Absicht verstopft, denn man will erreichen, dass das Wasser überläuft und den Platz überflutet. Nach und nach verwandelt sich die Piazza Navona in einen See. Etwas später werden die Kutschen der Reichen auffahren. Sie werden auf dem künstlichen Stadtsee im Kreis fahren, immer um die Brunnen herum, um sich in der Augusthitze abzukühlen, während ihnen dabei Tausende Römer zusehen. Der Platz hat sich nicht nur in einen See verwandelt, sondern zugleich in ein Wassertheater, in ein barockes Spektakel. Überall in Europa werden in jener Zeit große öffentliche Plätze für das Ausgehen der Gemeinschaft bespielbar gemacht, indem man sie verwandelt. Der Markusplatz in Venedig etwa wurde immer wieder mit Gebäudeimitationen und künstlichen Kolonnaden bestückt, die einen Markt enthielten.

Bis zum heutigen Tag ist das Inszenierungsprinzip der Verwandlung und Verkleidung gegenwärtig.

Vom Wiener Rathausplatz war ja schon mehrmals die Rede. Mitte Januar verwandelt sich der Ort in einen attraktiven Eislaufplatz mitten in der Stadt, bestehend aus zumindest zwei, in manchen Jahren auch drei Eisflächen, mit Gastronomie rundherum. Da gibt es eine Eisfläche für das Eislaufen zu beschwingter Musik, eine zweite Eisfläche für Eisstockschießen und einen Rundkurs durch den romantischen Rathauspark, als ob die Wege vereist wären. Im Juli und August wird mit dem Musikfilmfestival, wie schon berichtet, aus dem Rathausplatz ein Opernhaus und ein Kino. Wenn es kalt wird, verwandeln sich die Fenster des Rathauses in einen überdimensionalen Adventskalender und der Rathausplatz in einen winterlichen Marktplatz, den Christkindlmarkt, und aus dem umgebenden Rathauspark wird ein verwunschener Zauberwald. Viele

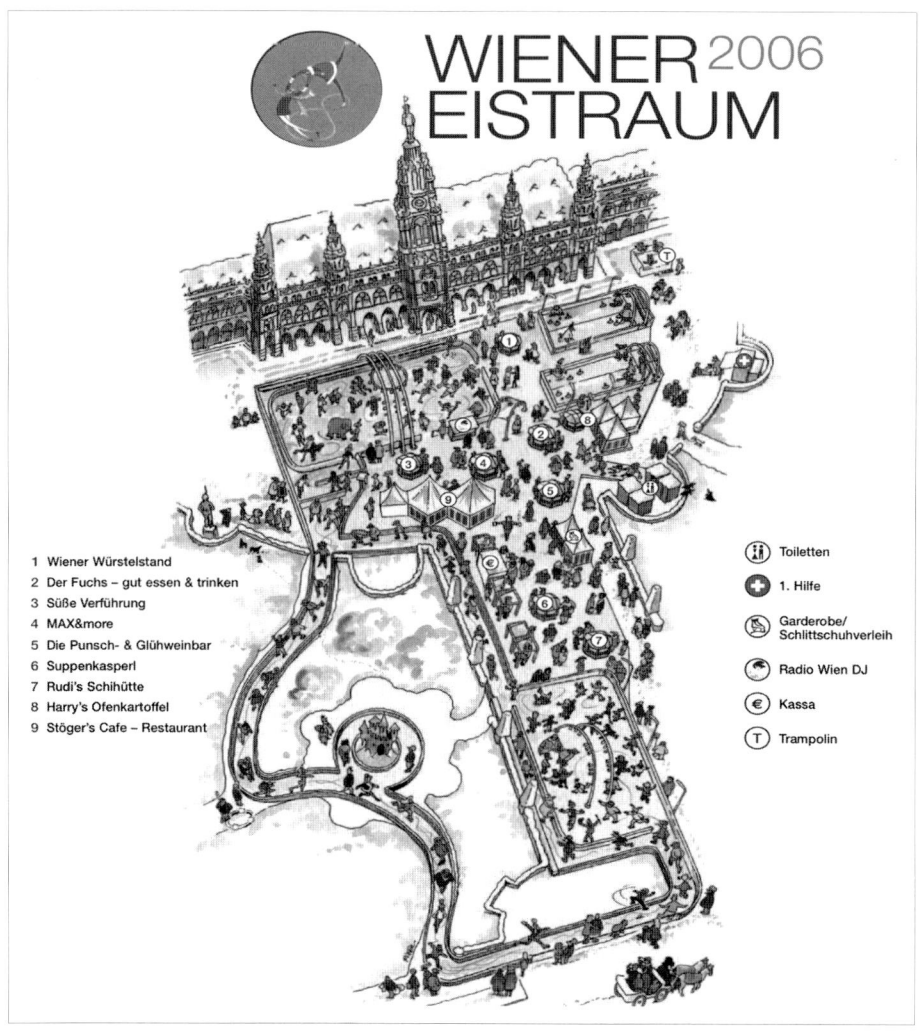

Abb. 10: Entrance Map »Eistraum«, Wien

Bäume verwandeln sich dabei in von Künstlern gestaltete Christbäume. Der beliebteste unter ihnen ist übrigens ein über und über mit rot glühenden Leuchtherzen bestückter Baum, der »Herzerlbaum«, wie ihn die Wiener nennen. Diese erstaunliche Verwandlung eines vertrauten Ortes, die *Concept Line* des Wiener Adventzaubers, war derart erfolgreich, das sie sich nach und nach auf das ganze Stadtgebiet ausbreitete. Eines der Wahrzeichen Wiens, das Riesenrad im Prater, verwandelte sich zu Silvester in eine überdimensionale, von der Firma Swatch gesponserte Uhr, deren projizierte Laserzeiger sich um Mitternacht dramatisch gegen Null hinbewegten. Die Secession, Wiens berühmtes Ausstellungszentrum aus dem Jugendstil, wurde durch ein projiziertes Augenpaar zu einem menschlichen Gesicht verzaubert. Und jedes Jahr im Advent verwandelt sich der Wiener Graben, der größte repräsentative Platz der Stadt, durch zahlreiche riesige Luster in einen überdimensionalen Ballsaal.

Dieser Kunstgriff der Verwandlung, der sich durch alle Inszenierungsorte Wiens durchzieht, ist ein Klassiker der Dramaturgie von dreidimensionalen Erlebensräumen, von inszenierten Orten. In der Dramaturgie bezeichnet man diesen Kunstgriff als *geborgte Sprache*. Wir sind diesem Kunstgriff in diesem Buch bereits einmal begegnet, am Beispiel der Zürcher Kuh-Kultur. Die *geborgte Sprache* ist ein Kunstgriff der *Media Literacy*, der Mediengeschicklichkeit, die uns Menschen des modernen Medien- und Konsumzeitalters dazu gebracht hat, uns spielerisch verfremdeten Wahrnehmungsangeboten gegenüber geschickt zu verhalten. Man fühlt sich clever und smart, und so werden auch die bespielten Plätze zu einem Ort des Esprits und der Schaulust. Bei der Zürcher Kuh-Kultur bildeten die Kühe das Mobile, bildeten die Kühe den Hotelportier, den Schokoladenkuchen, die Fußballmannschaft. Ohne Verwandlungseffekt kein bespielter Platz mit emotionalem Erlebnismehrwert.

Die Verwandlung durch die *geborgte Sprache* kann mit unterschiedlichen Techniken umgesetzt werden. In der chinesischen Stadt Harbin, ganz im Nordosten des Landes, wo es schon mal minus 40 Grad kalt wird, prunkt von Anfang Januar bis Mitte April eine riesige Stadt aus Eis. Aus Eis entstehen futuristische Hochhäuser, aus Eis entstehen endlos lange Säulenalleen, die nachts grün und golden beleuchtet sind. Aus Eis sind Uhrtürme, Paläste, Pagoden. Eine ganz andere Art von künstlicher Welt entsteht im heißen Wiener Sommer parallel am südlichen und nördlichen Stadtrand: Es ist die so genannte Strohzeit. Gastronomie, Musik und riesige begehbare Labyrinthe aus Stroh sind die Attraktionen dieses Stadt-Events. Schon von weitem lockt ein Strohmännchen die Besucher auf das Gelände. Dort ist dann alles aus Stroh: Die Bühne ist aus Stroh, der Tisch, an dem man isst, der Stuhl, auf dem man sitzt, und natürlich das Labyrinth, das man begeht.

Im Vergleich zu Welten aus Eis und Stroh ganz und gar immateriell ist die Methode der Linzer Klangwolke: Die Verwandlung erfolgt dort einzig und allein durch ein riesiges spezielles Soundsystem. »Konzertsaal Natur«, schreiben die Journalisten, wenn Hunderttausende Menschen sich abends an der Donau versammeln, um live die Übertragung eines klassischen Konzertes aus dem Linzer Bruckner Haus zu verfolgen, manchmal unterstützt durch schwimmende Lichtbühnen auf dem Donaufluss. An allen möglichen und unmöglichen Plätzen wurden in den letzten Jahren in Wien Open-Air-Kinos aufgestellt. Da ist das »Kino unter Sternen« im Augartenpark genauso wie eine Filmveranstaltungsreihe, für die man die Leinwand im unterirdischen Wiener Kanalnetz aufgebaut hat. Wie immer geht es dabei darum, die Funktion eines Ortes durch eine neue Funktion zu ersetzen. Aus der Kanalisation wird eben ein Kino. Einen besonders spektakulären und erfolgreichen Funktionstausch haben sich die Berliner Bäder einfallen lassen: Das Projekt hieß LunAquaMarin und verwandelte verschiedene Berliner Bäder in spektakuläre Theaterräume, in denen Schwimmbecken, Trampolin und Springturm zu spektakulären Kulissen wurden.

Der Verwandlungseffekt der *geborgten Sprache* ist also die *Concept Line* jedes bespielten Platzes. Und wie auf jedem Ort, der zum Erlebnis wird, sind auch auf bespielten Plätzen alle charakteristischen Merkmale eines »Dritten Ortes« wirksam. Der bespielte Platz muss von weitem sichtbar sein, muss auf sich aufmerksam machen, muss in der Stadt gesehen werden. Er braucht also ein *Landmark*, ein Wahrzeichen. Das Wiener Rathaus zum Beispiel, von sich aus bereits ein Wahrzeichen der Stadt, wird abends feenhaft beleuchtet, durch farbiges Licht verwandelt oder während des Eistraums sogar von bewegten Scheinwerfern umschmeichelt, die sich zum Rhythmus der Musik bewegen. Den Preis für das einfallreichste *Landmark* eines bespielten Platzes untertags würde ich gerne der kleinen Stadt Haag in Niederösterreich verleihen. Dort findet im Sommer am Hauptplatz ein Theaterfestival statt. Für eine Theatervorstellung braucht man eine Zuschauertribüne, und die hat es in Haag in sich: Sie ist ein auffälliges architektonisches Meisterstück, zweistöckig, mit einem Dach versehen, spektakuläre moderne Architektur, und mit einer Galerie-Ebene, die so aussieht, als ob sie gleich abheben würde. Der Bürgermeister von Haag hatte offensichtlich den Mut, ein solches dramatisches architektonisches Zeichen zuzulassen, das natürlich nicht nur während den Theateraufführungen selbst registriert wird, sondern den ganzen Sommer über das spektakuläre Wahrzeichen der Veranstaltung ist, inzwischen sogar selbst zur bestaunten Sehenswürdigkeit wurde (www.nonconform.at).

Damit wir alle unterhaltenden und gastronomischen Angebote auf einem bespielten Platz finden, braucht es eine perfekte *kognitive Landkarte* mit allen ihren Charakteristika, die uns dazu bringen, den Ort zu erforschen. Als entscheidend für das *Malling*, das Promenieren, hat sich eine *Entrance Map* herausgestellt. Adventzauber, Eistraum und Musikfilmfestival haben *Entrance Maps*, die alle drei die Spannungsachse zwischen dem Rathaus und dem Burgtheater, zwischen den beiden Wahrzeichen des Ortes hervorheben. Und tatsächlich ist es so, dass wenn man am Rathausplatz von einem Ort zum andern geht, man entweder vom Rathaus in die eine Richtung gezogen wird oder vom Burgtheater in die andere Richtung. Der bespielte Platz ist zwischen diesen beiden Wahrzeichen eingespannt.

Und schließlich braucht ein »Dritter Ort« natürlich eine *Core Attraction*, eine zentrale Attraktion, die neugierig macht, ein »Must See«. Die Strohzeit hat zu diesem Zweck die größten Labyrinthe der Welt vorzuweisen: In allen Werbe- und PR-Maßnahmen spektakulär aus der Luft fotografiert, in *Entrance Maps* schematisch dargestellt und als die größten Maislabyrinthe der Welt im Guinness-Buch der Rekorde verzeichnet – ein großer *Wow-Effekt*. Und kein Wiener Politiker lässt es sich nehmen, zur großen *Show Core Attraction* am Rathausplatz anwesend zu sein, wenn dort am riesigen Christbaum die Lichter angehen so wie auf dem noch viel größeren Weihnachtsbaum vor dem Rockefeller-Center in New York gleich hinter dem berühmten »Ice Ring«, nachgestellt in zahlreichen Hollywood-Filmen als herzerwärmender Effekt eines »Ende gut – alles gut«.

Bespielte Plätze und ihre Events bestärken unser Community-Gefühl, unser Feeling von Heimat. Doch die enorme Schaulust, die von den emotionalen Verwandlungseffekten ausgeht, hat inzwischen dazu geführt, dass bespielte Plätze zu erstklassigen Touristenmagneten geworden sind. Als ich Ende letzten Jahres, um ungestört an diesem Buch zu arbeiten, in ein Wiener Hotel in Klausur gehen wollte, musste ich feststellen, dass alle 5-Sterne-Hotels restlos ausgebucht waren. Sie waren voll mit deutschen Ärzten und Rechtsanwälten, die mit ihren Ehefrauen den Adventzauber in Wien besuchten.

Spektakel und Extravaganzas

Mit weiß geschminktem Gesicht, gepuderter Perücke und pikiertem Blick hebt der Höfling seine Tasse heißen Kakaos hoch und spreizt dabei seinen kleinen Finger zur Seite. Er scheint durch mich hindurchzusehen und denselben Eindruck habe ich von seiner Partnerin, die ihm hier im Schloss Schönbrunn in einer Glasvitrine gegenübersitzt und gemeinsam mit dem pikierten Typ das Schokoladeritual praktiziert. Beide sind Bestandteil eines Spektakels anlässlich der Erhebung von Schloss Schönbrunn zum Unesco-Weltkulturerbe. Neben dem Schokoladeritual gibt es eine ganze Reihe weiterer Events, die den zahlreichen Besuchern des Festes einen Eindruck vom höfischen Alltagsleben geben sollen. Da wird auf altmodische Weise Billard gespielt, da wird höfisch getanzt, gefochten, begrüßt und musiziert. Das alles wird vom Event-Veranstalter »Büro Wien« so perfekt in Szene gesetzt, dass man nach und nach die unmittelbare Gegenwart der doch längst vergangenen Rituale zu verspüren meint.

Das Spiel mit der Vorstellungskraft, mit unseren Drehbüchern im Kopf, den *Brain Scripts*, beginnt zu greifen, der *dramaturgische Event* wirkt als Zeitreise in die Vergangenheit.

Dadurch ist es möglich, das Besondere, das Extravagante zu erleben, das, was einem im Alltag sonst nicht zugänglich ist.

Immer schon war dieses Erleben-Können von etwas Außerordentlichem ein besonderer Anreiz für Spektakel, zu denen die Menschen zusammenströmten. Im mittelalterlichen Karneval, in dem die normale Ordnung für kurze Zeit außer Kraft gesetzt war, spielte das Volk höfisches Verhalten nach und der Adel erlebte den Thrill, einmal dienen zu können. Damals hatte das Spiel mit der verkehrten Welt und das Hineinschlüpfen in eine andere Haut eine starke sozialpsychologische Funktion. Es war nicht nur Fest, sondern wichtiges Druckventil. Heute sind Spektakel dieser Art ein wichtiger Bestandteil der modernen Ausgehkultur in der

»Community« der Stadt. Der *Event,* das Spiel mit der Vorstellung, die man für eine gewisse Zeit für bare Münze nimmt, ist dabei der rote Faden jedes Spektakels, seine typische *Concept Line.*

Event Acts erlauben merkwürdige Begegnungen

Die meisten Feste dieser Art sind *Event Acts* mit Schauspielern oder Amateurtruppen. Zu erstklassigen Touristenattraktionen und Ausflugszielen für die ganze Familie wurden überall in Europa mittelalterliche Spectaculi, etwa im Südtiroler Bozen und im Kärntner Friesach. Mehr als 100.000 Besucher in zwei bis drei Tagen sind keine Seltenheit, wenn mittelalterlich verkleidete Kaufleute Lederbeutel und Lammfell anpreisen, Spielleute, Gaukler und Geschichtenerzähler ein mittelalterliches Lager mit farbenprächtigen Zelten bevölkern und Ritter zum Turnier ausreiten.

Seit einigen Jahren begegnet man auf Messen und Kongressen immer häufiger *Event Acts* mit verschrobenen Figuren, die so tun, als ob sie merkwürdige Kongressteilnehmer wären, und auch während des Kongresses ihre Rolle spielen. Vor kurzem fiel mir nach einem Vortrag bei einem Hotelkongress in Luzern noch auf der Bühne eine solche Figur um den Hals, die so tat, als ob sie eine altjüngferliche Schweizer Kleinholierstochter sei. Inszenierte Kongresse versuchen so noch während der Veranstaltung, die Arbeit mit einem Touch von Ausgehen und Freizeit zu verbinden. Manche *Event Acts* werden in der Praxis mit einem kleinen Twist versehen, einer Zeichenverschiebung, die verhindern soll, dass die Verkleidung der Akteure allzu plakativ und offensichtlich rüberkommt. Die Rokoko-Hofdame, die uns Besucher im Schloss Schönbrunn begrüßt, muss sich zu uns herunterbeugen, weil sie 2,50 m groß ist und auf Stelzen geht.

Publikumsevents machen Träume wahr

Besonders interessant sind *Publikumsevents,* bei denen die Zuschauer zu Akteuren werden. Vorraussetzung ist eine perfekte Animation, die das Publikum dazu bringt, seine Träume auszuleben. Im »Pleasure Island«, der Nachtclubinsel der Disney World, wird 365 Tage im Jahr Silvester gefeiert. Zwanzig Minuten vor Mitternacht gehen Schauspieler herum und fragen: »Haben Sie schon gute Vorsätze fürs Neue Jahr gefasst?« Auf ein geheimes Zeichen, so scheint es, beginnen die

Amerikaner dann »Champagne« aus der Flasche zu trinken, den sie für Champagner halten, und bieten einem einen Schluck aus der Pulle an. Dann wird vor der Bühne heruntergezählt – »ten, nine, eight ...« –, bis schließlich der silberne Apfel herunterkommt, Symbol des amerikanischen Silvesters, und allen »A happy new year« gewünscht wird, während mexikanische Konfettikanonen die bunten Papierschnitzel über die Köpfe der Besucher versprengen. Zehn Minuten danach ist alles vorbei, doch das Silvester-*Brain-Script* wurde derart präzise losgetreten, dass man in Silvesterstimmung kam, ob man wollte oder nicht.

Trafford Center in Manchester. Wie jeden Donnerstag nachmittag ist Tea Dance vor der Kulisse des Musikdampfers angesagt, hier im Food Court des Einkaufszentrums. Kaffee, Tee und Gurkensandwiches sind umsonst. Hauptanziehungspunkt für die betagten Pensionisten ist jedoch das Orchester, das den klassischen britischen English Waltz spielt. Für viele von ihnen ist der soziale Event, den die Mall als Service für die Community sieht, der Höhepunkt der Woche. Wie gut der Event greift, spürt man dann, wenn die gut fünfzig Paare in perfektem Gleichklang um den Pool des britischen Musikdampfers herumwalzen, vollkommen versunken in einer anderen Zeit, versponnen in den Tagtraum des Events.

In jüngster Zeit fällt auf, dass immer mehr kommerzielle Einrichtungen – Shopping Malls und auch kleine Läden – *Publikumsevents* als Service für die Gemeinschaft veranstalten. Das bringt dem Verkaufsort Publicity und ist für das Publikum eine wohlfeile Art, um auszugehen. »Wer Sonntags zwischen 10 und 12 Uhr im Pyjama zu mir in die Backstube kommt, der erhält seine Frühstücksbrötchen gratis«, sagte Bäcker Mahl in einer deutschen Kleinstadt. Und so geschah es auch. Vor allem Familien mit Kindern kamen im Nachtgewand und machten ein wenig auf Pyjamaparty – das war das *Brain Script* des Events. Natürlich war das keine echte Pyjamaparty, aber es reichte, um für die Kleinen einen Traum wahr zu machen.

»Die Nacht der dicken Bücher« ist der inzwischen international bekannte *Publikumsevent*, den die rührige Buchhändlerin Frau Irmgard Clausen seit mehr als zehn Jahren in Coburg veranstaltet. Nach vorheriger Anmeldung dürfen bis zu fünfzehn Personen in der Buchhandlung übernachten. Dazu borgt Frau Clausen gegen eine Spende Feldbetten vom Roten Kreuz, hält ein Betthupferl und ein Buchlicht pro Bett bereit und geht mutig nach Hause, während ihre Kunden in der geschlossenen Buchhandlung unter sich bleiben. Ganze Buchstapel werden da ans Feldbett herangeschleppt und genussvoll nächtens durchforscht. Zum Frühstück taucht die Buchhändlerin entspannt wieder auf, denn noch nie ist irgendein Buch gestohlen oder beschädigt worden. Warum auch? Der Event macht schließlich einen positiven, sentimentalen Traum wahr, eine Art Schlaraffenland für Bücherwürmer: endloses nächtliches Lesen im Bett und zugleich unbeobachteter Zugriff auf einen riesigen Bücherberg.

»Die Lange Nacht der Museen« in Berlin und in Wien ist das Gegenstück für Freunde von Malerei, Kunst, Historie und allem anderen, was in Museen heute ausgestellt und besichtigt wird. Busse fahren von Haus zu Haus, eine Eintrittskarte für alle Museen reicht und die sonst verbotene nächtliche Anwesenheit in den Schatzkammern unserer Städte ist mit einem besonderen Kribbeln verbunden. Solche Extravaganzas gehören zu den dringend notwendigen Maßnahmen, mit denen die Kommunen uns Steuerzahlern ein wenig mehr am Glamour der von uns finanzierten Einrichtungen teil haben lassen: auch einmal außerhalb normaler Öffnungszeiten und sinnlicher, individueller, erlebnisorientiert.

Eröffnungen und Zeremonien

Winterolympiade in der Mormonenstadt Salt Lake City. Üblicherweise gibt es während einer Olympiade zwei Veranstaltungen, die die Gastgeber in Atem halten und die von buchstäblich Milliarden Menschen auf der ganzen Welt verfolgt werden: die Eröffnungs- und die Schlusszeremonie. In meinem Buch »Der verbotene Ort«[7] habe ich schon einmal ausführlich beschrieben, nach welchen dramaturgischen Gesetzen solche Zeremonien ablaufen. Das revolutionär Neue in Salt Lake City war die tagtäglich ablaufende Siegerehrung auf der eigens dafür geschaffenen Medal Plaza mitten in der Stadt. Sie lief vor einer spektakulären Skyline ab, die im wahrsten Sinne des Wortes *Bigger than Life* war. Auf die der Medal Plaza zugewandten Fassadenseiten der Hochhäuser der Stadt hatte man mittels Folien überdimensionale Bilder mit Darstellungen von Wintersportarten angebracht. In der Dämmerung der Siegerehrung leuchteten diese Riesenbilder dann dramatisch in die Kameras der Fernsehanstalten, wurden zur *Core Attraction* der Veranstaltung. Zusätzlich hatte auch die Bühne der Siegerehrung selbst einen spektakulären Auftritt. Eine Art Maschengittersystem bildete den »Vorhang« der

Bühne und öffnete sich zu Beginn der Veranstaltung unter Lichtblitzen und Nebel konzentrisch von innen nach außen, zog sich an die Bühnenränder zurück als ungewöhnlicher Spezialeffekt, als visuelles Wahrnehmungsspiel. Beide Elemente zusammen wurden zum allabendlichen »Must see« für Tausende Besucher vor Ort und Millionen Menschen zu Hause.

»Mach es groß, mach es richtig, gib ihm Klasse« lautete schon der Schlachtruf Hollywoods. *Bigger than Life* zu erscheinen ist deshalb ein klassischer Kunstgriff des Entertainments. Es ist ein *Media Literacy*-Trick, ein Spiel mit unserer Mediengeschicklichkeit, das die Menschen dazu bringt zu staunen, »Wow!« zu sagen und diese *Core Attraction* auch unbedingt mit eigenen Augen sehen zu wollen. Wenn man das *Bigger than Life* wortwörtlich nimmt, führt es tatsächlich zu übergroßen Dingen wie der Großaufnahme auf der Filmleinwand oder den Riesenbildern von Salt Lake City. Schon aus dem Tierreich weiß man, dass Aufplustern zu einem Effekt des Staunens führen kann. Zur Eröffnung der Wiener Festwochen auf dem Rathausplatz hatte man vor einigen Jahren einen fünfstöckigen Turm gebaut, in dessen untere »Stockwerke« der berühmte Chor der Wiener Sängerknaben übereinander gestapelt wurde, und oben drauf bildete die große Videowand den Chor nochmals ab. Er war einer der Hauptattraktionen der Eröffnung und der Stapeleffekt vergrößerte ihn zum *Bigger than Life* für die Tausenden Menschen, die alljährlich Anfang Mai diesem Ritual am Rathausplatz beiwohnen und dabei etwas zum Staunen haben wollen. Zur Eröffnung der Fußballweltmeisterschaft 1998 in Frankreich ließen sich die Event-Gestalter etwas ganz Neues einfallen. Als Symbol für die vier Kontinente sollten aus allen vier Himmelsrichtungen haushohe Figuren von Fußballern auf die Place de la Concorde zumarschieren. Die Figuren rollten nicht etwa, sondern waren tatsächlich in der Lage, ein Bein vor das andere zu schieben, waren also wirklich *Bigger than Life*-Fußballer. Die *Core Attraction* killte allerdings den Fluss der Eröffnung, da die Figuren langsamer marschierten als geplant und dadurch die Nerven der Zuschauer strapazierten. Man hatte die Parade nicht proben können und so wurde aus dem *Wow-Effekt* eher ein Oje-Effekt.

Erfolgreicher war da schon die Pariser Silvesterfeier zur Jahrtausendwende. Früher war bereits von deren Hauptattraktion die Rede, vom Feuerwerk am Eiffelturm. Die zweite *Core Attraction* waren Dutzende Riesenräder, die man auf den Champs Élysées aufgestellt hatte. Sie trugen allerhand Objekte, die typisch französisch waren. Ein Rad drehte brennende Kronleuchter, wie sie vielleicht ähnlich auch in französischen Schlössern hängen. Ein anderes Rad drehte Videobildschirme, die Ausschnitte aus französischen Filmen und typisch französischer Lebensart zeigten. *Bigger than Life* war weniger die Größe der Riesenräder als vielmehr ihre Anzahl. Eine endlose Allee von Rädern zeigte die Totale des französischen Fernsehens. *Bigger than Life* in Hollywood, das hieß auch, über den Aufwand der Produktionen sprechen, über die Tausenden von Mitwirkenden, die Materialschlacht. »Man muss das Geld auf der Leinwand sehen« sagten die Hollywood-Mogule früherer Zeiten. Sie hätten mit den Feuerwerken ihre Freude gehabt, die Millionen von Zuschauern im Hafen von Sydney erlebten, und das gleich zweimal innerhalb eines halben Jahres: zur Milleniumsfeier und zur Eröffnung der Olympiade 2000. Zum Millenium brannte dort das längste und aufwendigste Feuerwerk aller Zeiten, mit der Harbour Bridge als zentraler Attraktion. Nachdem während der Olympiadeneröffnung der berühmt gewordene Feuerdiskus die Wasserwand in schwindelnde Höhe hinaufgefahren war und dort oben das olympische Feuer präsentierte, wanderte ein Feuerwerk vom Stadium weg bis zum Hafen, wo es noch einmal auf der Harbour Bridge zu einem fulminanten Finale geführt wurde.

Zeremonien sind also immer Bigger than Life. Eine Zeremonie in der eigenen Community zu erleben, bedeutet daher, ein erhebendes Gemeinschaftserlebnis zu haben.

Meist sind es ja die Wahrzeichen der Community, die durch die Zeremonien dramatisiert werden. Dieses erhebende »Community Feeling« stellt sich auch dann ein, wenn die Community nicht die Gemeinschaft in der Stadt oder Region ist, sondern die Gemeinschaft eines Unternehmens und seiner Verbündeten. Die Einweihung eines neuen Firmensitzes ist deshalb ein erstklassiger Anlass für die Auserwählten, um zusammenzuströmen. Der Energiekonzern E.ON bat zur Einweihung der neuen Zentrale in Düsseldorf. Nach einem Konzert mit dem Stardirigenten Daniel Barenboim spazierten tausend geladene Gäste eine bespielte Achse entlang zum neuen Konzerngebäude. Tänzer balancierten da auf langen Stangen, verwandelt zu einer Art Kinderspielzeug oder Kunstobjekt. Dann ein Trommelschlag, und durch das Blau des beleuchteten Atriums schwebten fliegende Menschen, wie sie der Cirque du Soleil entwickelt hat, huldigten dem machtvollen Atrium, indem sie seine Höhe feierlich durchmaßen.

Stadt-Events

○ *sind Gemeinschaftserlebnisse im öffentlichen Raum.*
○ *sind Bestandteil des spezifischen Lebensgefühls in einer Stadt.*
○ *dramatisieren bekannte Wahrzeichen oder erschaffen neue.*

○ **Bespielte Plätze**
Ein öffentlicher Ort wird verwandelt und für eine Zeit lang mit einer anderen Funktion versehen. So wird aus einem Platz ein See oder Konzertsaal oder aus einer historischen Treppe ein Laufsteg einer Modeschau. Der Besucher genießt dabei das Spiel (Media Literacy) mit der »Verkleidung« ihm bekannter Orte.

○ **Extravaganzas**
Eine Veranstaltung lässt eine Situation als gegenwärtig erscheinen, die gar nicht vorhanden ist. So erleben wir bei einem historischen Markt, wie die Menschen früher gelebt haben. Der Besucher genießt dabei seine Vorstellungskraft (Brain Script) und die Vereinbarung, sie für bare Münze zu nehmen.

○ **Zeremonien**
Dazu gehören Eröffnungen von Veranstaltungen, Gebäuden oder Gedenkjahren. Der Besucher genießt dabei das »Bigger than Life«, die Überhöhung der Inszenierung.

4. Urban Entertainment Center

Die neuen Stadtzentren

Alles begann in den USA in den siebziger Jahren. Damals verloren die Downtowns der Städte zunehmend an Attraktivität. Sie galten als kriminell und gefährlich und jeder weiße Mittelstandsbürger versuchte, seine Zelte eher in den Suburbs aufzuschlagen. In die Innenstadt fuhr man in die Büroghettos, aber dann so schnell wie möglich wieder nach Hause. Auf der Strecke blieb dabei das Ausgehen in die City, der Drink nach Geschäftsschluss, das Window Shopping, das Essen vor und nach dem Kino oder Theater. Anfang der achtziger Jahre begann man deshalb, nachempfundene Downtowns anstelle der verschwundenen echten zu schaffen. Sie enthielten in verdichteter Weise Shops, Bars, Restaurants und Unterhaltungseinrichtungen und imitierten damit die ursprünglichen gewachsenen Innenstädte.

Simulierter Stadtbummel

Die ersten Einrichtungen dieser Art entstanden dort, wo das Klima das Flanieren im Freien förderte. In Florida etwa war das die Church Street Station von Orlando. Zum Charakteristikum dieser Urban Entertainment Center gehörte von Anfang an die Nachahmung städtischer Strukturen. Church Street Station entstand rund um den alten Bahnhof von Orlando. South Street Seaport in Manhattan revitalisierte den alten Fischereihafen New Yorks und schuf unweit der Wallstreet ein bewachtes Ghetto für Yuppies und Touristen. Sein Pendant an der Westküste der USA war Fisherman's Wharf in San Francisco. In Los Angeles wurde aus dem Santa Monica Boulevard, einer ehemaligen Hauptstraße, die zur Bedeutungslosigkeit verkommen war, eine neue Main Street mit allen typischen Merkmalen einer Fußgängerstraße. Eine ganz und gar künstliche Main Street entstand als Universal City Walk gleich außerhalb der Universal Studio Tour in Los Angeles und ein zweites Mal in Orlando, mit riesigen Zunftzeichen vor den Shops und Restaurants und einer Piazza mit Wasserspielen für die Kids. Es folgten auf der ganzen Welt Urban Entertainment Center, die aus städtischen Versatzstücken bestanden. Überall gab es Straßen, Plätze, Kanäle, Brücken, Türme,

Innenhöfe, Marktplätze, Arkaden usw. Mit den architektonischen Stadtimitationen war damit zugleich die Nachahmung städtischen Lebens angelegt. Man flanierte am Hafen, promenierte über eine Straße, erforschte eine städtische Passage. Das *Brain Script* eines Stadtbummels wurde perfekt losgetreten und erzeugte das Flair, das davor verlorengegangen war.

Spannung und Entspannung

In Europa wurde das System genutzt, um heruntergekommene architektonische Juwelen mit neuem Leben zu erfüllen. Die Hackeschen Höfe in Ostberlin mit ihren vielen verwunschenen Innenhöfen voller Lifestylegastronomie und Undergroundleben sind ein gelungenes Beispiel dieser Immobilienstrategie. Zugleich veränderte sich auch in Europa das Ausgehverhalten der Kids. Die Kinoindustrie setzte plötzlich auf Kinocenter mit vielen Sälen, großen Leinwänden und perfektem Digitalsurroundton und die Blockbuster kamen im Dutzend. Viel mehr Leute als früher gingen wieder ins Kino. Doch die meisten dieser neuen Center standen nicht im Stadtzentrum, sondern waren bei einem Einkaufszentrum oder sonstwo dezentral angesiedelt. Für das Davor und Danach musste also am Ort selbst ein Entertainment- und Gastronomieangebot geschaffen werden. Da bot sich das System der Urban Entertainment Center mit ihrer typischen Stadtimitation an, denn »Stadt« bedeutete immer schon »Ausgehen und Erleben«. Zusätzlich fielen die endlosen Diskussionen weg, wohin man nach dem Kino jetzt gehen könnte. Man war ja schon da und konnte am Ort des Haupt-Entertainments auch die verbliebenen Restspannungen abfeiern und soziale Kontakte vertiefen. Dieses System von Spannung und Entspannung ist essentieller Bestandteil des Ausgehens. Die Antizipation der Hauptattraktion, etwa der Kinovorstellung, und das Chill Out danach in der Lifestyle-Bar oder dem Irish Pub sind untrennbar miteinander verbunden. Im Urban Entertainment Center werden »Spannung wecken« und »Spannung lösen« räumlich und zeitlich so eng aneinandergebunden, dass die unmittelbare sinnliche Bedürfnisbefriedigung besonders intensiv erlebbar ist.

Die Simulation städtischer Strukturen als das eine typische Charakteristikum und die enge räumliche Koppelung von Hauptvergnügen und Zusatzentspannung als das zweite typische Merkmal ergeben die Erfolgsformel für Urban Entertainment Center.

Resort Based Entertainment Center

Urban Entertainment Center sind das psychologisch wirksame Konzentrat urbaner Gefühle und Verhaltensweisen und dafür braucht es nicht einmal die Nähe einer echten Stadt. Man könnte UECs sogar auf dem Mond bauen und in gewissem Sinn geschieht dies auch. Es gibt sie auf Kreuzfahrtschiffen inklusive Kletterwand und Eislaufplatz, in der Wüste von Nevada, in der südafrikanischen Savanne, als künstliche Inselkette vor Dubai. Allen Urban Entertainment Centern dieser speziellen Art ist gemeinsam, dass sie temporäre Zufluchtsstätten sind, eben Resorts und nicht nur Hotels.

Es sind in sich abgeschlossene Systeme, die verhindern sollen, dass die Kaufkraft der eigenen Hotelgäste und der temporären Besucher nach außen abfließt. Es ist das Las-Vegas-System unter den Urban Entertainment Centern.

Landmark: What you see is what you get

Alle Resort Based Entertainment Center zeigen nach außen überdeutlich, was innen zu erwarten ist. Ihre Funktion als *Landmark*, als Wahrzeichen, ist legendär. Wer einen Reisekatalog auf den Seiten mit Resorts in Las Vegas aufschlägt, soll auf einen Blick sehen können, was ihn erwartet. Ob ägyptische Pyramide, venezianischer Dogenpalast oder New Yorker Skyline: Die Hotelresorts sind so gebaut, dass bereits ihre Architektur das Thema erkennen lässt. Alle Resort Based Entertainment Center sind thematisiert und ihre Architektur sind die gebauten Schlagzeilen, die *Header*, ihres jeweiligen Stadtthemas: »You get what you see«. In Las Vegas angekommen muss der Reisende dann entscheiden, wie er sein Zeitbudget einteilt. Die Hotels kämpfen mit ihrem verheißungsvollen Aussehen um ein möglichst großes Stück dieses Kuchens. Wer den Strip entlang schlendert, entscheidet sich auf Grund der Hotelfassaden für eine ganz bestimmte Art von Stadterfahrung im Inneren der Resorts. Touristen, die sich von den eleganten Wasserspielen vor dem Bellagio Hotel beeindrucken lassen, mögen sicher auch die Blumenpracht des parkähnlichen Wintergartens, die Kunstgalerie mit der gerade laufenden Impressionistenausstellung und die norditalienisch anmutende Stadtpassage mit den hochwertigen Markenshops von Armani bis Gucci im Inneren des Resorts.

Malling: Irrgärten und Super-Promenaden

Beinahe alle Resort Entertainment Center sind in erster Linie Casinos. Ihr Haupt-
zweck ist es, möglichst viele Leute zum Spielen zu bringen und möglichst lange
an den einarmigen Banditen und vor den Rouletttischen zu halten. Die räumliche
Erschließung der Resorts bedient sich daher einer raffinierten Doppelstrategie.
Ein Blick auf einen beliebigen Grundriss eines typischen Las-Vegas-Hotels zeigt,
was damit gemeint ist: Der Casinobereich der Resorts, der meist bereits in unmittelbarer Nähe der Rezeption beginnt, ist bewusst unübersichtlich gestaltet. Die *kognitive Landkarte* des Ortes wird so weit wie möglich verschleiert. Damit erreicht
man, dass die Gäste ihre Geschwindigkeit radikal verlangsamen. So mancher
Gast, der eigentlich auf dem Weg zum Pool war, bleibt, während er versucht sich
zu orientieren, mit der Badetasche unter dem Arm bei einer Slot Machine hängen, die schneller verfügbar war und um die herum es überall verführerisch klimpert. Sobald man jedoch den eigentlichen Urban-Entertainment-Center-Bereich
der Resorts mit ihren Unterhaltungseinrichtungen, Shops und Restaurants erreicht, wird aus dem Irrgarten urplötzlich eine übersichtliche Promenade, die
derart perfekt zum *Malling* verlockt, wie es sonst nirgendwo auf der Welt geschieht.

Wie schon ausführlich erläutert, erforscht der Gast ein Gelände nur dann,
wenn er deren *kognitive Landkarte* möglichst rasch erlernt. Achsen, denen er folgt,
Knoten, wo sich die Wege und Blicke kreuzen, auffällige Merkpunkte zur Orientierung und unterschiedlich gestaltete Viertel sind die Bezugspunkte, nach denen
er zu diesem Zweck Ausschau hält. In jedem Urban Entertainment Center geht
es um das Promenieren in einem simulierten Stadtzentrum. Daher haben auch
alle diese Bezugspunkte einen urbanen Touch. Die *Achsen* sind etwa historische
Straßen, ein *Knoten* ist vielleicht ein Marktplatz oder ein Hafen, die *Merkpunkte*
sind zum Beispiel Brunnen oder Brücken, die *Viertel* erscheinen uns wie Stadtviertel. Lassen Sie uns einen Blick auf die Tricks werfen, die bei der räumlichen
Erschließung eines typischen Centers in Las Vegas zur Anwendung kommen:

Die Forum Shops im Caesars Palace Hotel gehören zu den erfolgreichsten
Urban Entertainment Centern der Welt. Unter einem künstlichen Himmel promeniert man durch ein pompöses antikes Rom und kommt dabei aus dem Staunen nicht heraus. Der Erfolg ist wesentlich auch ein Produkt des perfekten

Malling-Systems und hat dazu geführt, dass die Größe des Centers zuerst verdoppelt und dann verdreifacht wurde. Zum ersten Mal nach der Erweiterung wieder hier werde ich sofort vom System der Super-Promenade erfasst. Ich stehe neben dem großen römischen Figurenbrunnen »Fountain of the Gods« in der Mitte der Anlage, dessen Wasser sich donnernd in das Marmorbecken ergießt. Ich weiß, dass das System versuchen wird, mich einerseits wie durch ein Gummiband über die lange Zentralachse des Centers zu beschleunigen und dann wieder strategisch zu verlangsamen, damit ich nicht zu schnell an den Läden vorbeirase. Zur Beschleunigung werden meine Augen entlang der römischen Hauptstraße mit ihren prunkvollen Tempelgebäuden von Escada und Louis Vuitton in die Tiefe gezogen. Nach rechts Richtung Ausgang am Strip erledigt diese Aufgabe die Fassadengestaltung der Shops. Gibt man diesem Zug in die Tiefe nach, wird ersichtlich, dass die Achse an ihrem scheinbaren Ende einen Knick hat, der das Tempo wieder verlangsamt. Doch gleich hinter dem Knick wartet eine weitere Verheißung: Da steht auf einem Platz ein zweiter Marmorbrunnen, die »Festival Fountain«, dessen Götterstatuen einmal pro Stunde mittels hyperrealistischer Roboterfiguren lebendig werden. Der Anblick dieses zweiten Brunnens am rechten Ende der Achse würde mich nach dem Knick wieder beschleunigen.

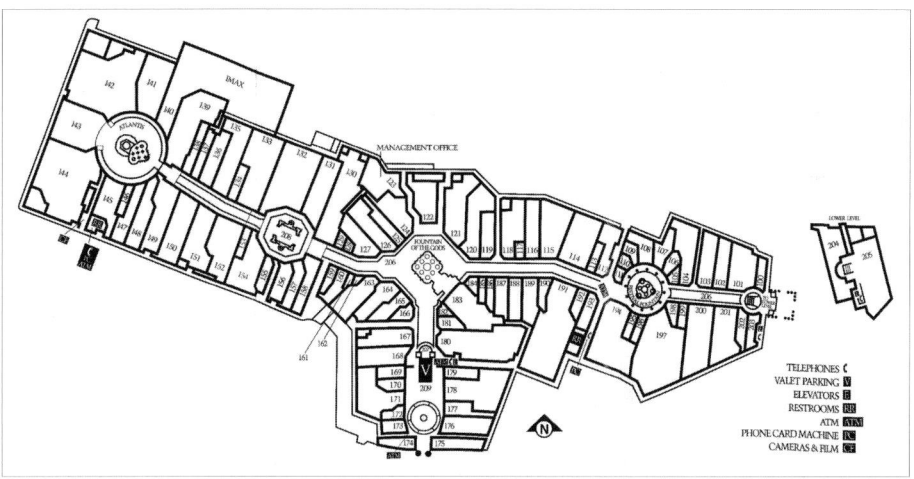

Abb. 11: Entrance Map Forum Shops, Las Vegas

Ich wende mich aber nach links dem neuen Viertel der Forum Shops zu, wo ich nach einigen Schritten ein riesiges Trojanisches Pferd sehe, ein Anblick, der mich wie magnetisch anzieht. Es ist das begehbare Wahrzeichen des Kinderspielzeugladens FAO Schwarz. Während ich staunend näher komme, senkt das Pferd seinen Kopf, Rauch kommt aus seinen Nüstern, eine Tür öffnet sich, ein kleiner Bär erscheint: »Girls and Boys, welcome to FAO Schwarz« ruft er den Kindern zu, die angelaufen kommen. Hinter dem Platz mit dem Pferd verlangsamt wieder ein Knick meine Geschwindigkeit, aber in diesem Augenblick erblicke ich in der Tiefe die drei goldenen Säulen am Atlantis-Brunnen, die auf einem riesigen Aquarium mit Rochen und Haien thronen. Später werden die Säulen im Boden versinken, wenn die Atlantis Show beginnt, doch jetzt ziehen sie meinen Blick in die Tiefe der Spannungsachse. Im rechten Winkel zu diesem Zug stehen die kleinen Spannungsachsen der Shops, die im hinteren Ende des Ladens oft eine Videowand haben, sodass der Blick zwischen dem Portal und diesem Tiefenpunkt hin- und hergeht. Dasselbe Prinzip, das mich im Großen über die Achse der antiken Häuserzeile zieht, drängt mich bei jedem Shop in die Läden hinein. Die geknickte Achse, die Knoten als verbreiterte Plätze, die drei Brunnen in den Knoten als Merkpunkte des Centers und die Viertelaufteilung in »klassisch römisch« nach rechts und »mythisch antik« im Atlantisbereich sind die Elemente der Super-Promenade in den Forum Shops.

Concept Line: Die Stadtsimulation glaubwürdig machen

In meinem Buch »Der verbotene Ort oder: Die inszenierte Verführung« habe ich schon vor Jahren einige Tricks der Forum Shops analysiert. Sie waren damals die ersten, die einen hyperrealistisch gemalten Himmel mit einem Lichtsystem verbanden, das es innerhalb einer Stunde Tag, Nacht und wieder Tag werden lässt, inklusive Morgendämmerung, strahlendem Mittag, blauer Stunde und Sonnenuntergang. Damals habe ich auf die Bedeutung dieser Inszenierung für die innere Uhr der Besucher verwiesen. Wenn die Zeit auf Grund der Lichtveränderung in kleine Einheiten zerteilt wird, vergeht sie subjektiv gesehen schnell und macht den Aufenthalt im Center kurzweilig. Dies ist eine klassische Chronotechnologie an inszenierten Orten.

Der Wechsel der Lichtstimmung hat jedoch auch einen anderen Grund. Jede *Thematisierung* braucht ständig Anreize, damit die Besucher mit der künstlichen Welt mitspielen, also die *Brain Scripts* ausleben, die das Versinken in einer anderen Welt bewirken. Urban Entertainment Center arbeiten mit städtischen Versatzstücken, meist imitierten Häuserzeilen, die in Innenräumen stehen.

Ohne zusätzliche Signale, die dem Besucher die Gelegenheit geben, auf diese Simulation einzusteigen, bleiben die Stadtelemente das, was sie sind: Kulissen.

Daher flaniert man zwischen den künstlichen Häuserzeilen im Food Court des New York New York Hotels über jene rauchenden Gullys, die für Manhattan so typisch sind. Das erzeugt sofort ein unmittelbar glaubwürdiges Gefühl dafür, in New York auf der Straße zu sein, auch wenn der Plafond darüber etwas anderes sagt. In den Forum Shops ist dieser Plafond nicht nur mit einem hyperrealistischen Himmel bemalt, sondern auch »lebendig«, da auf diesem Himmel »die Zeit vergeht«. Im Inneren glaubwürdig so zu tun, als ob man draußen wäre, versuchen mit unterschiedlichem Erfolg auch das Venetian und das Aladdin. In den Grand Canal Shoppes im zweiten Stock der Las-Vegas-Ausgabe von Venedig promeniert man unter dem üblichen Himmel entlang des Canale Grande, der als gechlorte Wasserstraße die zentrale Flanierachse bildet. Wasser ist ein lebendiges Element, darüber rudern Gondoliere die Touristen vorbei, die angegurtet in der Gondel sitzen müssen, und sie singen dabei nicht wirklich schlechter als ihre venezianischen Originale. Wenn dann noch ein Brautpaar auf einer der Brücken getraut wird, blitzt ein wenig so etwas wie Venedig-Feeling auf, selbst bei einem so eingefleischten Venedig-Fan wie mir, der übrigens im echten Venedig geheiratet hat. Ganz anders fällt die Beurteilung in der Desert Passage des Aladdin Resorts aus. Angeblich soll dort alles unglaublich authentisch sein – so die Entwicklerfirma TrizacHahn –, aber bereits der gemalte Himmel in der Orientkulisse von Marokko bis zum Jemen verfehlt seine Wirkung. Viele Gassen sind, im Vergleich zu den enorm hohen Forum Shops, einfach zu niedrig für die Himmelsillusion und irgendwie ist das Licht so deprimierend, dass man bedrückt durch die Kulisse schleicht, anstatt begeistert mitzuspielen. Von allen Urban Entertainment Centern in Las Vegas ist die Desert Passage das jüngste Produkt, und doch wirkt sie bereits jetzt »old-fashioned«: eine typisch amerikanische Kulissen-Thematisierung der alten Art.

Dabei zeigt uns Las Vegas auch den europäischen Weg: die *Thematisierung mit Design*. Gerade spaziere ich mit meinem Mitarbeiter Alexander Vesely durch den Restaurantbereich das Mandalay Bay Resorts und schaue mir hier die Gestaltung einer Indoor-Straße an, die so ganz anders ist als in den eskapistisch thematisierten Centern, mit denen wir uns bisher beschäftigt haben. Links und rechts dieser »Straße« liegen einige der spektakulärsten Restaurants der Welt, von denen in diesem Buch schon die Rede war. Da ist das Auréole mit seinem gläsernen Weinturm und kletternden Kellnerinnen, da ist der Rumjungle mit der Feuerwand und den Wasserfällen auf Glaswänden.

Alex, den ich unter Verdacht habe, dass er einmal meinen Nachlass verwalten will, filmt mich heimlich, wie ich die Inszenierung genauer betrachte. Acht Stararchitekten haben in einer Halle acht Designhäuser gebaut, hinter deren Fassaden sich acht Restaurants verbergen. Stylish-futuristisch wirken hier die städtischen Versatzstücke. Durch den Einsatz moderner Materialien wie Aluminium, beleuchtetem Milchglas, Kunststoff oder poliertem Stein fühlt man sich wie im trendigen Designviertel einer Großstadt. Hochkantbildschirme links und rechts des monumentalen Eingangstors des stylischen Restaurants »3950« zeigen die computeranimierte Speisekarte. Das Lokal ist nach seiner fiktiven Hausnummer benannt, die durch smarte Projektionen auf der Fassade und dem schwarz glänzenden Boden vor dem Lokalbau auftaucht. Gegenüber ragt ein schräges Aluminiumdach über das »China Grill«. Auf dem Dach stehen nochmals weit leuchtende Kegel, die keinen Zweifel darüber lassen, dass hier ein Designhaus steht. Rechts vom Portal entdecke ich eine ganze Dorflandschaft mit weißgrün leuchtenden Designhäuschen hinter einer Glasfassade. Es sind die Toiletten des China Grill und Alex und ich müssen daran denken, dass man in Österreich, in Erinnerung an die alpenländischen Toilettenhäuschen im Freien, zum WC umgangssprachlich auch »Häusel« sagt. Moderne Wasserspiele, Fassadenreliefs und Statuen vor den »Gebäuden« verstärken den Eindruck einer Stadtlandschaft. Vor dem hippen »Red Square« mit seiner kommunistischen Protzfassade steht etwa eine Leninstatue ohne Kopf, die über und über mit fiktivem Taubenkot bedeckt ist. Besonders beeindruckt bin ich von der Deckengestaltung des Viertels. Von der schwarzen Decke abgehängte Stuckelemente, die das Deckenlicht enthalten, zitieren die typischen Plafonds eines Las-Vegas-Hotels und bewirken, dass der ganze Bereich zugleich als Innenraum und als Außenraum wirkt. Durch diesen Trick erspart man sich die Peinlichkeit einer simulierten Außenwelt. Jeder weiß, dass wir im Inneren eines Gebäudes sind und das Stadtgefühl ein Ergebnis unserer Vorstellungskraft ist, der *Brain Scripts*, die losgetreten werden.

Core Attraction: Druckventil und Magnet

Die meisten Resort Entertainment Center sind in ihrem Kern Casinos. Wer durch eine große Casinohalle geht, kann die Spannung beinahe körperlich spüren, die dort in der Luft liegt. Im System eines Resort Entertainment Centers hat das Entertainment daher nicht nur die Aufgabe, die Spieler anzulocken. Es soll auch Restspannungen abfeiern, den Druck nach dem Spiel wieder lösen, damit die Gäste für ein weiteres Spiel bereit sind. Spannungslösung erfolgt besonders über all jene Angebote, die Körpergefühl auslösen. Das mag der Grund sein, warum in Las Vegas Achterbahnen und Flugsimulatoren boomen. Die Achterbahn auf der Fassade des New York New York Hotels startet von einem simulierten Coney Island aus zur Skyline von New York und ist damit sogar in das Stadtthema miteingebunden.

Im Allgemeinen sollen die Core Attractions aber einfach die Massen wie ein Magnet anziehen, ihre Antizipation wecken, sie gespannt und neugierig machen, damit die Menschen in dieses eine Casino gehen, und nicht in das daneben. Daher finden sich in Las Vegas viele Attraktionen bereits außen, als kostenlose Fassadenshow, die Bestandteil der *Landmark*-Wirkung des Hotels ist. Der Vulkan, der abends vor dem Mirage Hotel ausbricht, war die erste einer Vielzahl dieser Fassadenshows.

Andere Core Attractions befinden sich im Inneren der Resorts und werden dort mit den Merkpunkten der Lobbys, Shopping- und Restaurantbereiche verbunden. In den Forum Shops werden drei der vier inneren *Landmarks* als Core Attractions bespielt: zwei Brunnen und das trojanische Pferd. Diese inneren Attraktionen sollen vor allem die Verweildauer im Resort erhöhen. Als die neue Atlantis Show installiert wurde, bei der hyperrealistische Computeranimatronics-Figuren mit Feuer, Schwert und Donnergrollen den Untergang des legendären Atlantis zelebrieren, hat man zur vollen Stunde die Feuershow auf der linken Seite des Centers gestartet und zur halben Stunde die Wassershow mit dem Gott

Bacchus auf der rechten Seite. Einige Monate später stellten wir bei unserem nächsten Besuch fest, dass nun beide Shows zur gleichen Zeit jede volle Stunde laufen. Man hatte herausgefunden, dass viele Besucher nach der ersten Show hinüber zur zweiten eilten, die sie gerade rechtzeitig erreichten, und danach das Center verließen. Doch wenn beide Shows zugleich stattfinden, hat man mindestens 45 Minuten Zeit, um einkaufend von der einen Seite zur anderen Seite zu flanieren: Core Attractions sollen eben die Verweildauer erhöhen und nicht belegen.

La Boheme, 1. Akt, Arie des Rudolph und Duett Rudolph, Mimi. »Wie eiskalt ist dies Händchen« ertönt es auf italienisch über den Markusplatz und ich muss zugeben, dass ich meine Lieblingsstelle aus Puccinis Oper kaum jemals so inspiriert gesungen gehört habe wie hier im Venetian Hotel von Las Vegas. Auch die Seminarteilnehmer aus ganz Europa, die mir seit zwei Tagen folgen, sind angetan. Gerade noch vorhin habe ich in meinem Einführungsvortrag zum Tagesprogramm den Trend zu mehr Echtheit hier im Weltzentrum der Künstlichkeit propagiert. Auch in Las Vegas ist die Erlebnisgesellschaft erwachsen geworden und so finden meine Gruppe und ich, dass eine derart gut gesungene Aufführung, also eine echte Leistung, dem ganzen Center zu einer größeren Glaubwürdigkeit verhilft. Zunehmend werden daher nicht nur Concept Lines mit Echtheit und Design versehen, sondern auch die Sensationen, die Core Attractions der Center.

Unter den Robotern der vorhin erwähnten Atlantis Show schwimmen in einem Aquarium, das die Besucher umkreisen, bunte Fische und kleine Haie und nachmittags auch eine Taucherin, die die Fische füttert und mittels Unterwassermikrofon erklärt. Im Mandalay Bay Resort gibt es ein Aquarium mit sehr vielen sehr viel größeren Haien, einem Hai-Tunnel und einem Becken, in dem man kleine Rochen streicheln kann. Im Bellagio Hotel betritt der staunende Gast durch einen Tunnel von Wasserbögen hindurch das Conservatory, einen sich etwa alle zwei Monate erneuernden riesigen Wintergarten mit aus einem Teich aufsteigendem Nebel und aus Blumen geformten Schmetterlingen, die sich sanft im Wind bewegen. Im selben Hotel eröffnete bereits vor einigen Jahren eine spektakulär inszenierte Kunstgalerie. Dort habe ich einmal eine Ausstellung mit echten impressionistischen Gemälden vom Feinsten gesehen, die so spektakulär beleuchtet waren, wie kein Kurator eines seriösen Museums das je zulassen würde. Im selben Hotel lagen ich und ein Dutzend andere Gäste eine Stunde auf einer Couch in der Lobby, um an der Decke eine ganze Wiese mit riesigen, bunt leuchtenden Glasblumen eines renommierten kanadischen Glaskünstlers zu bestaunen. Die Core Attraction war so erfolgreich, dass man die Sofas schließlich entfernte, da die faszinierten Besucher einfach zu lange sitzen blieben: hochwertiges Design im Resort Based Entertainment Center.

Die großen Resorts in Las Vegas sind überdimensionale Laboratorien, die stellvertretend für die ganze Welt austesten, was funktioniert und was nicht. Sie sind perfekte Dritte Orte, die verschwenderisch mit ihren Geschenken umgehen, aber viel mehr dafür zurückbekommen. Sie haben bewiesen, dass Glücksspiel in Kombination mit Shopping und hochwertiger Gastronomie zu einer völlig neuen Art des Ausgehens im Urlaub werden kann. Sie zeigen uns, dass japanische Touristen vielleicht nur ein wenig beim Roulette verlieren, aber umso mehr Geld bei Gucci lassen. Sie führen vor, dass man für einen Kongress in eine Stadt kommt, aber genauso viel Zeit in tollen Restaurants in hochwertiger Umgebung verbringt. Sie haben aus einer Gangsterstadt das wichtigste Touristenziel Amerikas gemacht und für Kinder, die sich in den Casinos nicht aufhalten dürfen, Unterhaltungseinrichtungen geschaffen, die ihre Eltern zumindest genauso begeistern. Sie sind psychotechnisch perfekte, in sich geschlossene Systeme, die anlocken, beschleunigen oder bremsen, die innere Uhr ansprechen und uns neugierig machen. Sie sind schließlich Stadtsimulationen, die neuerdings durch automatische Bahnen, die »befreundete« Hotels miteinander verbinden, und neuartige Stadtrandsiedlungen mit Golfplatz und künstlichem See drauf und dran sind, eine Stadt der Zukunft zu werden.

Show Based Entertainment Center

Knapp zwanzig Minuten Spazierweg von meiner Wohnung in Wien entfernt liegt ein mittelgroßes Kinocenter, das derzeit zu meinen Lieblingskinos gehört. Obwohl es weniger glamourös ist als so mancher andere Filmpalast in Wien, haben meine Frau und ich uns daran gewöhnt, es auf eine ganz bestimmte Art zu benützen. Wir kommen üblicherweise etwa eine halbe Stunde vor Vorstellungsbeginn im Village Cinema an und kaufen zuerst die Kinokarte. Dann verschwinden wir in einer Großbuchhandlung, die sich im selben Gebäudekomplex befindet und auch abends und am Wochenende geöffnet ist. Glücklicherweise ist unter dem Kinocenter der Bahnhof Wien Mitte, sodass die Buchhandlung mit großer CD-Abteilung rechtlich einer Bahnhofsbuchhandlung gleichgestellt ist und daher noch offen ist, wenn wir und viele andere Kinobesucher ausgehen. Denise und ich flanieren meist durch unterschiedliche Abteilungen und treffen uns dann erst an der Kasse wieder, wo wir für unsere Beute bezahlen. Dann gehen wir angeblich frisches Popcorn kaufen und schauen uns den Film an. Nach der Vorstellung verbringen wir noch einmal dreißig Minuten in der Buchhandlung: Denise bei den Büchern über Kindererziehung und ich bei den CDs von klassischer Musik und Musicals.

Vor der Show – nach der Show

Dramaturgisch gesehen waren wir nicht im Kino, sondern in einem Urban Entertainment Center. Vor der Show und nach der Show spielt sich das ab, was aus dem Kino einen Ort macht, an dem das Ausgehen Bestandteil des Erlebnisses ist. Die Vorstellung ist der eigentliche Grund für den Besuch des Ortes. Das ist ein Spielfilm, ein Musical, ein Sportereignis. Das Drumherum davor und danach ist der emotionale Zusatzwert. Das können Shops sein, in denen das Stöbern im Vordergrund steht, das kann das gastronomische Angebot des Ortes sein, das sind zunehmend familienfreundliche Arten der alten Spielhalle, jedoch ohne Sex, Gewaltverherrlichung und Gewinnabsicht.

In einem solchen Show Based Entertainment Center spielen verschiedene psychologische Mechanismen eine Rolle. Im Vordergrund steht das schon erwähnte Wechselspiel von Spannung und Entspannung. Man will einen bestimmten Film, ein neues Musical sehen, ist durch Werbung und Mundpropaganda neugierig geworden, *antizipiert* das Haupterlebnis. Diese Spannung wird hoffentlich im Kino oder Theater erfüllt, doch die Restspannungen, die nach der Show übrig bleiben, feiert der gewitzte Konsument im inszenierten Irish Pub, in der nächtlich geöffneten Buchhandlung, auf der Bowlingbahn des Centers ab.

Nach der *Antizipation* ist das Erlebnis der Zeit der zweite Mechanismus, der beachtet werden sollte. Das individuelle Zeitempfinden ist genauso eine Sache der inneren Konstruktion unserer Psyche wie die räumliche Erfahrung eines

Ortes, das Flair am Ort, die Geschichten, die wir uns an einem Ort zusammenreimen. In meinem Buch »Der Verbotene Ort« habe ich schon einmal genau beschrieben, wie dieses Zeitempfinden durch eine innere *Time Line* konstruiert
wird. Die Zeit beim Zahnarzt kann uns sehr lang erscheinen, während dieselbe
Zeit im angeregten Gespräch mit einem Freund wie im Flug vergeht. Chrono-
techniken beschreiben, wie man eine solche Zeitstrecke kurzweilig macht. Wenn
man ein Zeitintervall überblicken kann, scheint es uns schneller zu vergehen,
als wenn dessen Ende nicht vorhersehbar ist. Eine der Techniken, die das erreichen, ist das *Befristen*. »Noch 50 Minuten bis zum Beginn der Show« steht auf
dem Schild im Disneyland, wenn wir uns in der Warteschlange anstellen. Doch
im Kinocenter wäre das doch recht unkomfortabel. Deshalb schlägt man die Wartezeit bis zum Beginn der Show im Shop oder der Spielhalle tot. Abwechslung
heißt die Devise, die *Zäsuren* im Zeitablauf erzeugt und damit die Wartezeit kurzweilig macht.

Doch was geschieht in unseren Landen? Bis vor kurzem war unsere Buchhandlung im Kinocenter noch bis 22 Uhr geöffnet. Eines Tages wurde die ganze
Wirtschaftsabteilung verhängt, die Video- und DVD-Abteilung gesperrt, die Kin-
derbücher und das Spielzeug weggeschlossen und der ganze Laden schloss bereits um 21 Uhr. Die Gewerkschaft der Privatangestellten hatte verhindert, dass
solche Zustände noch weiter einreißen. Deutschland und Österreich sind die einzigen Länder außerhalb Albaniens, denen nicht einleuchten will, dass Shops dieser Art längst Bestandteil des Ausgehens, des Tourismus, der Freizeiteinrichtun-
gen einer Stadt sind, und nicht normaler Einkauf wie irgendein Laden in irgendeiner Straße. Ich bin davon überzeugt, dass viele der Urban Entertainment Center, die in der letzten Zeit auf Grund des Überangebots an Kinostühlen, des so
genannten »Overscreenings«, Pleite gingen, durch ein ausgewogenes Angebot an
»Davor und Danach« überlebt hätten. Gastronomie allein genügt dafür nicht.
Die Krise der Kinocenter und die Krise der Musicaltheater in Deutschland wurden von den restriktiven Ladenschlusszeiten mitverursacht. Politik wie Gewerk-
schaften haben dadurch Arbeitsplätze und Investitionen vernichtet und zweifellos schwere Schuld auf sich geladen.

Metreon

Im Sommer 1999 eröffnete der japanische Unterhaltungskonzern Sony in einem eigenen vierstöckigen Gebäude im Zentrum von San Francisco das derzeit interessanteste Show Based Entertainment Center der Welt. Sony Metreon besteht aus einem Multiplexkino mit 15 Sälen plus IMAX Kino als Hauptanziehungspunkt sowie aus lifestyleorientierten Shops, florierender Erlebnisgastronomie und familienorientierten Spielattraktionen als Zusatzerlebnis. Die Anlage wurde bewusst als Treffpunkt in der City konzipiert. Metreon, heißt es in der Presseaussendung von Sony, ist ein Kunstbegriff, der wie ein altgriechisches Wort erscheinen soll. Wie das englische »Metropolitan« soll Metreon die Vorstellung von einer vibrierenden städtischen Umgebung suggerieren. Wie das griechische »Pantheon« soll die Vorstellung von einem bedeutenden Versammlungsplatz mitschwingen. Und ein Versammlungsplatz, ein Dritter Ort und Lebensraum in der Stadt, wurde Sony Metreon tatsächlich.

Als urbanes Versatzstück wählte man die Andeutung einer zweistöckigen Passage mit einem Tonnengewölbe aus einer weißen Bespannung, den Metreon Gateway, der als zentrale Achse das Center durchzieht. Unter diesem Gewölbe, auf das abends unwirklich blaues Licht projiziert wird, schweben weiße Segel und gebogene weiße Leinwände, stehen blau leuchtende Säulen, findet man Videobildschirme in Bullaugen und eine Allee von Metallhalterungen für Stahlseile, die ganz so aussehen, als ob an ihnen eigentlich Rettungsbote auf einem Schiff hängen sollten. Eine städtische Passage, die auch irgendwie ein unwirkliches Schiff ist – das ist die Thematisierung mit den Mitteln hochwertigen Designs, die in den zahlreichen Besuchern des Centers ein Bedürfnis auslöst nach Flanieren wie über das Oberdeck eines Ozeandampfers, der zugleich doch mitten in der Stadt liegt.

Während mein Mitarbeiter Alexander Vesely das Center filmt, stöbere ich in den Shops und bemerke bald, dass ich dort fast alles in die Hand nehme und betaste, was es zu kaufen gibt. Im Sony Style mit Wohnzimmern rund um Unterhaltungselektronik spiele ich zehn Minuten mit dem Roboterhund von Sony. Im Digital Solutions, wo Gadgets nach Lifestyle-Kategorien angeboten werden, wie »Road Warrior« für das neueste Zubehör tragbarer Computer, spiele ich mit einer elektronischen Sanduhr. »Try before you buy« lautet das Motto, das die Sony PR verkündet, und auf der Homepage von Metreon verrät sie uns, dass die Interaktivität des Sortiments in allen Shops des Centers das entscheidende Auswahlkriterium ist.

Urban Entertainment Center brauchen möglichst viele Fun-orientierte Läden, deren Besitzer verpflichtet werden müssen, den Konsumenten die Möglichkeit zu geben, das Sortiment anzugreifen, auszuprobieren, mit ihm zu spielen.

Nur dann ist gewährleistet, dass der Effekt des verkürzten Zeitempfindens vor und nach der Show tatsächlich eintritt. Und wer schon einmal fünf, sechs Waren in der Hand hielt und auf befriedigende Weise damit gespielt hat, der kauft auch leichter das siebente, achte Produkt. Zeitvertreib ist verkaufsfördernd. So erwerbe ich ein weiches lila Auto für meinen kleinen Sohn, das man auch werfen kann, die digitale Eiersanduhr und für Denise eine ungewöhnliche Tasche, die man nicht zumacht, sondern wie ein japanisches Origami zusammenfaltet.

In Sony Metreon gibt es außerdem noch kostenpflichtige Attraktionen als zusätzlichen Magnet und Zeitvertreib: ein zweistöckiger Kinderspielplatz mit eigenem Kinderrestaurant, eine aufwendige Spielhalle mit hochwertigem und interessantem Angebot. Es fällt auf, dass sich alle Zusatzattraktionen an Familien oder Gruppen richten und vor Möglichkeiten zur sozialen Interaktion geradezu strotzen.

Ausgehen, das ist nicht nur der Wechsel von Spannung und Entspannung in einem urbanen Umfeld, das ist vor allem auch ein soziales Erlebnis in der Clique, in der Familie, im Freundeskreis.

Was den sozialen Austausch fördert, das funktioniert, was ihn behindert, ist erfolglos, selbst wenn es gut gemacht ist. Im Metreon spielen sich Väter mit Kindern begeistert durch das berühmte amerikanische Kinderbuch von Maurice Sedak »Where The Wild Things Are«, wo man mit Seilzügen viele Meter hohe Riesen in Bewegung versetzen kann und sich gemeinsam kringelig lacht, wenn man mit dem weichen Gummihammer auf die Köpfe der Kobolde eindrischt, die vorwitzig aus Erdlöchern herausschauen. Im »Portal One« versinken Familien mit ihren zehnjährigen Kids und junge Leute in der Gruppe in einer dunklen, futuristischen Art-Deco-Welt, deren Hauptspiel eine virtuelle Kegelbahn namens »HyperBowl« ist. Das Bowling findet vor riesigen Leinwänden statt, auf denen man eine Kugel etwa durch ein virtuelles San Francisco rollt, um Kegel umzuwerfen, die oben auf einer steilen Straße stehen, behindert von Cable Cars und dem drohenden Absturz der Kugel den Berg hinunter.

Eine dritte Attraktion wurde 2001, zwei Jahre nach der Eröffnung, wieder geschlossen. Ursprünglich saß man in einem 3D-Kino mit drei Leinwänden vor einer Filmversion des Jugendbuchklassikers »The Way Things Work« von David Macaulay. Der Autor erklärte sehr sinnlich, warum komplizierte technische Dinge, wie ein Türschloss, durch so genannte »einfache Maschinen«, wie eine schiefe Ebene, funktionieren. Niemand wollte die faszinierende Attraktion sehen. Sie passte einfach nicht ins Ausgeh-System eines Urban Entertainment Centers. Metreon ist eben kein Brandland des Sony Konzerns, sondern ein Freizeittreffpunkt in der Stadt. Beinahe zeitgleich schloss eine Attraktion in einem anderen Urban Entertainment Center von Sony seine Pforten: die MusicBox im Sony Center am Berliner Potsdamer Platz. Dort hatte Sony unter einem spektakulären riesigen Zeltdach – Wahrzeichen des Neuen Berlin – einen künstlichen Platz mit dem Flair einer italienischen Piazza geschaffen. Rundherum gibt es das übliche Multiplexkino inklusive IMAX, wieder ein Sony Style und andere lifestyleorientierte Concept Stores sowie viele Restaurants, deren Open-Air-Terrassen wie Schwalbennester hoch über dem Platz schweben. So wie die Spanische Treppe in Rom allabendlich von Tausenden jungen Leuten und Touristen aus aller Welt belagert wird, versammeln sich inzwischen Tausende Menschen auf der Sony Plaza. Eine riesige barocke Treppe, die uns in Rom staunen lässt, weckt die Schaulust des Versammlungsortes genauso wie das Zeltdach in Berlin und die kleinen urbanen Wahrnehmungsspiele wie ein Teich, der auf einer Metallplattform über einem »Loch« im Boden des Platzes schwebt, in dem sich die Fenster des unterirdisch gelegenen Berliner Filmmuseums befinden. In einem System des Ausgehens und des Sich-Versammelns wirkte anscheinend eine Attraktion, in der einem das Phänomen Musik erklärt wird, irgendwie deplatziert.

Destination Based Entertainment Center

Die bisherigen Beispiele für Urban Entertainment Center haben gezeigt, dass die professionelle Detailgestaltung eines Centers ohne Einbindung in das jeweilige Gesamtsystem nichts wert ist. Nach den in sich abgeschlossenen Resorts und den Show Based Centern, die das Davor und Danach einer Veranstaltung inszenieren, sind die Destination Based Center das dritte System. Im Vordergrund steht dabei ein aufgeladener Ort, die Destination, die sich wegen ihrer Grundemotionalität für das Ausgehen eignet. Wichtig sind die unterhaltenden Eigenschaften, die der Ort bereits mitbringt. Da sind die Vergnügungsviertel unserer Städte, die allseits bekannte Orte des Ausgehens sind. Da ist die Aufladung durch die Spuren der Vergangenheit, die man am Entertainment-Ort wahrnimmt. Da ist schließlich das Flair von Natur und Ursprünglichkeit.

Allen Destination Centern gemeinsam ist eine dichte Atmosphäre, die sich auf den Besucher überträg. Das Mood Management, die Seelenmassage durch den Ort, wird zum Bestandteil des Ausgehens, zum entspannenden Ausatmen in der Stadt.

Die neuen Vergnügungsviertel

Schon immer gab es spezielle Stadtteile, die eher dem Vergnügen und der Zerstreuung dienten. Die *kognitive Landkarte* einer Stadt weist manchen Vierteln das Geldverdienen zu, wie dem Frankfurter Messe- und Bankenviertel, manchen Vierteln die Kultur, wie dem Museumsufer in Frankfurt, und manchen das Ausgehen, wie Sachsenhausen, wo der Apfelwein fließt. In Wien ist das die Weingegend Grinzing, in Düsseldorf die »Längste Theke der Welt« in der Altstadt. Das *Brain Script*, wie eine Gegend zu benutzen ist, bestimmt das Image, das jenes Viertel in unserer inneren Landkarte, in Herz und Gemüt einnimmt. In letzter Zeit wurden auch diese eher natürlich gewachsenen Viertel des Ausgehens gestylt und professionalisiert: Sie wurden zu Destination Entertainment Centern, die mit ihrem Angebot das harte Leben in der City abfeiern sollen.

Der Times Square in Manhattan ist das vielleicht bekannteste Beispiel dieser Entwicklung. Er wurde vom Disney-Konzern und dem ehemaligen New Yorker Bürgermeister Giuliani, beginnend an der 42. Straße Richtung Norden, von Unrat gesäubert und mit einem Netz von Kinos, Erlebnisgastronomie, Themenshops wie dem Disney Store, Musical-Theatern und Attraktionen wie Madame Tussauds Wachsfigurenkabinett oder Nasdaq Experience überzogen. Die neue Sicherheit, die Vorhersagbarkeit eines Ausgehviertels, der Mix von Spannung und Entspannung und die urbanen Versatzstücke in Form der riesigen Bildschirme auf den Fassaden, hinter denen oft nicht einmal mehr Büros liegen, haben aus dem Times Square einen Versammlungsort für New Yorker und Touristen gemacht. Man geht hin, um die Atmosphäre auf sich wirken zu lassen, die Baseball-Life-Übertragung am Super Bowl Sunday zu sehen, den Glamour zu genießen. Alle Destination Center sind, zusätzlich zum zentralen Spannungs-Entspannungs-Aspekt und dem urbanen Touch des Flanierens in der City, auch Orte des Mood Managements, der Seelenmassage, des Image-Transfers des Ortes auf den Besucher. Sie sind aufregend von vornherein. Als im Sommer 1998 der gesamte Times Square auf Grund eines Problems beim Bau eines neuen Wolkenkratzers tagelang für den Autoverkehr gesperrt war, strömten Denise und ich und Tausende andere Menschen auf den nächtlichen Times Square, wo man erstmals den ganzen Glamour ohne Verkehrsbelästigung in vollen Zügen einsaugen konnte.

Das irische Dublin verbaute einen Großteil seiner EU-Fördergelder im neuen Temple Bar District, um dort neben die traditionellen Pubs eine Vielzahl von hippen Designlokalen, schicken Hotels und Musiklokalen zu etablieren. Seither strömt die irische Jugend am Wochenende aus allen Landesteilen dorthin, um den anscheinend harten irischen Alltag bei enorm viel Guinness-Bier und Spaß abzufeiern. Der Disney-Konzern begann vor einigen Jahren mit demselben Ziel, aber weniger erwarteten Alkoholleichen, außerhalb seiner Themenparks künstliche abendliche Vergnügungsviertel zu schaffen. In Paris, Orlando und Los Angeles stehen vor den Toren der Freizeitparks das Festival Village und die Downtown Disney, um nach der Sperrstunde im Themenpark ein spannungslösendes Viertel zum Abfeiern bereitzuhalten. Wieder treffen wir auf die klassischen Elemente von Urban Entertainment Centern: Multiplex Kinos, Erlebnisgastronomie, Fun Shops und einige zusätzliche Shows, wie jene des Cirque du Soleil, dazu eine Straße, urbane Plätze, Neon und tanzendes Licht auf dem Asphalt. Die Touristen strömen in das Viertel, als ob man schon immer hierher kam, um sich abends zu amüsieren.

Spuren der Vergangenheit

Bei dieser Variante einer aufgeladenen Destination steht nicht das etablierte oder künstlich geschaffene *Brain Script* als Ausgehviertel im Vordergrund, sondern der Atem der Geschichte, der auch in der Gegenwart zur Faszination wird, zum Flair, mit dem man sich gerne umgibt. Denn alles, was einmal an einem Ort geschah, wird zu seinem Bestandteil, gehört zu seinem Image. Wer in seinen Heimatort zurückkehrt, vermeint heute noch den Duft der alten Backstube zu riechen, auch wenn dort am Eck längst eine Bank eingezogen ist. *Brain Scripts* alter Geschehnisse krallen sich in die *kognitive Landkarte* eines Ortes, werden zu seinem auch heute noch spürbaren Wesen.

Wer die vergangenen Ereignisse nicht selbst erlebt hat, kann durch die sichtbaren Spuren der Vergangenheit das Flair vermittelt bekommen. Das erste Mal haben wir diese Inszenierungs-Strategie im Urban Entertainment Center »Ghirardelli« in San Francisco entdeckt. Es befindet sich am Gelände einer alten Schokoladefabrik und macht seine Vergangenheit spürbar, indem es die Besucher im Freigelände an alten Schokolademaschinen vorbeiführt. Schilder erklären ihre Funktion und die Kinder lieben es, an ihnen herumzuturnen und sich auszumalen, wie das wohl gewesen sein mag, damals in der Schokoladefabrik.

Überall in Centern mit historischem Flair bedienen sich die Planer dieser Methode des *zurückgelassenen Artefakts:* Im »Handwerkerhof« in Nürnberg, wo man in einem mittelalterlichen Burghof mit dicken Mauern und Schießscharten in der Stadtmauer altes Spielzeug kauft, Weißwürste isst und einem Musikantenspielzug begegnet; im Londoner »Covent Garden Market Place« mit Blechspielzeugmuseum, Lifestyle Shops und Restaurants unter den Dächern einer viktorianischen Markthalle; im Trendviertel »Bercy Village« in Paris.

Hoppla, beinahe wäre ich über die Schienen gestolpert, die man hier mitten auf der zentralen Straße von Bercy Village zurückgelassen hat. Die Schienen finden sich auch auf den alten Fotos wieder, die überall herumhängen und zeigen, wie es hier früher aussah. Damals führten die Schienen noch nicht auf das riesige Kinocenter zu, das am Ende von Bercy Village steht. Aber sonst ist alles noch ganz ähnlich. Auch jetzt säumen dieselben kleinen Häuschen mit ihren schmucken Ziegelwänden die Schienenstraße. Es sind die ehemaligen Weinlager der St. Émilion-Kellerei, aus denen man heute Shops und Restaurants gemacht hat: alle mit Holzbalken unter dem Dach, außen gleich aussehend, ein geschlossenes optisches Ensemble.

Denise, die meist viel schneller als ich kapiert, was das Besondere einer Inszenierung ist, macht mich darauf aufmerksam, dass man im Inneren der Häuschen so seine Überraschung erlebt. Manche der Häuser, wie etwa der Olivenladen mit einem Deckenluster aus kleinen Flaschen mit Olivenöl, sind innen genauso klein, wie sie von außen wirken. Doch manche Häuschen verbergen in ihrem Inneren einen Riesenshop, der sich unterirdisch in die Tiefe zieht oder auf Grund eines versteckten Anbaus weit nach hinten reicht. Einige Häuschen wurden, von außen unsichtbar, zu einem Komplex zusammengefasst, wie die MedWorld des Club Mediterrané inklusive Buchhandlung, die wie eine Hotellobby gestaltet ist, und einem Megarestaurant mit Trapezkünstlern als Dinner Show. »Das ist ein Verblüffungsspiel«, sagt Denise und tatsächlich wird jetzt auch mir bewusst, dass diese ständige Überraschung eine Art versteckte Core Attraction des Centers ist. Es ist ein Wow-Effekt, der es für uns interessant macht. Am Ende haben wir in einem der Häuschen sogar den Pool eines Fitness Clubs entdeckt. Der Club hieß »Waou«.

Entspannt sitzen Pariser wie Touristen in den Schanigärten der Restaurants. Selbst die Menschen, die nach der Arbeit aus der nahegelegenen U-Bahn herausströmen, scheinen ihren kurzen Weg durch das Center als kleine Seelenmassage zu genießen. In der Dämmerung gehen dezente Neonlichter auf den alten Fassaden an und erzeugen einen Image-Kontrast, der dem Flair des Ortes gut tut. Überall in Europa, wo man alte Gemäuer zu Urban Entertainment Centern weiterentwickelt hat, ist dieser Kontrast zwischen Damals und Heute ein wichtiges Element. Auch in den Berliner Hacke'schen Höfen im Ostteil der Stadt werden die Jugendstilkachelwände im ersten Innenhof durch Neonlicht und Projektionen gebrochen. Selbst das Entertainment vor Ort ist Bestandteil dieser Zusatzstrategie. Man beobachtet die schrillen Künstler des Varietés »Chamäleon«, wie sie vor ihrem Auftritt aus dem Fenster schauen, man hört eine Opernarie aus dem Restaurant »l'oxymoron«, wo Kellner sich regelmäßig in Opernsänger verwandeln.

Und in den USA? »Hollywood & Highland« zeigt uns, wie man aus der Faszination über eine ganz junge Vergangenheit ein Destination Center machen kann. Die ganze Welt kennt Mann's Chinese Theater, das große alte Premierenkino Hollywoods in Gestalt einer chinesischen Pagode, vor dem sich die Stars von Marylin Monroe bis Arnold Schwarzenegger mit Hand- und Fußabdrücken in Beton verewigten. Millionen Touristen aus aller Welt haben dort ihr Erinnerungsfoto gemacht.

Als jetzt die Oscarverleihung aus der Downtown von L.A. nach Hollywood zurückkehren sollte, baute man neben und hinter diesem *Landmark* ein Urban Entertainment Center, um die »historische« Aufladung des Ortes zu nutzen. Ein Hotel, eine Straße mit Shops und Gastronomie zum Thema Film, ein monumentales babylonisches Tor wie aus einem Historienschinken von Cecil B. Demille als Betonung des zentralen Platzes, ein Multiplex und das Kodak Theater, neues Heim der Oscar-Zeremonie, gehören zu »Hollywood & Highland«. Wie die Schauspieler vor der Oscar-Verleihung betritt der Besucher das Gelände durch ein zweites Monumentaltor, vor dem sich auch das »Red Carpet Arrival« für die Stars befindet – ehrfürchtig vor der sich alljährlich erneuernden Historie eines mythischen Rituals, des amerikanischen Traums.

Zurück zur Natur

Mit aller Kraft versucht sich die kleine Robbe auf die Schwimmplattform zu hieven. Doch einige größere Tiere scheinen damit nicht einverstanden. Sie schwimmt um das Floß herum und versucht es auf der anderen Seite erneut. Dort gelingt das Vorhaben und mindestens hundert Menschen, die das Ereignis beobachten – Kinder, Familien, Touristen – atmen hörbar auf. Sie stehen auf einer kleinen improvisierten Tribüne etwa zehn Meter vom Robbenfloß entfernt. Hinter den Robben liegt die Skyline von San Francisco im Nebel, der sich langsam bis hierher ans Meer hinunterzieht und gerade beginnt, die ersten Meter des Pier 39 einzuhüllen. Als man ihn vor etwa zwanzig Jahren mit Shops und Restaurants bebaute, war Fisherman's Wharf das vielleicht erste Urban Entertainment Center der Welt. Heute gehören neben Läden mit lustigen Hüten und zahlreichen gastronomischen Touristenfallen auch ein Aquarium und ein Flugsimulator zum Angebot des Piers. Doch allen künstlichen Vergnügungen wird die Schau von Dutzenden Robben gestohlen, die eines Tages, angeblich ohne Vorwarnung, auftauchten und blieben. Man baute für sie schwimmende Pontons, auf denen sie schlafen und sich sonnen. Man errichtete eine einfache Holztribüne, damit die Besucher des Piers das gesellige Treiben der Tiere verfolgen können. Während das Motion Ride Kino unter heftigem Besucherschwund leidet, ist die Robbentribüne immer voll besetzt.

Fisherman's Wharf fand auf der ganzen Welt seine Nachahmer. In New York, in San Diego, in Kapstadt, Sydney und Barcelona entstanden Destination Entertainment Center am Meer, in denen die Menschen neben dem Shopping und dem Essen vor allem eines genießen: die Natur, die Wellen, den Duft des Wassers, den Blick in die Ferne. Inzwischen war das Original in SanFran bereits reichlich heruntergekommen. Trotz Renovierung und Investitionen in Entertainment fehlte dem Center irgendwie die Attraktion. Doch eines Tages, wie durch ein Wunder oder clevere Taktik, tauchte eine Core Attraction auf, die günstig, natürlich und authentisch ist, die dem neuen Trend nach Nachhaltigkeit entspricht, die einfach echt ist: die Robben von Pier 39. Wie lange sie jedoch bleiben wollen, entzieht sich unserer Kenntnis.

Urban Entertainment Center

○ *ermöglichen das »Ausgehen unter einem Dach«.*
○ *verführen durch simulierte Straßen, Plätze und Ähnliches zu einem »Stadt-*
   bummel«.
○ *verdichten die räumliche und zeitliche Folge der Vergnügungen.*

○ **Resort Based Entertainment Center**
   Sie sind Casinos mit angeschlossenem Hotel, in denen die Kaufkraft innerhalb der eigenen Mauern gehalten wird. Nach außen sind sie extrem verlo-
   ckend, im Inneren verlangsamen sie den Besucherfluss durch Labyrinthe
   im Spielbereich und beschleunigen ihn auf den Superpromenaden der Malls.
   Attraktionen erhöhen die Verweildauer und nehmen den Überdruck aus dem
   System.

○ **Show Based Entertainment Center**
   Sie sind Kinos, Musicaltheater, Sportarenen mit angeschlossenen Shops und
   Gastronomie. Nach dem Prinzip »Vor der Show – nach der Show« wird
   durch dieses Umfeld die Zeit vor der Show totgeschlagen und nach der Show
   abgefeiert. Shops müssen innerhalb dieses Systems zum Stöbern verlocken
   und durch ihre Produkte das Abfeiern von Restspannungen ermöglichen.

○ **Destination Based Entertainment Center**
   Sie zelebrieren vorhandene Orte mit Flair – Hafengebiete, historische Innenhöfe, Industriedenkmäler. Ihre Besucher nutzen diese Orte, um sich mit
   ihnen aufzuladen, benutzen sie als »Mood Management«. Dabei genießen
   sie den »Image-Transfer« der Natur oder der »Spuren der Vergangenheit«.
   Einige Center dieser Art sind ganze Stadtviertel, die dem authentischen Vergnügen gewidmet sind.

5. Hip-Lokale

Restaurants und Bars als Sensation

In Zeiten des Mangels war jeder Restaurantbesuch ein großer oder kleiner Luxus und daher die Mahlzeit, verbunden mit einer gewissen Freundlichkeit des Personals, Ereignis und Erlebnis für sich. Mit zunehmendem Wohlstand und gestiegenem Qualitätsbewusstsein waren die Gäste eines Tages mit akzeptablem Essen und Trinken allein nicht mehr zufrieden. Dass es schmeckt, wird heute geradezu vorausgesetzt, ist ein Standard, der einfach erwartet wird. Was aus der primären Bedürfnisbefriedigung von Hunger und Durst eine positive Erfahrung macht, ist das Drumherum von Speis und Trank.

Immer schon gab es einige Spezialformen der Gastronomie, deren Stärke eher dieses Drumherum war. Die klassische Kneipe ums Eck war mehr sozialer Treffpunkt »where everybody knows your name« als gastronomisches Großereignis. Die italienische Piazza und ihre Lokale waren die Bühne für die Imponierrituale der Halbwüchsigen und der Ort, wo die Dorfgemeinschaft Tratsch und Skandale erörterte. Das Wiener Kaffeehaus war für viele Literaten und andere arme Schlucker geheizte Zuflucht, Büro, Ausweitung der Wohnung oder, wie es ein Schriftsteller mit Zweitadresse im Kaffeehaus formulierte, ein Ort »nicht zu Hause und doch nicht an der frischen Luft«. So erhält man in meiner Heimatstadt Wien bis heute im Kaffeehaus ein Glas Wasser serviert, wenn man seine Melange längst ausgetrunken hat und dennoch keine Anstalten macht, zu gehen.

Kneipe ums Eck, italienische Piazza, Wiener Kaffeehaus und britisches Pub sind die klassischen Dritten Orte in der Gastronomie. Sie alle wurden jeweils durch ein bestimmtes soziales Umfeld hervorgebracht und waren in den Alltag der Menschen integriert. Sie begleiteten das Leben der Menschen, waren Elemente ihres Feierabends oder des Müßiggangs zwischendurch, aber nicht eigentlich Bestandteil einer Kultur des Ausgehens.

Ausgehen bedeutet vielmehr, eine Attraktion wie Theater, Kino, Musik mit einer gastronomischen Ergänzung vor oder nach dem Hauptereignis zu verbinden. Das eine – die Veranstaltung – ist das Eigentliche des Abends, das andere – die Gastronomie – ist die Ergänzung.

Hip-Lokale machen aus dem Lokal selbst die Show und verdichten damit Ereignis und gastronomisches Umfeld an einem einzigen Ort.

Die einen, die »Lokale zum Staunen«, machen sich so zu Spielplätzen für Erwachsene, die sich als Exponenten einer smarten urbanen Mediengesellschaft fühlen. Die anderen, die »neuen Themenlokale«, entführen ihr Publikum in eine Traumwelt, aber sie tun dies, dem heutigen Stand der Inszenierungskultur entsprechend, mit einem Gefühl für Echtheit, Hochwertigkeit und Design.

Lokale zum Staunen

Aufgeregt erzählt die aparte Blondine ihrer Freundin, was sie eben erlebt hat. »Das musst du dir anschauen«, hören wir sie sagen. Sie kam eben die Treppe aus dem ersten Stock herunter, wo wir die Toiletten vermuten. Doch was kann sie hier in einer Design Bar im New Yorker Stadtteil SoHo schon Aufregendes erlebt haben? Meine Frau Denise und ich sitzen nach einem anstrengenden Recherchetag in der Bar 89 und wundern uns darüber, dass jemand von einem Besuch der Toilettenanlagen ein offensichtlich aufregendes Gesprächsthema mitgebracht hat. Zur Sicherheit mit meiner Videokamera bewaffnet ziehe ich los, um das Geheimnis zu ergründen. Tatsächlich kommt man oben zu den Toiletten, einer gemeinsamen Anlage für Frauen und Männer. Ich stehe bald in einem Vorraum mit Sitzbank und Spiegel und starre ungläubig auf fünf ganz und gar durchsichtige Glastüren vor drei Kabinen für Frauen und zwei Kabinen für Männer. Wer in der Bar 89 aufs Klo geht, muss allen Mut zusammennehmen. Vor den Augen wartender Gäste öffnet man eine der Glastüren, betritt die Kabine, schließt die Tür und knipst das Licht an. Erst in diesem Augenblick wird das Glas schlagartig undurchsichtig. Ein piezoelektrischer Vorgang steuert die Veränderung in der Transparenz der Tür. Wer dann zu seinem Tisch zurückkehrt, hat tatsächlich etwas zu erzählen.

Lokale machen sich zur Show, indem sie ihren Gästen etwas zum Staunen geben, einen Effekt darbieten, der die *Media Literacy* eines medientrainierten, eher jungen und kaufkräftigen Zielpublikums anregt. Wer seine Medien-Technik-Konsum-Geschicklichkeit anwenden darf, fühlt sich smart und geschickt und erlebt den Ort als hip. Der Effekt wird zum »Talk of the Town« oder doch zumindest zum Gesprächsthema im Lokal. Alles, was in einem Lokal ohnehin vorhanden sein muss, kann, ohne aufgesetzt zu wirken, zu einem solchen Gadget gemacht werden: die Architektur und Innenarchitektur des Lokals, seine Einrichtung und Möblierung, der Service und sogar das Essen.

Lokalarchitektur als Wow-Effekt

Der französische Stararchitekt Jean Nouvel baute vor wenigen Jahren in einer Seitenstraße von Luzern ein kleines Hotel mit Restaurant, das er der Einfachheit halber »Das Hotel« nannte. Wenn man nach längerem Suchen das Objekt gefunden hat, wird man bereits vor der Fassade des Restaurants mit einem cleveren Spezialeffekt belohnt. Bar und Lobby des Hotels liegen im Erdgeschoss, das hippe thailändische Designrestaurant ist im Basement darunter. Eine gemeinsame Fensterfront gibt den Blick von außen sowohl nach vorne in Lobby und Bar als auch nach unten ins Restaurant frei. Aber was ist das? Die Lobbybar scheint auf dem Restaurant zu schweben. Zwischen den Stockwerken ist überhaupt keine Zwischendecke zu sehen. »Sie muss aber da sein«, sagt unser Gehirn und wirft unsere *Media Literacy* an, die nach Anzeichen für den Fake Ausschau hält. Tatsächlich sorgen gekippte Spiegel und ein raffiniertes Beleuchtungssystem für die optische Täuschung, den Replikat-Effekt des »echt oder nicht echt«, vergleichbar mit der Scheinmalerei im Barock. Der Spiegeleffekt erinnert daran, dass viele Wahrnehmungsspiele tatsächlich auf die Täuschungs- und Spiegeleffekte von Magiern und Zauberern des 19. Jahrhunderts zurückgehen, die schon damals zu einem staunenden »Wow« des Publikums führten.

Architektonische Spiele im Inneren eines Lokals sind zumeist eine Variante des Prinzips vom *Raum im Raum*. Bei diesem Kunstgriff spielt der Architekt mit der Tatsache, dass Räume üblicherweise Segmente eines Hauses sind, aber nicht einfach frei in einem Haus herumstehen. Und doch geschieht das bei diesem Kunstgriff. Im »Georges«, dem spektakulären Dachrestaurant des berühmten Pariser Museums Centre Pompidou, wachsen aus dem Boden des weitläufigen Lokals fünf Räume mit einem Aluminium-Mantel heraus, die als *Raum im Raum* wie Luftblasen, organische Gebilde oder Wale aussehen. Das junge französisch-neuseeländische Architektenteam Dominique Jakob und Brendan MacFarlane wollte einen Landschaftspark im Inneren eines Raumes schaffen, ein theatralisches Spektakel. Die Aluminiumgebilde haben dabei durchaus profane Funktionen. Das erste beherbergt die Garderobe gleich im Eingangsbereich. Dann folgt eine Aluminiumhöhle als Bar mit einem quietschgelben Innenleben inklusive Videobildschirm mit avantgardistischen Comicfilmen. Dann kommt ein knallroter Raum als eine Art Extrazimmer, ein Aluminiumhügel für die Küche, einer für die Toiletten. Die Abweichung von jener Norm, dass von Räumen normalerweise keine Außenwände sichtbar sind – und schon gar keine derart spektakulären – macht aus der Innenarchitektur des Restaurants das Ereignis des Abends.

Die Einrichtung als Wow-Effekt

Was ist der Unterschied zwischen einem Tisch und einem Hocker? Diese Frage sollte leicht zu beantworten sein. Und doch saß ich kürzlich in der »Hudson Bar« des gleichnamigen New Yorker Hotels einen Abend lang auf einem Plexiglasgebilde, von dem ich bis heute nicht sicher weiß, ob es ein Hocker oder doch ein Tisch war. Die Verwirrung wurde zusätzlich von der Tatsache genährt, dass die rund zwanzig Manager, die mich am Ende meines alljährlichen New York-Seminars hierher begleiteten, allesamt auf einem echten Baumstamm saßen, der zur Sitzbank umfunktioniert worden war. Eine einzelne Dame thronte daneben auf einem riesigen »goldenen« Barockstuhl und alle Möbel befanden sich außerdem auf einem Leuchtpodest, wie man es als Sortierhilfe für Dias kennt.

»Semantische Katastrophe« nannte dieses Phänomen vor Jahren einmal Georg Seeßlen und bezog sich dabei auf Telefone, die in den achtziger Jahren manchmal aussahen wie eine Gurke oder Garfield der Kater. Heute hat das *Spiel mit der Mehrdeutigkeit* der Dinge als Wow-Effekt in die Inneneinrichtung mancher Lokale Eingang gefunden. Der französische Stardesigner Philippe Starck, von dem Hudson Bar wie Hudson Hotel stammen, hat daraus regelrecht ein Markenzeichen gemacht. In seinem Delano Hotel in Miami Beach ragt eine typisch amerikanische Küche mit Kühlschrank und allem Drum und Dran schräg in die holzgetäfelte Lobby hinein, anscheinend ganz und gar deplaziert, wie vom Himmel gefallen. Man frühstückt in dieser Küche exzellent und schlürft abends Austern, Kaviar und Champagner.

Ungewöhnliche Blickwinkel gehören zu dieser Art von Wow-Möblierung in der Gastronomie. Im Hudson Hotel ist in der warmen Jahreszeit der Innenhofgarten ein erstklassiger In-Treffpunkt der New Yorker Society. Dort liegt man neben einer zwei Meter hohen Blechgießkanne auf Polstern am Boden und genießt die ungewöhnliche Perspektive. Noch einen Schritt weiter geht »B.E.D.« in Miami Beach. Im B.everage E.ntertainment D.ining liegen alle Gäste auf chicen niederen Betten, essen Fingerfood und trinken Cocktails. Schon im Film »Der Club der toten Dichter« hat Robin Williams als engagierter Lehrer seinen Schülern mittels Spaziergang über Tische und Stühle bewiesen, dass die Veränderung des Blick-winkels die Welt wieder neu, spektakulär und inspirierend aussehen lässt.

Daher sind die *neuen Aussichtslokale* auch erstklassige Anziehungspunkte für Ausgehviertel, Hotels oder etwa Brandlands. In Paris wurde es chic, zu Renault auf die Champs Elysées essen zu gehen. Als »Atelier Renault« hat der französi-sche Automobilhersteller einen schönen Showroom gebaut, in dem sich ein auf-sehenerregendes Aussichtslokal mit Blick auf die berühmteste Straße der Welt befindet. Man sitzt auf einer von sieben Brücken, die in unterschiedlichen Höhen sowohl die Aussicht nach außen als auch auf die anderen Brücken ermöglichen, auf denen Hunderte Gäste, wie Schattenrisse im Gegenlicht, die Schaulust befrie-digen. Renault hat damit einen ganz typischen Dritten Ort geschaffen: Ein Auto-mobil-Showroom, in dem nur Formel-1-Wagen stehen, wurde zum derzeit beliebtesten Lokal für ein lifestyleorientiertes Business Dinner in der Restaurant-stadt Paris.

Essen und Service als Wow-Effekt

Sollten Essen, Trinken und Service nicht doch im Zentrum jedes Lokals stehen? Aber natürlich, doch bereits seit Jahrhunderten versucht man, auch aus den Kern-kompetenzen jedes Lokals eine kleine Sensation für das staunende Publikum zu machen. Was hat man im Barockzeitalter nicht alles getan, als Schauessen be-liebte höfische Spektakel waren. Große Tiere, wie Ochsen und Schweine, wurden als Überraschungseffekt mit kleinen Tieren, wie Hasen und Fasanen, gefüllt, die zum Entzücken des verblüfften Publikums mit noch kleineren Tieren gestopft wurden: *Essen als Spezialeffekt.* In der Gegenwart ist die Westküste der USA ein Eldorado für diese Art von Verblüffung im Lokal. Immer wenn ich in San Fran-cisco bin, versuche ich einen Abend im immer knallvollen Restaurant »The Stin-king Rose« einzuplanen. Hier dreht sich alles um das Thema Knoblauch.

Während die Einrichtung des Lokals als herrlich überdrehte Thematisierung mit knoblauch-relevanten Küchengeräten, überladenen Kerzenlüstern und italo-hispaniolen Klischées daher kommt, ist die eigentliche Sensation des »Spezialitätenrestaurants« die verblüffende Tatsache, dass man aus Knoblauch so gut wie alles machen kann: von der warmen Vorspeise bis zum süßen Dessert. Besonders mag ich den gedünsteten Knoblauch aus der Kupferschüssel vor dem Hauptgericht und das berühmte Knoblaucheis – jawohl! – als Nachspeise.

Die *Crossover-Küche* der Lifestyle-Restaurants versucht, diese Verblüffung in feinsinnigerer Weise durch die überraschende Kombination von Geschmackselementen unterschiedlicher Kulturen zu erreichen. Klassisch wurde inzwischen die euroasiatische Küche, die zunehmend dazu führt, dass grüner japanischer Wasabi Kren auch mal als Bestandteil eines simplen Kartoffelpürees auftaucht.

Erste Versuche, auch den Service zu einem verblüffenden Ereignis zu machen, haben in den neunziger Jahren zu manchmal recht merkwürdigen bis peinlichen Ergebnissen geführt. Kellner stolperten auf Rollschuhen daher, brachen in Gesänge aus oder servierten das Essen kniend. Am erfolgversprechendsten sind jene Experimente, die von den alten Träumen von Science-Fiction-Liebhabern nach *Kochmaschinen und Roboterkellnern* inspiriert scheinen. Gerade jetzt wird im »Pizza Mania« des neuen Legolands im bayerischen Günzburg eine 18 Meter lange Pizzamaschine installiert. Sie erlaubt den kleinen und »großen Kindern« den Spaß, den Entstehungsweg der eigenen Pizza auf der Fahrt bis zum Ofen mitzuverfolgen. Bis zu 900 Pizzen pro Stunde sollen auf diese Weise als Attraktion des Lokals entstehen. Ein selbstironisches Roboterservice als Spektakel für eine Zielgruppe, die Sushi zusammen mit lauter Musik und Musikvideoclips essen wollen, bietet die britische Kette »Yo! Sushi«. Da kommt doch tatsächlich ein Wägelchen vorbeigefahren, das vollautomatisch seine Kreise durch das Lokal zieht, lauthals japanischen Sake anpreist, den man sich selbst vom Wagen nimmt, und dabei die eine oder andere bissige Bemerkung macht.

Die neuen Themenlokale

Es ist Vollmond an der griechischen Nordküste. Das schöne 5-Sterne-Hotel heißt Danai Beach und der junge griechische Besitzer mit deutschen Vorfahren experimentiert mit gastronomischen Themeninszenierungen. Heute klingt die unverkennbare Stimme von Maria Callas durch die Nacht. Von der Terrasse des Hotels aus gesehen scheint die Szene am Strand geradezu unwirklich. Fackeln beleuchten die bequemen, weich gepolsterten Korbstühle aus der Hotellobby, die jetzt auf orientalischen Teppichen im Sand stehen. Aus der Dunkelheit glimmt eine Zigarre, ein großes Glas mit erlesenem Cognac wird geschwenkt. Die kleine transportable Bar mit ihren aufklappbaren Spiegeln wirft ein Glitzern auf die sanft schäumende Brandung. Dramatisch schwillt jetzt die Stimme der Callas aus der HiFi-Anlage an und macht aus dem Mond, dem Meer und einem kleinen Boot, das wenige Meter vor dem Strand ankert, eine Tragödienkulisse, wie sie klassischer und griechischer kaum sein kann. Durch ein temporäres Themenlokal ohne Kulissen und Firlefanz fühle ich mich in eine andere Welt versetzt, in der meine Vorstellungen, meine *Brain Scripts*, von einem tragödienhaften Griechenland wahr werden. Die Themenwelt greift, das Gefühl des Versinkens in eine andere Welt stellt sich ein.

Themeninszenierungen waren immer schon besonders effiziente Mittel, um das rein gastronomische Angebot zum Erlebnis des Ausgehens zu erweitern.

Dabei fällt auf, dass folkloristische Themen von Anfang an die Thematisierung bestimmten.

Das kleine italienische Lokal, das in einer deutschen Stadt der sechziger Jahre aufmachte, hatte vielleicht einen quirligen italienischen Wirt, der »Bon Giorno« sagte und eine Kerze anzündete, die auf einer über und über mit Wachs überflossenen Chianti-Flasche steckte. In den siebziger Jahren ging man dann in ein griechisches Lokal, das weiß gekalkte Steinwände hatte und einen Besitzer, der einem in griechischer Gastfreundschaft einen Ouzo ausgab. Trotz mancher Auswüchse in Bezug auf folkloristischen Kitsch hatten diese frühen ethnischen Themenlokale auch den Charme des Echten und konnten einem wirklich in Ferienstimmung versetzen.

In den achtziger und neunziger Jahren kippte die Thematisierung unter dem Einfluss der USA in gastronomiefremde Themen aus der Filmwelt, der Musik- branche und des Glamours. Der immer gleiche Burger mit reichlicher Garnie- rung wurde im Hard Rock Cafe durch Devotionalien berühmter Stars aufgewertet, im Planet Hollywood mit Filmkulissen serviert, im Harley Davidson Cafe mit heißen Maschinen, die auch mal rauchten, im Mannequin Cafe von Models am Laufsteg. Heute sind diese typisch amerikanischen Thematisierungen sogar in Amerika out.

Veredelte Folklore

Wieder sind es jetzt öfter folkloristische Themen, die nah am Speisenangebot sind, die ins Zentrum der Aufmerksamkeit rücken, oder der Verweis auf Kunst und Kultur. Sie versuchen, den Echtheitstouch der frühen Jahre mit dem Spek- takulären der eskapistischen Inszenierungen zu verbinden. Heute erfolgt die Thematisierung mit echten Materialien, mit hochwertigem Design, mit Ironie, mit Lifestyle. Im Einleitungskapitel dieses Buchs wurde etwa die »Hospizalm« in Tirol beschrieben, wo man in einer von mehreren Tiroler Zirbelholzstuben aus unterschiedlichen Regionen Platz nehmen kann, die, wie in einem Theater, ne- beneinander aufgebaut sind. Mit Design thematisiert ist das ebenso schon be- schriebene »Noodles« in Las Vegas, wo die Nudelsorten vor einer weißen Leuchtwand wie in einer Galerie für moderne Kunst präsentiert werden und der Gast nicht nur die Nudelsuppe schlürft, sondern auch deren Inhalt interessiert besichtigt.

Die neuen Themenlokale erzählen Geschichten wie eh und je, doch diese Geschichten werden veredelt und aufgewertet.

Der Bauchtanz im arabisch-türkischen Lokal war früher peinliche Animation im Touristenlokal. Doch in SoHos chicer Casa La Femme, wo man in Designzelten am Boden sitzt, die gestylten Kellner kniend hereinrutschen, um die Karte zu er- klären, und die Handleserin zwischen den Gängen in ihrem eigenen Zelt besucht wird, vermittelt die Bauchtänzerin, die vor jedem Zelt einige Minuten tanzt, ir- gendwie eher ein Gefühl von »Tanz vor dem Sultan« als von Nepp und Zwangs- animation.

In Berlins Riesenlokal Adagio, das sich im Keller des Musical-Theaters am Potsdamer Platz befindet, werden die romantisch-klerikalen Kulissen durch echte irische Chorgestühle und eine enorme Anzahl täglich frischer Blumen und Früchte veredelt.

In der Buddha Bar in Paris umspielt kultige Esoterikmusik den übergroßen »goldenen« Buddha im designten Asienlokal.

Im Red Square im Mandalay Bay Resort von Las Vegas speist man in der ironisch abweisend gestalteten Bahnhofsatmosphäre eines schlechten Moskauer Restaurants. Doch Lenins Kopf, der auf der Statue vor dem Lokal fehlt, findet sich in einem Eisblock in der winzigen Wodka Bar des Restaurants wieder. Dem Gast wird ein schwerer Mantel umgelegt, da er in der Bar, mitsamt allen Wodkaflaschen, auf sibirische Temperatur herabgekühlt wird: Ironie eines Rituals und Echtheit der Temperatur als thematisierte Zusatzattraktionen eines preisgekrönten Essens.

Hôtel sans chambres

Und das ist die neueste Entwicklung: Hotel ohne Zimmer, so nennt Christine Ruckendorfer ihren weiträumigen Gastronomiekomplex. Ihr orientalisches »Aux Gazelles« in Wien und Mourad Mazouz' exzentrisches »Sketch« in London sind die jüngsten Innovationen im Kreis der neuen Themenlokale. Beide wollen durch eine Vielzahl unterschiedlicher Angebote den Gast am liebsten den ganzen Tag im Haus halten. So wie man in einem Hotel vom Frühstücksraum über Seminar- und Arbeitsbereiche, Mittag- und Abendessen, Fitness und Wellness, Bar und Nightclub alles vorfindet, was man so im Laufe eines Tages brauchen könnte, soll der Gast seine unterschiedlichen Bedürfnisse an einem einzigen Ort befriedigen können, alle bis auf eben das Übernachten im Zimmer. So findet sich im Aux Gazelles ein orientalisches Cafe, eine Brasserie mit Designmöbeln, ein kleiner Basar, eine separate Seminarlounge, eine Kaviar- und Austernbar und ein maurischer Nachtclub, in dem einander beim Clubbing Bauchtänzerin und DJ begegnen. Tief im Inneren des Komplexes – warm, feucht, im Halbdunkel – wartet als Entspannungsattraktion ein Hammam-Dampfbad mit drei unterschiedlichen Temperaturzonen, minimalistisch, mit Ruheraum und Teehaus. Mariah Carrey und Sarah Brightman haben sich schon hierher zurückgezogen.

Das Prinzip ist von marrokanischen Gästehäusern inspiriert, klassischen Dritten Orten, an denen man lange bleibt oder sich an unterschiedlichen Tagen mit ganz unterschiedlichen Zielen aufhält. Die Gestaltung kombiniert, wie sich das für die neuen Themenlokale gehört, folkloristische Elemente mit Design. Doch diese Wunderwerke der Lokaldramaturgie sind genauso auch Lokale zum Staunen, trumpfen mit einer spektakulären Core Attraction auf. Das ist der Design-Hammam im Aux Gazelles, das sind die unglaublichen Toiletten im Sketch.

Der gebürtige Algerier Mazouz hat für sein Sketch fünf unterschiedliche Gastronomie-Erlebnisse unter einem Dach vereint. »The Lecture Room« in einer Bibliothek und »The Gallery« als Videokunstgalerie mit 360°-Videoprojektionen sind die beiden spektakulären Restaurants. Alle Wege zwischen Patisserie, Luxusrestaurant, Videogalerie und den beiden Bars treffen sich in den inszenierten Toilettenanlagen. Die eine Anlage ist eine blau (Herren) oder rot (Damen) leuchtende Spiegelschatzkammer mit Swarowski-Kristallen und Spieluhrmusik, die aussieht, als sei ein schwuler Maharadscha verrückt geworden. Noch gewagter ist das *Spiel mit der Zeichenverschiebung* in der anderen Anlage. Sie dreht das Raumverhältnis von Bar und WC einfach um. In einem großen weißen Raum befindet sich die im Boden versunkene Bar in einer Art Iglu. Auf das Iglu führen links und rechts zwei Freitreppen hinauf. Dort oben steht eine Gruppe von zwei Meter hohen Plastikeiern, den Toilettenkabinen, die so manchen Besucher fassungslos vor Staunen machen (siehe Farbbildteil Seite X).

Hôtels san chambres sind zweifellos das bislang konsequenteste System innerhalb einer gastronomischen Kultur, bei der das Lokal selbst zur Bühne wird.

Hip-Lokale

○ *Hip-Lokale sind Bestandteil des Ausgehens.*
○ *Das hieß früher: erst ein Theater- oder Kinobesuch, dann das Restaurant, die Bar.*
○ *Hip-Lokale integrieren die Show ins Lokal, machen sich selbst zur Sensation.*

○ **Lokale zum Staunen**
Sie sind Spielplätze für Erwachsene, die sich als Exponenten einer smarten Medienkultur fühlen. »Wow-Effekte« wie verrückte Toiletten, futuristische Innenarchitektur oder Crossover-Speisen treten die Media Literacy des Besuchers los, geben ihm die Möglichkeit, sich geschickt anzustellen und zu staunen.

○ **Die neuen Themenlokale**
Sie entführen uns in eine Traumwelt, rufen unsere Brain Scripts auf. Aber sie tun es mit einem Gefühl für Hochwertigkeit und Design und veredeln damit auch eher folkloristische Themen. So entsteht das Abenteuergefühl im »Rumjungle« nicht durch Piratenfiguren und künstliche Palmen, sondern durch die Flammen in der design-schwarzen Außenwand und die coolen Wasserwände über Glas.

III.
Einkaufsorte als hochwertige Unterhaltung

Paris unweit des Élysées-Palastes, Sitz des französischen Staatspräsidenten. Die Rue du Faubourg St.-Honoré ist eine der teuersten Einkaufsstraßen der Welt. Auf Nummer 54 verweist ein kleines Firmenschild auf einen versteckten Laden. Verborgen im zweiten Innenhof liegt der Shop von »Comme des Garçons«, Pariser Flagship Store der japanischen Modeschöpferin Rei Kawabuko. Auf der rechten Seite des idyllischen Hofes befindet sich der Designladen. Auf der linken Seite stehen die Türen eines ungewöhnlichen Raumes, der zum Shop gegenüber gehört, weit offen. Wände und Decke bestehen aus knallrotem Kunststoff. Auf einem weißen Boden rollen leise surrend, wie von Geisterhand bewegt, ungefähr ein Dutzend ebenso leuchtend rote Hocker in Würfelform. Die Fotokameras der japanischen Touristen klicken unaufhörlich, winzige Videokameras laufen. Nach einiger Zeit des Beobachtens wird klar, dass jeder Hocker seinem eigenen Bewegungskonzept folgt. Einer fährt immer ein wenig vor und zurück. Ein anderer dreht sich wild im Kreis und »eiert« dabei zusätzlich, da sich die Drehachse nicht in seinem Zentrum befindet. Ein dritter fährt immer ein Stück nach links und dann ein Stück nach rechts. Nach zehn Minuten stürmen die Japaner sichtlich aufgekratzt den eigentlichen Laden gegenüber, anscheinend wild entschlossen, ihn leer zu kaufen. Ich bleibe noch etwas, um über das nachzudenken, was ich soeben erlebt habe.

○ Offensichtlich habe ich die *Core Attraction* eines Ladens beobachtet, die neugierig machte und wie ein Magnet Menschen anzog.

○ Anscheinend habe ich dabei ein so genanntes *Shop-o-tainment* erlebt, also Shopping und Entertainment an einem gemeinsamen Ort, das die anwesenden Kunden in einen beschwingten emotionalen Zustand versetzte, der sie dann im eigentlichen Laden veranlasste, das dortige Angebot in bester Kauflaune zu erforschen.

○ Ganz eindeutig geschah dies durch ein besonders hochwertiges und künstlerisches Design, das zeigt, dass inszenierte Shops heute die *Avantgarde einer neuen Populärkultur* sein können, wie früher Comics, der Film oder die Rockmusik.

○ In jedem Fall habe ich einen *Dritten Ort* erlebt, einen Laden, der mehr wollte, als bloß schnell verkaufen, der auch Aufenthaltsort in der fremden Stadt war, Touristenattraktion, Lifestyle zur Identifikation, heitere Seelenmassage.

6. Flagship Stores

Die Visitenkarten der Handelsunternehmen

Diese neue, hochwertige und nachhaltige Art, im Verkauf zu inszenieren, passt gut zu den großflächigen Flagship Stores der Handelsunternehmen. Denn über den verkaufsfördernden Effekt von Erlebnissen am P.O.S. hinaus streben diese gebauten Visitenkarten nachhaltige Effekte in der Imagebildung, der Public Relations und der Werbung für Marken und Unternehmen an.

Flagship Stores sind deshalb auch »begehbare Werbung« und müssen daher über das Werbebudget mitfinanziert werden.

Im Idealfall sind sie in Reiseführern, Lifestyle Magazinen und Fernsehsendungen abbildbar, und zwar zumindest einmal von außen als *Landmark* in der Stadt und einmal von innen mit ihrer *Core Attraction.* Zusätzlich versuchen viele Flagship Stores zu einer Art Botschaftsgebäude oder *Repräsentanz* in der Stadt zu werden, zu einem Ort, der einen Platz im Territorium des Alltagslebens der Bürger besetzt. Man geht zu Hugo Boss in New York, um Kaffee zu trinken. Man verabredet sich beim Pflanzenausstatter »Lederleitner« in der Wiener Börse zum Mittagessen, umgeben von einer Orangerie des 19. Jahrhunderts, inmitten von Palmen, britischen Gartengeräten, gemauerten Kuppeln, Sprühregen und

Springbrunnen (siehe Farbbildteil Seite XI). Zu einem solchen Wahrzeichen und Fixpunkt in der Stadt werden die Flagship Stores durch ihre emotionale Aufladung, den roten Faden, der sich durch den Shop zieht. Drei Arten von *Concept Lines* sind dafür typisch:

Entweder der Shop wird zum Tempel, zur Kathedrale, mit allen Anzeichen eines sakralen, Ehrfurcht gebietenden Ortes.

Oder der Shop ist wie ein begehbares Lifestyle-Magazin, das man nicht durchblättert, sondern eben durchwandert.

Und schließlich sind da noch jene Mega Stores, die wie eine kleine Mall funktionieren: Großbuchhandlungen, Kosmetikmärkte, Sportausstatter.

Sakrale Shops

Wie inszeniert man Ehrfurcht? Schon lange bevor die katholische Kirche das Weltmonopol in Sachen »sakrales Entertainment« an sich riss, entstand in Ägypten 1400 Jahre vor Christi Geburt der dramaturgische Kunstgriff des *Verbotenen Ortes.* »Was man nicht bekommt, steigt unweigerlich im Wert«, das ist die Erkenntnis, auf der dieser Kunstgriff basiert. Altägyptische Tempelanlagen waren so angelegt, dass hinter einem Pylon, der den Eingang bewachte, hintereinander mehrere Innenhöfe lagen und man durch eine zentrale Achse vom ersten Hof bis ins entfernte Heiligtum hindurchsehen konnte. Der Zugang zum Tempel war jedoch gestaffelt. Während noch alle Bürger in den ersten Hof durften, war der zweite Hof dem Pharao und seinem Gefolge vorbehalten, der nächste Hof dem Pharao allein und das Heiligtum selbst, aus dem geheimnisvoll ein grüner Jadestein herausleuchtete, überhaupt nur den Priestern, nach Initiationsritus und im Drogenrausch.

Die selektive Zugangsbeschränkung bewirkt eine antizipatorische Erwartung, eine Neugier und Sehnsucht, die den Ort mit großer Spannung auflädt.

Mein letztes Buch »Der verbotene Ort oder: Die inszenierte Verführung« trägt diesen Kunstgriff im Titel und beschreibt seine Verbreitung im Marketing – von inszenierten Pressekonferenzen bis zu Messeständen und Nachtclubs. Einige

Flagship Stores in New York führen eindrucksvoll vor Augen, wie der *Verbotene Ort* heute im Handel inszeniert wird, wohlgemerkt im Luxussegment des Handels, denn nur dort macht er Sinn.

Verbotener Ort

Da ist immer eine Spannungsachse, die den Konsumenten in den Laden hineinzieht. Da ist aber auch immer irgendeine Art von Widerstand, der erst überwunden werden muss – der Laden ist versteckt, ein Türsteher wacht davor, man muss an der Tür läuten. Da ist ebenso ein »Heiligtum«, das den Kunden anlockt und ihn dazu bringt, die Widerstände zu überwinden – ein »geheimer« Raum innerhalb des Shops, eine besonders spektakuläre, nicht gleich zugängliche Innenarchitektur. Da ist schließlich auf jeden Fall ein Gefühl der *Antizipation*, der Spannung, die aus der Verzögerung resultiert, mit der das »Heiligtum« erst nach und nach erreicht werden kann, eine Spannung, die den Ort auflädt und ihn zum Vibrieren bringt. Und da ist letztendlich ein Gefühl der Befriedigung, der Spannungslösung und persönlichen Aufwertung, wenn man betritt, was nicht jeder erreicht. Oft kann man beobachten, wie sich die Gäste einer Flughafenlounge besonders dann entspannt zurücklehnen, wenn ein anderer, auftrumpfend, jedoch mit fehlender Zutrittsberechtigung, abgewiesen wird.

Der spektakulärste Flagship Store vom Typus des Verbotenen Ortes ist »Comme des Garçons« im trendigen New Yorker Stadtteil Chelsea. Niemand würde in einer Gegend mit Schlachthöfen und Garagen einen solchen Laden vermuten. Der versteckt sich zusätzlich noch unter einem falschen Firmenschild. Was man sieht, ist eine Backsteinfassade, eine eiserne Feuerleiter, ein Loch in der Wand, darüber das vergammelte Schild »Heavenly Body Works«, das eine Autowerkstatt ankündigt. Der eingeweihte Kunde lässt sich nicht beirren und geht mutig in das Loch hinein. Dort steht er in einem Metalltunnel, an dessen Ende sich eine Glastür befindet. Doch wie geht sie auf, wie lautet das »Sesam, öffne dich?« Man muss erst durch ein Loch in der Glaswand hindurchgreifen, dann dreht sich die Tür um eine unsichtbare Achse und man schlüpft regelrecht hindurch. Noch einige Meter geht der Weg weiter durch den Metalltunnel, an rot glühenden Lichtern im Boden entlang. Dann steht man unversehens mitten im Shop. Ein großer, ganz und gar weißer und überraschend hoher Raum öffnet

Abb. 12: Fassade von Comme des Garçons, New York

sich, ein Sakralraum. Darin stehen hohe Gebilde aus weißem Aluminium, wie weiße Häuser in einem weißen Dorf. Es sind Warenträger, Umkleidekabinen, zugleich Raumteiler. Sobald man den Laden betreten hat, wird man freundlich behandelt oder auch in Ruhe gelassen, wenn man nicht gerade versucht, zu fotografieren.

Der »Hugo Boss« Flagship Store auf der Upper East Side erscheint von außen wie eine riesige Glasvitrine. Am rechten Rand des Ladens erspäht man bereits von der Straße aus eine schmale, sehr steile und endlos hohe Treppe, die entlang moderner Malerei in die Höhe führt. Am Ende dieser Spannungsachse steht eine Puppe, die den Blick hinauf zieht. Doch im Eingangsbereich stehen sechs Türsteher, drei links und drei rechts. Na gut, denkt man sich, ich bin schließlich Kunde, und passiert die Zerberusse, die in der Antike nicht umsonst Höllenhunde waren. Aber wo ist eigentlich die große Verkaufsfläche, von der man gehört hat? Im Erdgeschoss ist nur ein mittelgroßer Raum. Erst nach und nach wird einem klar, dass sich hinter jedem schmalen Absatz der dünnen Treppe eine riesige Ebene verbirgt, die sich enorm tief nach hinten erstreckt. Schließlich steht man ganz oben und blickt von einem bestimmten Punkt auf alle Ebenen zurück, begreift jetzt erst, dass sie sich wie die Ebenen einer südamerikanischen Wohnpyramide jeweils versetzt nach Hinten erstrecken, sodass sie von unten nicht einmal erahnt werden. Die Verkaufsebenen waren das Heiligtum, das es zu entdecken galt.

Läden, die sich verstecken, Spannungsachsen, deren Zugang durch ein »Sesam, öffne dich!« oder einen Zerberus erschwert wird, geheime Räume, die man trotz allem sehen möchte, schließlich ein Gefühl der persönlichen Selbstaufwertung als Mehrwert eines Dritten Ortes, der nicht nur verkauft, sondern als Zusatzeffekt einen besonderen, einen ausgewiesenen Platz in der Stadt zur Verfügung stellt, ein Heiligtum – das alles macht die Faszination eines *Verbotenen Ortes* aus. Die sakrale Wirkung dieser Strategie bezieht sich auf den Kunden. Doch es haben sich eine Reihe weiterer Kunstgriffe herausgebildet, die eine sakrale Wirkung auf das Image der Ware oder des Unternehmens bewirken.

Reliquie

Man traut seinen Augen nicht. Eine einzelne Krawatte liegt in einer leuchtenden Vitrine in Pyramidenform, die durch das Schaufenster gut sichtbar ist. Daneben steht ein etwa 1,5 Meter hoher weißer Warenträger, der wie ein aufrecht stehendes Ei aussieht. Im Bauch des Eis liegen Pullover und Hemden, auf seiner Spitze ruht ein wertvolles Kollier, das durch einen aufgeklappten Spiegel sichtbar gemacht wird. Hinter dem Ei hängen Anzüge und Kleider in leuchtendenden Schränken wie Mumien in ihren Sarkophagen. Das alles befindet sich im Armani Flagship Store des Bellagio Hotels in Las Vegas. Pyramide, Ei und Sarkophage veredeln die Waren zu anbetungswürdigen Reliquien einer Gottheit des Konsums.

Das Prinzip ist alt und bewährt. Bereits im Mittelalter verwendete man wertvolle Reliquienschreine, um Knochen von Heiligen oder Holzsplitter des Kreuzes von Golgotha zu veredeln und anbetungswürdig erscheinen zu lassen: Imagetransfer durch Verpackung. Auf den ersten Blick sehen irgendwelche Splitter des

Oberschenkelknochens des Heiligen Sebastian nicht sonderlich beeindruckend aus. Aber wenn sie im Reliquienschrein durch Gold und Edelsteine, Marmor und Bergkristall »verpackt« sind, überträgt sich das Wertvolle der Hülle unweigerlich auf deren Inhalt. Die Ursache dafür ist der psychologische Mechanismus der *Inferential Beliefs*, der hinter jedem Phänomen von Verpackung und *Placement* steht.

Was so wertvoll verpackt ist, das muss ja wertvoll und anbetungswürdig sein, so die Imagekonstruktion der »gefolgerten Meinungen«.

In vielen Shops findet man heute ein solches *sakrales Placement*. Schuhe schweben in Vitrinen auf leuchtenden Sockeln. Raumteiler in Modegeschäften sind halb durchsichtig, sodass die Ware dahinter schemenhaft durchschimmert und auf diese Weise veredelt erscheint. Hintergrundwände in Kosmetikläden werden durch verstecktes Licht zu scheinbar selbstleuchtenden Warenträgern, die ihre davor stehenden Produkte mit einem besonderen Schimmer und Glanz umgeben. Selbst die Berührung einer Ware durch einen Verkäufer kann einen Imagekommentar auf das Produkt bewirken. Die bewusste, aufmerksame Berührung eines Schmuckstücks wertet dieses auf und lässt die Beziehung zwischen Hand und Schmuck spüren. Eine Berührung wird zu einem solchen *Golden Touch*, wenn sich die Hand dem Schmuckstück langsam nähert, es zart berührt, darauf verweilt und – nachdem sie sich vom Schmuck zurückgezogen hat – noch wartend ein wenig verharrt, bevor das Schmuckstück zurückgelegt wird. Die achtsame Berührung ist wie eine sakrale Segnung, Weihe oder Salbung. Im Zeitalter der Selbstbedienung in Läden findet diese Berührung oftmals nur mehr an der Kasse statt. Daher tragen in den Luxuskosmetikmärkten der berühmten französischen Ladenkette »Sephora« alle Verkäufer an der Kasse jeweils an einer Hand einen schwarzen Baumwollhandschuh. Die Berührung der Ware beim Verpacken führt an der Kassa die Aufwertung fort, die durch die leuchtenden Warenträger in den Regalen begonnen wurde.

Und noch eine weitere Inszenierung des Imagetransfers ist bei »Sephora« bemerkenswert. In strahlendem Weiß gekleidete junge Männer gehen im Laden umher, um sauber zu machen. Auch in der Kirche verhalten sich die säubernden Messner schließlich betont achtsam. Das erste Mal fielen mir solche Inszenierungen des Putzens vor Jahren in Japan auf. Dort kann man in den Automobil-Showrooms junge Damen in adretten Uniformen beobachten, die mit riesigen flauschigen Staubwedeln unaufhörlich die Oberflächen der ausgestellten Fahrzeuge polieren. In den Bahnhöfen warten hochprofessionelle Putztrupps in rosa Uniformen und versehen mit Handys auf die einfahrenden Hochgeschwindigkeitszüge. In sieben Minuten haben sie einen ganzen Zug penibel sauber geschrubbt und geben ihn danach, sichtlich stolz, für die einsteigenden Fahrgäste frei.

Sakralraum

Ich betrete irgendwo in Europa eine katholische Kirche. Sie hat ein Mittelschiff und zwei dazu symmetrisch angeordnete Seitenschiffe, die sich durch die Säulenreihen links und rechts des Hauptschiffs ergeben. Mein Blick folgt der Achse nach vorne, wo ein Altarbild in der Tiefe meine Aufmerksamkeit anzieht. Unmittelbar vor dem Altar weitet sich der hohe Raum zu einer Kuppel, die das Glory-Gefühl der Erhabenheit nochmals verstärkt.

Ich betrete den Flagship Store von Thierry Muggler in Paris. Eine leuchtende Säulenreihe, dem aktuellen Parfum entsprechend in unwirklichem Blau, teilt den Laden in ein Hauptschiff und zwei symmetrisch dazu angeordnete Seitenschiffe. Entlang der Säulen geht mein Blick nach vorne, wo auf einer Empore eine Puppe mit einem Kleid der Sommerkollektion meine Aufmerksamkeit auf sich zieht.

Ich betrete den Flagship Store von Versace in New York und sehe in jedem Stockwerk am Ende der Achsen eine gebaute Apsis mit einer erhöht angebrachten Statue oder Modepuppe, die gleich einer Göttin die Ebene beherrscht.

Ich betrete das Pariser Kaufhaus Galéries Lafayette und bestaune, sicherlich schon zum hundertsten Mal, die enorme Jugendstilglaskuppel, die dem riesigen Raum ein Gefühl der Erhabenheit und Größe verleiht. Unter der Kuppel stehen Dutzende Tempelchen der Parfumanbieter, jedes in seinem unverwechselbaren Corporate Design.

Ich betrete das japanische Kaufhaus Takashimaya auf der Fifth Avenue in New York und blicke auf eine goldene Kuppel, die durch mehrere Ebenen des Hauses hindurch zu sehen ist und im obersten Stockwerk, zusammen mit einem meditativen Licht und Weidenzweigen, auf die der rastende Kunde blickt, ein Gefühl der Sammlung und meditativen Konzentration auslöst.

Ich betrete einen Flagship Store irgendwo auf der Welt und empfinde auf Grund der Versatzstücke sakraler Architektur ein Gefühl der Erhabenheit, der Größe und Meditation, das sich auf das Sortiment, das Image des Unternehmens und nicht zuletzt auf meinen Seelenzustand überträgt.

Gnade Gott den Verkäufern, die es wagen, mich durch ihre Überheblichkeit aus dieser Empfindung herauszureißen und den Mehrwert dieses Dritten Ortes als sakrale Zuflucht in der Stadt zu zerstören. Sie werden es an ihrem Umsatz merken.

Bleibt noch die Frage offen, warum eigentlich viele Flagship Stores sakralen Charakter haben. Zum einen kauft man bei Luxusmarken bekanntlich nur zur einen Hälfte die Qualität, und zur anderen Hälfte die emotionale Aufladung. Modeschöpfer werden wie Gurus verehrt, die Marke ist Kult, der Verkaufsraum dementsprechend der Ort der Verehrung. Es gibt jedoch noch einen zweiten Grund für das Phänomen. Bereits im 19. Jahrhundert verlor die Kirche mit ihren Weihrauchspektakeln und Umzügen zunehmend an Faszination, wie übrigens auch Monarchie und Kaiser, und das Bürgertum feierte seinen endgültigen Durchbruch. Also schuf man für den betuchten Bürger Ersatzpaläste und Ersatzkathedralen im öffentlichen Raum. Hotels und Kaufhäuser hatten imperiale Freitreppen, wie man sie bisher nur von Schlössern kannte, und die französischen Grands Magazins, wie die Galéries Lafayette und Au Printemps, wetteiferten miteinander mit enormen Glaskuppeln um die Gunst der Käufer. »Kathedralen des Konsums« nannte man diese neuen Stätten von Ehrfurcht, Glorie und Bewunderung. Heute, in einer Zeit, in der die Kirchen durch Skandale mit pädophilen Priestern drauf und dran sind, den letzten Rest von Verehrung zu verlieren, erfüllen andere Orte als die Kirchen das tief verwurzelte Bedürfnis der Menschen nach Erhabenheit. Dazu gehören die Atrien großer Museen, wovon später noch ausführlich die Rede sein wird. Dazu gehören die Flagship Stores der Luxusmarken.

Lifestyle-Shops

Doch Erhabenheit ist nicht das einzige Grundgefühl, das aus einem großflächigen Verkaufsort die Visitenkarte eines Unternehmens machen kann. Das Erlebnis des Lifestyles, der mit der Verwendung des Produktes einher geht, ist eine heute genauso verbreitete Strategie für Flagship Stores. Hochglanzmagazine haben schon seit langem erkannt, dass Produkte in größere Lebens- und Genuss-zusammenhänge eingebunden sind, den Lifestyle. Zeitschriften wie die Vogue oder Harper's Bazar präsentieren Mode daher schon seit Jahrzehnten zusammen mit Accessoires, mit Reisen, mit schönem Wohnen, mit Hotels und Büchern, Film und Design. Die Einzelkomponenten von Mode bis Musik erschaffen eine in sich stimmige, geschlossene Welt. Diese Welt kann am Point of Sale als Kulisse aufgebaut werden, sie kann aber auch allein durch ein in sich schlüssiges Sorti-ment zum Leben erweckt werden.

Sortiments-Thematisierung

Wer den Flagship Store von DKNY in New York betritt, erlebt ganz ohne Zutun einer Kulisse eine authentische Themenwelt, die Welt von Donna Karan und ihrer Zielgruppe. Unter den hängenden Kleidern warten auch die passenden Schuhe, daneben steht eine Vase, liegen Bücher aufgeblättert, leuchtet ein einzel-ner grellbunter Designstuhl für 5.000 $, läuft Musik im Laden, die von DKNY produziert wurde und nur hier erhältlich ist. Zwar gibt es Bücher, CDs, Schuhe auch in eigenen Spezialabteilungen innerhalb des Ladens, aber die Präsentation wie in der Wohnung, wie im richtigen Leben, ist bei weitem attraktiver. Der Mix beruht auf der Erkenntnis, dass Accessoires wie Bücher oder Vasen innerhalb eines Lebensstils genauso auch Modeartikel sind und Kleider oder Schuhe um-gekehrt ebenso eine Wohnumgebung ausmachen. Der Kunde schlendert durch den Shop, lebt eine Zeit lang mit dieser Welt mit, blättert in einem Buch, setzt sich auf den teuren Designstuhl, kauft eine CD, vielleicht auch ein Kleid. Die Thematisierung greift, ruft innere *Brain Scripts* und Storys von Lebensstil und Designwelt auf, wie man sie auch aus dem Hochglanzmagazin kennt, lässt den Kunden jedoch, im Gegensatz zur Zeitschrift, mit dieser Welt mitspielen.

Der Flagship Store wird zum begehbaren Lifestyle-Magazin mit hoher Verweildauer.

Denn passend zur Zielgruppe locken eine Sushi Bar mitten im Shop und zwei weitere Cafés zum Bleiben und Mitleben bei DKNY ein, zum Versinken in einer Themenwelt. Lifestyle-Shops sind deshalb perfekte Dritte Ort zur Selbstfindung, emotionalen Aufladung in der Stadt, zum Stöbern, Rumhängen, als Treffpunkt. Inzwischen hat DKNYs Kunstgriff der *Sortiments-Thematisierung* zahlreiche Nachahmer mit jeweils anderem Lifestyle gefunden. »Colette« in Paris, benannt nach der Autorin des berühmten Romans »Gigi«, ist eine noch jüngere, härtere, undergroundige Welt, die sich das Motto »styledesignartfood« gegeben hat. Von allen Modelabels finden sich bei Colette die jeweils besonders avantgardistischen Kleider, daneben der neue i-Mac Computer von Apple, Bücher über die Kunst des Piercens, eine Ecke, in der man geschminkt wird, moderne Malerei, eine Wasserbar im Keller, schicke Handys.

Architektonische Thematisierung

Während die Lifestyle-Welt, die durch die Sortiments-Thematisierung entsteht, eine weitgehend immaterielle Angelegenheit der Vorstellungskraft ist, ein Produkt der Fähigkeit, sich einzufühlen, entstanden parallel dazu lifestyleorientierte Flagship Stores, die geradezu den gegenteiligen Weg einschlugen. Sie erreichen die Thematisierung durch gebaute architektonische Maßnahmen, die einem manchmal das Gefühl geben, tatsächlich Gast bei einem Modeschöpfer oder Lifestyle-Guru zu sein.

Wer etwa auf der noblen Upper Eastside in New York das Stadtpalais von Polo Ralph Lauren betritt, kann leicht auf die Idee gebracht werden, im Haus des Meisters persönlich gelandet zu sein. Umgeben von klassischer Mode vom Feinsten schlendert der Gast, pardon Kunde, von Raum zu Raum. Überall lodert das Feuer in offenen Kaminen, die edle Holztreppe folgt einer getäfelten Wand mit echten Ölgemälden, ein Sattel liegt zum Ausritt bereit, die zwanzig riesigen Sonnenblumen in der Vase sind echt und die Früchte im Korb frisch. Nach einiger Zeit gibt man es auf, den Flagship Store als Verkaufsinszenierung zu betrachten. Man ist nur mehr Gast und genießt die hochwertige Atmosphäre. Nur einige hundert Meter entfernt beweist die Frick Collection im noblen Stadthaus, dass die architektonische Thematisierung ein dramaturgischer Kunstgriff ist und sich deshalb auch in anderem Zusammenhang wiederfindet. Die Gemälde der Sammlung hängen hier im Haus des Mäzens weitgehend noch heute so, wie sie zu Lebzeiten des Millionärs zu sehen waren: nicht nach Epochen geordnet, sondern so, wie sie im Palais am besten zur Geltung kamen. Und wieder ist es eine Treppe, die einem das Gefühl gibt, tatsächlich zu Gast zu sein. Am Treppenabsatz befindet sich die größte Orgel, die jemals in ein Privathaus eingebaut wurde, eine neoklassizistische Standuhr und ein wunderbarer, lichtdurchfluteter Renoir.

Ralph Lauren kultiviert einen edlen, klassischen Lifestyle einer Polo und Golf spielenden Klasse. Aber natürlich gibt es eine ganze Reihe unkomplizierterer Lebensstile, die nach diesem Prinzip spürbar werden. In vielen Shops in SoHo sind die gusseisernen Säulen und andere Versatzstücke der Loft-Architektur die ausschlaggebenden Signale, die eine Lifestyle-Themenwelt lostreten. Am schönsten macht das Anthropology, wo eine riesige Eisentraverse quer durch den Laden ragt und man einfach unter das Monstrum die thematisierten Welten in nebeneinander liegenden, offenen Räumen aufgebaut hat: von asiatisch, Krempel und Plunder bis Mode, Kerzenhalter, Wohnutensilien, informell und ein wenig zerknautscht, mit einer Katze, die sich zusammen mit mir auf einem Sofa räkelt, das nicht nach einem Sofaüberzug verlangt. Wieder ganz anders ist der Flagship Store von Jean Claude Jitrois im Modeviertel der Pariser Rue St. Honoré. Jitrois, Erfinder des Stretch-Leders und ehemaliger Psychologieprofessor, hat in seinem winzigen Flagship Store eine ganz und gar schräge, tiefenpsychologisch geprägte Welt bauen lassen. Ein Silberpapier-Himmel glänzt im Erdgeschoss, unten erwartet den Kunden ein Spiegelwahnsinn, der sein Bild Hunderte Male bricht, daneben findet man unversehens einen unterirdischen Barockgarten, goldene Türen wie bei einem Pascha, den Wahnsinn einer exaltierten Mode-Lederwelt, in der sich die Stars wie Elton John und Celine Dion wohl fühlen.

Für alle Normalsterblichen, die sich bei Ralph Lauren oder DKNY höchstens ein paar Mitbringsel leisten können, haben Lifestyle-Shops eine, wie ich meine, unwiderstehliche, oftmals unterschätzte kulturelle und gesellschaftliche Funktion. Sie schulen den Blick für einen bestimmten Lebensstil, auch wenn man ihn sich gerade noch nicht leisten kann.

Wie früher die literarischen Salons des 19. Jahrhunderts, die Clubs und Zirkel der Gesellschaft, jungen Leuten auch ein gewisses Stilbewusstsein vermitteln wollten, sind heute Zeitschriften und Lifestyle-Shops die neuen Medien, um sich in einen Stil einzufühlen und stilsicher zu werden.

Mega Stores

Das ist eine ganz andere Welt. Viele großflächige Läden sehen auf den ersten Blick nicht gerade »sexy« aus. Und doch wurden Großbuchhandlungen oder Elektromärkte zu erstklassigen Dritten Orten, die das Flanieren und Stöbern fördern, dem Kunden das Erlebnis des Suchens und Findens ermöglichen, auf Grund der großen Fläche das Promenieren auf einer Ebene erlauben, wie es sonst nur in Shopping Malls der Fall ist. Weder Thematisierung noch Lifestyle stehen im Vordergrund, sondern das Navigieren, das Malling, die möglichst lustvolle Anwendung der *Cognitive Map*.

Orientierungs-Lust

Oft leiden großflächige Verkaufsorte, genauso wie Messen, an der schlimmen Krankheit der *Gerümpel-Totale*. Im Messekapitel dieses Buchs wurde dieses Leiden bereits ausführlich beschrieben. Eine inzwischen geschlossene Buchhandlung in Berlin war dafür berüchtigt, dass Dutzende Schilder mit Hinweisen auf das Thema der jeweiligen Abteilung, mit Werbung, dem Schild zum WC und einem Haufen überflüssiger Informationen einen derartigen Overkill an visuellem Müll erzeugten, dass jeder Kunde sofort wie angewurzelt stehen blieb und sich fragte, in welchem Sauhaufen er da gelandet sei. Als ich vor kurzem in einem Vortrag den Verkaufsraum schilderte, ohne den Namen des Ladens zu nennen, wussten die anwesenden Vertreter aus dem Buchhandel sofort Bescheid.

Die Gegenstrategie zu einem solchen Schilderwald ist der dramaturgische Kunstgriff der »gebauten Schlagzeile«, des *Headers*, der in diesem Buch schon mehrmals beschrieben wurde. Ein großflächiges Bild, ein dreidimensionales Versatzstück, treten mit einem Schlag das Thema einer Abteilung los, sind die Superzeichen, die dem *Brain Script* einen Fußtritt geben. In Berlin und Bern gibt es zwei herausragende Buchhandlungskonzepte, die auf diese Weise dem Käufer die Orientierung nicht nur erleichtern, sondern in großartiger Weise damit einen Lustgewinn ermöglichen.

Allen voran steht das Berliner KulturKaufhaus Dussmann, wie der inzwischen verstorbene Doyen des Ladenbaus, mein väterlicher Freund Prof. Wilhelm Kreft, die von ihm konzipierte Buchhandlung bezeichnete.[8] Knalliges Rot und lange Achsen führen den Blick in die Tiefe, an deren Ende etwa ein riesiger Violinschlüssel die Abteilung für Klassik-CDs signalisiert. Das Leitbild einer Computermaus ist zu sehen und wir vermuten nicht ohne Grund die Softwareabteilung des Ladens. Ein Bild der blinden Göttin Justitia kündigt die Abteilung für juristische Fachbücher an und überall in der Musikabteilung stellen die Bühnenbilder des berühmten Berliner Architekten Friedrich Schinkel den Berlin Bezug her. Die Berner Buchhandlung Jäggi gruppiert sich auf zwei Etagen um einen Loop, eine gebogene Achse. Auf diesem Rundweg stehen offene Tore, die mit Großbildern beklebt sind. Schon von weitem sehe ich, neben fünf leuchtenden Globen, ein Tor mit der New Yorker Skyline und vermute richtig, dass dort sicher nicht die Kochbücher zu finden sind.

So macht Suchen und Finden Spaß und der Mega Store wird zum Wunderland der Navigation am P.O.S.

Die große Fläche ist also zugleich das große Problem und die große Chance von Mega Stores. Ausstellungen, Konzerte, Produktpräsentationen und Cafés verlängern zusätzlich die Verweildauer. Die zweite Chance von Mega Stores ergibt sich unmittelbar aus den Verkaufsthemen der großflächigen Fachmärkte. Sport und Drogeriewaren, Unterhaltungselektronik und Baumärkte bieten ein unerschöpfliches Potenzial, um den Kunden direkt am Point of Sale weiterzubilden, ihn zum qualifizierten, mündigen Kunden zu machen.

Kenntnis-Lust

Ich traue mir zu, für jeden Leser dieses Buchs eine individuelle Reise um die Welt zu arrangieren, die ihn ausschließlich zu Fachmärkten und Spezialkaufhäusern führt und ihn dort in seinen jeweiligen Interessengebieten zum Fachmann ausbildet: vom Fliegenfischen bis zum Fliesenlegen. Die große Fläche des Mega Stores erlaubt sinnliche Erklärstationen, die, ähnlich wie in einem Brandland oder Science Museum, Kenntnisse über die Ware, deren Herstellung, Zusammensetzung, Stärken und Anwendung vermitteln. Doch anders als im Museum kauft dieser nun qualifizierte Kunde auch, was er besser versteht.

Der Mega Store wird zur Stätte der Fortbildung und damit zum Dritten Ort, der über seine Funktion als Laden hinaus eine Faszination des Verstehens bietet, eine neue Kenntnis-Lust.

Wie wäre es mit folgender Tour mit den Schwerpunkten Wandern, Brillen, Kosmetik und Sport? Unsere Reise beginnt im österreichischen Lech am Arlberg, führt dann mit dem Orient-Express nach Paris, mit dem Flugzeug über den großen Teich nach New York und endet in Seattle an der Westküste der USA. Im verschneiten Lech am Arlberg kommen wir erst nach Einbruch der Dunkelheit an, und doch leuchtet uns aus dem »Kaufhaus Strolz« die erste Erklärinszenierung unserer Reise entgegen. Durch eine Schaufassade hindurch, die bis ins Untergeschoss des alteingesessenen Sportkaufhauses reicht, können wir von der Straße aus auf ein Schauspiel der besonderen Art blicken. Dort sitzen auf einer Holzbank aufgereiht einige Kunden mit nackten Füßen und einem Glas Bier in der Hand. Die Stimmung ist sichtlich gut, während ihnen gerade Platzhalter aus Schaumstoff an die nackten Füße geklebt werden. Sie warten auf einen Abguss für die angeblich besten Schischuhe der Welt, die von Strolz seit langer Zeit erzeugt werden. Diese Schuhe, so heißt es, würden niemals Druckstellen verursachen und seien auch sonst das Beste, was es weltweit gibt. Diese Behauptung von Strolz wird im Laden eindrucksvoll durch die Demonstration untermauert, bei der man mit eigenen Augen sieht, worin denn die spezielle Fertigungsmethode besteht. Das authentische Detail mit den Platzhaltern, das Zusehen beim Abguss, stellt eine Glaubwürdigkeit her, die auch den letzten »ungläubigen Thomas« unter den Interessenten überzeugt, denn: *Seeing is believing*. Die Überzeugungskraft des Augenscheins ist ja eine bewährte Erklärmethode, wie schon im Brand-Land-Kapitel dieses Buchs ausführlich dargestellt wurde, und sie macht uns zu kleinen Experten der Schischuherzeugung. Genialerweise ist die Demonstration zugleich *Core Attraction* inmitten des Kaufhauses und *Landmark* nach außen, das die Menschen richtiggehend in den Laden hineinzieht.

Am nächsten Tag besteigen wir im Nachbarort St. Anton am Arlberg den luxuriösen Orient-Express und fahren nach Paris. Dort erwarten uns Lektionen in Parfumherstellung, Brillenoptik und Fußballspielen. Vielleicht holen wir uns die erste Lektion gleich nach der Ankunft, denn »Sephora« auf den Champs Elysées hat täglich bis Mitternacht geöffnet. Hier kann man nicht nur den sakralen *Golden Touch* mit den schwarzen Handschuhen erleben, sondern auch im Dufttheater lernen, woraus sich Parfums zusammensetzen. Ein roter Teppich führt den Kunden unmittelbar zu einem hüfthohen Zylinder, in dessen Mitte eine fachkundige Dame darauf wartet, dass ich auf eines der hundert Fläschchen zeige, die sie umringen, und sie bitte, einmal Sandelholz riechen zu dürfen. Sie nimmt cinen weißen Streifen, laucht ihn in die Tinktur, schwenkt ihn, auf dass sich der Duft entfalte, und reicht ihn mir. Ich rieche daran. Das tue ich mit noch weiteren Essenzen, die sie mir vorschlägt, und erfahre sodann, dass sich aus allem, was ich gerochen habe, und noch vielen Duftstoffen mehr dieses oder jenes Parfum zusammensetzt. Ich bin beeindruckt und halte mich jetzt für einen Experten im olfaktorischen Gewerbe.

In unmittelbarer Nähe von Sephora liegt »Grand Optical«, der Mega Store unter den Optikern. Neben Tausenden Brillen kann man hier auf einer weißen Wand lesen, welche Arten von Fehlsichtigkeit welche Brillen verlangen, wie das so ab Vierzig ist und, auf die Minute genau, wie lange welches Brillenservice braucht. Und hier ist es wieder, das Loch, durch das wir auf eine Demonstration hinuntersehen, mitten ins Labor hinein, das man auch auf einer Tour besichtigen kann, wo gerade jemand im weißen Mantel mit einem Brillenglas hantiert. Schon auf dem Weg zum Flughafen schauen wir einen Sprung ins neue »Citadium Sport« hinein. Im Atrium steht ein Käfig, der von Nikes neuem Werbespot inspiriert ist, in dem ein brutales Fußballspiel mit einem Stahlball in einem solchen Käfig stattfindet. Hier in Paris steht man vor einem hochkant aufgestellten, lebensgroßen Bildschirm und versucht vergeblich, das nachzumachen, was einem dort ein Fußballspieler vormacht: den Ball so oder so zu kicken. Ganz schön schwierig, denke ich, diese Profis können ja wirklich etwas. Und wieder einmal galt: *Seeing is believing.*

Wir sind nun auf dem Weg in die USA, wo die beiden Urahnen aller Lektionsgeber am P.O.S. zu Hause sind: Nike Town und REI. »Hands-on adventure in a store that celebrates the outdoors«, lautet der Slogan von REI. Im Gore-Tex-Regenraum kann man schon seit Jahren erleben, dass die Kleidung aus diesem speziellen Material tatsächlich total wasserdicht ist und man in ihr auch nicht schwitzt. Man betritt eine Art Glaskasten, lässt einen tropischen Regen über sich ergehen, bleibt trocken und glaubt der überzeugenden Demonstration. Wir aber sind erst nach New York geflogen. In der dortigen Nike Town, jener mit der Riesenleinwand im Atrium, hängt ein teurer Wanderanzug hinter einer Plexiglasplatte, die beschriftet wurde. Der Hiking-Anzug an sich erscheint relativ unscheinbar. Seine verborgenen Stärken müssen erst durch eine dramaturgische *Enthüllung* nach außen transportiert werden. Erst die Beschriftung zeigt, dass dieser Anzug wie eine Maschine ist, welche Features er am Kragen, unter den Armen, am Hosenbein und überall sonst bereithält. Jetzt erst entfaltet sich das Image der Ware. Die gefolgerten Meinungen, die *Inferential Believes*, die als psychologischer Mechanismus auch hinter dem *Seeing is Believing* stehen, konstruieren in uns das hochwertige Image, das dem Anzug angemessen ist. Wir fliegen weiter nach Seattle, zum Endpunkt unserer Reise, wo der riesige Kletterfelsen hinter der Schaufassade von REI das Thema des Mega Stores lostritt, wo der tropische Regensturm im Glaskasten auf uns wartet, wo wir die Wanderschuhe auf unterschiedlichem Gelände testen können. Nach vielen Lektionen sind wir Experten in so manchem geworden, und es waren Mega Stores, die uns dazu gemacht haben.

Flagship Stores

○ *sind die aufwendigen »Visitenkarten« der Handelsmarken.*
○ *sind »begehbare Werbung«.*
○ *sind auch Orte der Selbstfindung für ihre Kunden.*

○ **Sakrale Shops**
Sie sind wie Tempel oder Kathedralen, haben Altäre und Kirchenschiffe oder zumindest wie Heiligtümer verpackte Reliquien: »sakrales Placement«. So entsteht ein Gefühl der Erhabenheit, das sich auf das Sortiment, das Image des Unternehmens und den Seelenzustand der Kunden überträgt.

○ **Lifestyle-Shops**
Sie sind wie ein begehbares Lifestyle-Magazin. Während man es durchwandert, wird man in einen Lebensstil hineinversetzt. Diese Thematisierung greift im Extremfall allein durch das Zusammenspiel der Waren, wenn Stühle, Kleider, Bücher und CDs eine gemeinsame Modekultur signalisieren: »Sortiments-Thematisierung«.

○ **Mega Stores**
Sie sind jene Elektronik-, Buch- und Parfumeriemärkte, deren große Fläche ein lustvolles Wunderland der Navigation hervorgebracht hat. Erklärstationen nutzen die Fläche zudem zur Qualifizierung des Kunden: »Orientierungs-Lust« und »Kenntnis-Lust«.

7. Concept Stores

Die Lust am Spiel im Shop

Während Flagship Stores als erhabene, großflächige Flagschiffe von Marken und Designern daherkommen, sind Concept Stores die pfiffigen Läden, die auf kleiner Fläche zumindest genauso auffällig sein wollen. Denn man muss sich vor Augen halten:

Fläche ist nicht nur Raum, Fläche bedeutet vor allem Zeit.

Großflächige Läden generieren automatisch eine höhere Verweildauer und haben demnach mehr Zeit, um den Kunden zu erobern. Ihr Atem ist langsam und kraftvoll. Kleine Läden haben keine Zeit. Sie müssen sofort wirksam sein. Ihr Atem ist schnell und eruptiv.

Um den Kunden derart rasch zu gewinnen, müssen kleine Läden sich Methoden bedienen, die sofort die Aufmerksamkeit der Menschen gewinnen. Kein psychologischer Mechanismus schafft das schneller als die *Media Literacy*, die uns dazu bringt, allerlei Taschenspielertricks durchschauen zu wollen, uns dabei möglichst geschickt anzustellen und uns so recht smart zu fühlen. In diesem Buch wurden bereits eine ganze Reihe von Kunstgriffen beschrieben, die unsere Media Literacy auslösen. Einer war die so genannte *geborgte Sprache*. Beim durchgestylten Shop von »Ted Baker« in England ist die Eingangstür zum Laden eine Zugbrücke, die bei Geschäftsschluss tatsächlich hochgezogen wird. Die Umkleidekabinen im Laden selbst haben das Aussehen von kleinen Häuschen oder Hütten, in die man zur Anprobe hineingeht. Selbst große Läden, wie sOliver in Deutschland, benützen manchmal solche spielerischen Effekte, um im Jugend- und Trendsegment ein kleines Highlight zu setzen. Die Umkleidekabinen von sOliver tun so, als ob sie tatsächlich Duschkabinen wären, inklusive großer Brause. Das Spiel im Shop wird so ein essentieller Bestandteil des Ladenauftritts.

Während Spielereien wie verwandelte Umkleidekabinen noch einzelne kleine *Core Attractions* zum Schmunzeln und Weitererzählen sind, wird im richtigen Concept Store diese Lust am Spiel zum roten Faden des Ladens, zu seinem durchgehenden Prinzip, zur *Concept Line*. Dabei gibt es zwei prinzipielle Möglichkeiten. Entweder das Sortiment selbst wird zum Media-Literacy-Effekt und besteht sozusagen aus *Waren, die Spaß machen,* oder die Warenträger und die Innenarchitektur enthalten das Spiel und erzeugen auf diese Weise *Läden, die Spaß machen.*

Waren, die Spaß machen

Die Shops von Lush sind winzig klein und fast immer voll mit Kunden. Sie begutachten die Ware mit sichtlichem Vergnügen. In einer Vitrine liegt ein Stück aufgeschnittener Strudel zur Selbstbedienung bereit. Unmittelbar daneben wurde bereits ein Stück aus einem typisch holländischen Rad Käse herausgeschnitten, um den herum Schokoladeriegel in allen Farben liegen. Ein Sushi-Set harrt auf einen Käufer. Merkwürdige Mischung hier im Laden? Strudel, Käse, Schokolade und Sushi sind allesamt Seifen und die *Concept Line* von Lush besteht darin, Seife als Essen auszugeben. Der dramaturgische Kunstgriff der *geborgten Sprache* macht aus dem Sortiment ein gewitztes, zuweilen ironisches Spiel. Die täglich frisch zubereitete Gesichtsmaske für die Dame von Welt wird bei Lush wie Kaviar präsentiert, nämlich auf Eis, deliziös angerichtet in Schalen, die auf einem Bett aus Eiswürfelchen ruhen. Im Laden liegt die Kundenzeitschrift aus, in der Käufer aus aller Welt ihre Erlebnisse mit Lush-Produkten schildern. Es sind meist augenzwinkernde Geschichten, die darin gipfeln, dass jemand beinahe in die Seife gebissen hätte und das Abenteuer mit einem nachgestellten Foto »beweist«. Pudding- und Kokoskuchen-Seifen gehen gerade sehr gut, sagt Lush im Internet, und sucht Verkäufer, die nicht nur belastbar sind, sondern auch einen guten Scherz verstehen. Kein Wunder, denn Lush expandiert wie wild. Inzwischen hat das Konzept einen Siegeszug rund um die Welt angetreten. In Kanada und England ist keine Shopping Mall und Innenstadt mehr »Lush-frei«, in Japan, Kroatien, in Venedig, überall wurden Lush-Shops zu Entertainmentpunkten in der Stadt.

Sie sind, wie jeder erfolgreiche Concept Store, urbane Orte für das kleine Vergnügen zwischendurch.

Das sind die zehn Minuten, die man im Alltag für sich selbst stiehlt, das ist das Vergnügen von Städtetouristen, die ein Mitbringsel suchen oder vor einem Regenguss in den Laden flüchten. Lush-Shops sind typische Dritte Orte, bei denen das Drumherum des Kaufs wichtiger ist als der Funktionswert des Produktes selbst. Man kauft das Vergnügen des Kaufs, die lustvoll verbrachte Mikro-Freizeit, die Entlastung, ein originelles, smartes Mitbringsel gefunden zu haben.

Viele *Concept Stores*, die auf ein spielerisches Sortiment setzen, verbinden das Warenspiel aber zusätzlich mit einem Anliegen. Muji aus Japan und Résonances aus Frankreich sind dabei führend. Beide veröffentlichen am P.O.S. ihre Philosophie. »Bei uns«, sagt man bei Muji, »finden Sie zwar alles Mögliche – vom Fahrrad bis zum Notizblock, vom Schrank bis zur Mappe –, aber alles folgt der Idee des Essentiellen, Minimalistischen, Funktionalen. Die Produkte sind schwarz, weiß, durchsichtig oder erdfarben und irgendwelche knalligen Farben«, sagt Muji selbstbewusst, »werden Sie bei uns nicht finden.« Das französische Résonances erinnert ein wenig an das österreichische Manufaktum. Ich stöbere eine halbe Stunde in einem »Résonances« nahe der Madeleine und kaufe eine amerikanische Glühbirne, die aussieht, als ob Thomas Edison sie gerade produziert hätte, und einen Alaunstein, wie ihn früher der Barbier zur Kühlung der Haut nach der Rasur verwendete, der in meiner Hand sofort ein wenig feucht wird und tatsächlich irgendwie erfrischend wirkt. Meine Frau kauft eine Thalasso-Algenmilch und einen Griff für einen Schrank, der eigentlich ganz billig ist, den man aber sonst einfach nirgendwo bekommt. Glühbirne, Stein, Algenmilch und Griff sind allesamt Dinge, die an früher erinnern, zusammen mit einigen Wellnessprodukten. Das ist die *Concept Line* von Résonances.

Das Sortimentsspiel in beiden Shops besteht nun darin, bei jedem Produkt im Laden die Zuordnung zur Philosophie herzustellen, sich dabei geschickt anzustellen, die *Media Literacy* zu benutzen. Wenn man nicht gerade wie wir recherchiert, macht man das ganz automatisch und registriert intuitiv den Zusammenhang aller Dinge. Der Kunde, der durch einen Concept Store dieses Typus schlendert, genießt dabei die Verblüffung, was alles an außergewöhnlichen Objekten überraschend in das veröffentlichte Schema passt. Jeder Treffer ist dabei für den Kunden eine Bestätigung seines Geschicks und seiner *Media Literacy*, die ihn souverän durchs Leben bringt.

Läden, die Spaß machen

Ein Beratungsnachmittag bei einem österreichischen Einzelhandelsunternehmen geht zu Ende. Zu diesem Zeitpunkt weiß ich noch nicht, dass in den nächsten Jahren mehr als zweihundert Läden nach dem heute empfohlenen Grundkonzept umgebaut werden. Jetzt fragt man mich erst einmal, welchen Architekten oder Ladenbauer ich für die konkrete Designentwicklung vorschlage. »Keinen«, sage ich, »nehmen Sie einen Bühnenbildner«. Tatsächlich sind abseits platter Kulissenästhetik viele Läden heute erstklassige und zudem begehbare Bühnenbilder für Waren und Kunden. Die smarte Innenarchitektur von *Concept Stores* hat dazu geführt, dass ganze Stadtviertel zu lustvollen Flanierbühnen für den trendigen Konsumenten der Gegenwart wurden. Man verbringt heute ein paar Stunden in einem Shopping-Viertel, wie dem New Yorker SoHo, mit zumindest demselben Gewinn an Schaulust und Einblick in den aktuellen Stand der Ästhetik wie beim renommierten Berliner Theatertreffen. Glauben Sie einem promovierten Theaterwissenschaftler.

In SoHo beginnt unser üblicher Weg in der Greene Street bei Moss. Das war einmal ein winziger Laden mit einem unmöglichen schmalen Grundriss, der nur einige wenige Meter breit war und auf dieser Fläche sowohl Sofas und Stühle von Weltklassedesignern verkaufte als auch kleine Objekte präsentierte, wie die Zitronenpresse in Spinnenform, die Philippe Starck für Alessi entwarf. Wie bringt man derart unterschiedlich große Waren auf eine Linie? Moss bedient sich dazu des dramaturgischen Kunstgriffs der *Blickwinkelveränderung*. Alle Produkte, gleich ob Sofa oder Zitronenpresse, werden ungewöhnlicherweise in Augenhöhe präsentiert. Zu diesem Zweck steht und liegt alles in Vitrinen, die etwa 1,5 Meter über dem Boden schweben. So erscheinen Designobjekte, die man, wie jene von Starck, allzu oft gesehen hat, aus der ungewohnten Perspektive wieder interessant und zudem gleichwertig mit Hunderte Male teureren Designermöbeln. Der ungewöhnliche *Blickwinkel* ist das Spiel mit dem Warenträger, das bei Moss zur *Concept Line* des Ladens wurde. Der Kunstgriff war derart erfolgreich, dass der Laden schließlich um das Vierfache vergrößert wurde.

Denise und ich schlendern die Straße hinunter, biegen rechts in die Prince Street ein, wo sich ein großer Laden von Camper befindet. Alle typischen Cam-

Warum Erlebnisse verkaufen

„An event seen from one point of view gives one impression ... Seen from another point of view, it gives quite a different impression ... But it's only when you get the whole picture, you can fully understand what's going on."

»Points of View«, Werbespot für »The Guardian«

Landmark

Die Swarovski Kristallwelten in Tirol und das Lederwarengeschäft Alligator in Wien:
Header sind wie mittelalterliche Zunftzeichen, die außen sagen, was innen ist.

Spannungsachsen wie im Wiener
Le Méridien Hotel (linkes Bild)
und *betonte Knoten* wie im Meinl
am Graben (rechtes Bild) verführen uns dazu, alles »abzugrasen«.

Concept Line

Dritte Orte brauchen einen roten Faden.
Im Bluewater Shopping Center in England
folgt man dem Lauf der Themse (rechtes
Bild) und liest dazu den Text des Themse-
liedes (linkes Bild).

Core Attraction

Dritte Orte machen uns durch eine zentrale Attraktion neugierig. Im Restaurant Auréole des Mandalay Bay Resort, Las Vegas, sind das Weinturm und Weinengel.

Brandlands

Orte des Begehrens inszenieren die Übergabe des Produkts, wie in den riesigen Zylindern in der Volkswagen Autostadt von Wolfsburg (Bilder oben und links unten).
Orte der Verehrung bringen das Image der Marke zum Leuchten, wie beim Lamborghini Pavillon der Autostadt (rechtes Bild).

Ausstellungen und Messen

Das »Blur Building« auf der Schweizer Expo 02 und der »Pavillon der Gesundheit« auf der Expo 2000 in Hannover: Weltausstellungen und Messen brauchen die inszenierte Seelenmassage.

Stadt-Events

Die temporäre Verwandlung öffentlicher Orte: Aus der Piazza Navona in Rom wurde ein See, aus dem Riesenrad in Wien eine Uhr, aus der Wiener Secession ein Gesicht.

Urban Entertainment Center

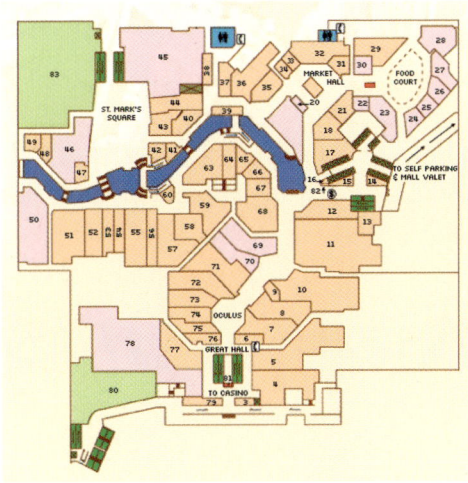

Simulierte Straßen und Plätze bringen uns dazu, wie in einer Innenstadt zu promenieren. Im Extremfall folgen wir dem nachgebauten Canale Grande, der die gesamte Mall des Venetian Resort in Las Vegas durchzieht, oder wandern dort durch die Hallen einer beinahe echten Scuola.

Hippe Restaurants und Bars

Lebensgroße Plastikeier als WC-Kabinen in Londons Restaurant Sketch und der »Ich seh' dich, ich seh' dich nicht«-Effekt in New York's Bar 89: smarte Toiletten zum Staunen und Wundern.

Flagship Stores

Wie eine kaiserliche Orangerie mit wunderbaren Pflanzen, edlen Gartengeräten und Designbüchern: der Lederleitner mit dem Restaurant Hansen in der alten Wiener Börse. Flagship Stores sind manchmal wie begehbare Lifestyle-Magazine, in die man für eine Zeit lang versinkt und seine Batterien auflädt.

Concept Stores

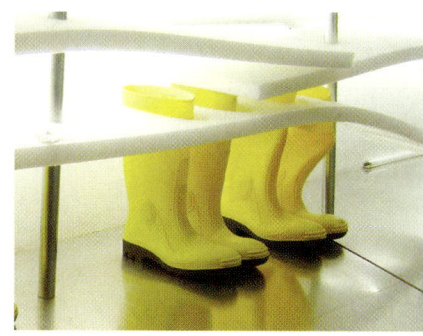

Die Eingangstür wird herausgefaltet, die Tragetaschen werden aus Negligees gefertigt, Ware und Warenpräsentation als Spiel im Wiener Lomo Store.

Design Malls

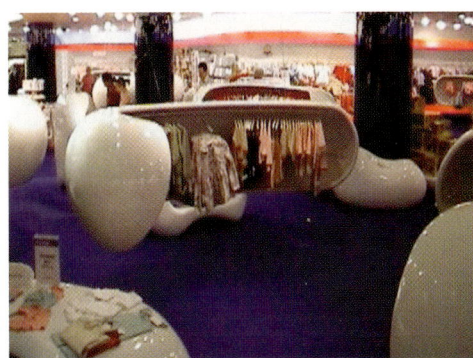

Selfridges in Birmingham und London – das eine Kaufhaus ein eindrucksvolles Wahrzeichen, das andere voller »kleiner Sensationen« am P.O.S.: Shows im Atrium, auffällige Umkleidekabinen und eine Kinderabteilung mit Warenträgern wie Wolken.

Optimierte Orte

Der SSAWS Skidome in Tokio: Freizeitaktivitäten, die sonst an bestimmte Jahreszeiten gebunden sind, werden das ganze Jahr über zugänglich. Das NTC in den österreichischen Alpen: Leihski (dank Roboter wie neu) und vorgeheizte Skischuhe entfernen alles Negative von einem typischen Tag am Berg.

Lobbys und Lounges

 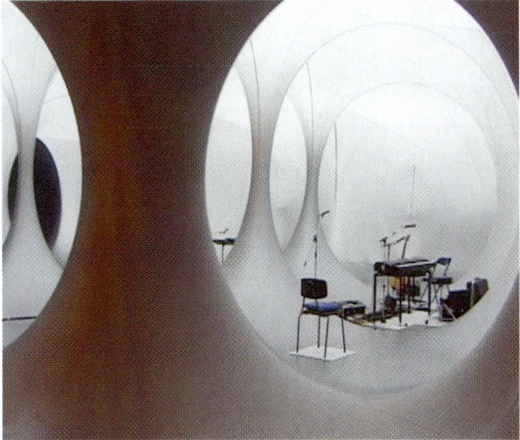

Exciting: Colourscape, die aufblasbare Konzerthalle von Jeunesse Musicale mit ihren stimulierenden Farbduschen.
Relaxing: Die Leseröhren in der Buchhandlung Thalia in Linz – Ort der Entspannung für Leser und Familien.

Das neue Wandern

Das Loisium mit seinem spektakulären Besucherzentrum: Der Pfad führt durch den Weinkeller in eine mystische Kellerwelt. Dort ermöglichen Kathedralen tief in der Erde und ein versunkener Ballsaal ein unterirdisches Wandererlebnis.

per-Shops in der Welt enthalten zwei charakteristische Merkmale: Zum einen wird die Philosophie der Schuhe und des Unternehmens an der Wand des Ladens präsent gemacht, oft als Graffity getarnt. Man erzählt uns, dass man die Schuhe »Camper« nach dem mallorcinischen Wort für »Bauer« benannt hat und damit die Tradition des bequemen südspanischen Bauernschuhs in die Welt tragen möchte. Man sagt uns, dass wir nicht durch die Gegend hasten sollen, sondern, mit Hilfe der coolen Schuhe, bewusster gehen mögen. Zum anderen zeichnen sich alle *Concept Stores* von Camper durch ein architektonisches Element im Laden aus, das irgendwie übergroß ist. In England ist das ein Foto eines mehrere Meter hohen Camper-Schuhs und ein zwei Meter langer Schuhkarton im Camper-Rot, der als Sitzbank für die Schuhanprobe dient. Hier in SoHo sind das fünf riesige Lampenschirme des berühmtem deutschen Lichtdesigners Ingo Maurer, die über einem Podest mit Schuhen schweben. Diese Allee mit den Monsterlampenschirmen im Industriedesign ist bereits von außen deutlich sichtbar und gibt dem Shop eine spektakuläre Außenwirkung im Kampf der Concept Stores von SoHo um Aufmerksamkeit und Verweildauer.

Viele Concept Stores sind, wie Camper, Bestandteil einer Kette. Dramaturgisch gesehen ähneln sie daher den Serien des Fernsehens und bedienen sich durchaus verwandter Kunstgriffe. Alle TV-Serien operieren mit charakteristischen *Etiketten*, die sie unverwechselbar machen und dem Zuschauer, der zufällig in das Programm einsteigt, sofort signalisieren, wo er sich befindet. In »Ally McBeal« über die Beziehungen in einer Bostoner Rechtsanwaltskanzlei leben die Hauptpersonen in Tagträumen ihre geheimen Gedanken aus. Wir hören ihre innere Stimme, sehen, wie eine Zunge einen Meter lang wird, um das Objekt der Begierde abzuschlecken, und gegen Ende jeder Folge muss die Sängerin Vonda Sheppard im After Work Club der Kanzlei mit einer Soul-Nummer auftreten. *Kontakt-Affekt-Phänomen* nennen die Psychologen die Tatsache, dass solche *Etiketten*, wie etwa die typische Machart einer TV-Serie oder einer Laden-Kette, das jeweils Ganze an Botschaft und Emotion aufrufen. Anders ausgedrückt: man weiß sofort, was man vor sich hat. Sehe ich etwas Übergroßes, weiß ich, dass ich nach coolen Schuhen Ausschau halten muss. Sehe ich T-Shirts, Blusen und Bikinis, die in einer Art Plastiksack eingeschweißt am Haken hängen, weiß ich, dass ich einen Concept Store von Barbara Bui vor mir habe. Die Präsentationsart ist absolut einzigartig. Wenn eine Machart derart eindeutig auf den ersten Blick wiedererkennbar ist, ist der Shop reif, um als Ladenkette oder Shop-in-the-Shop-System dupliziert zu werden. Barbara Bui ist daher nicht nur in eigenen Concept Stores zu finden, sondern auch als Shop-in-the-Shop in Kaufhäusern wie den Galéries Lafayette.

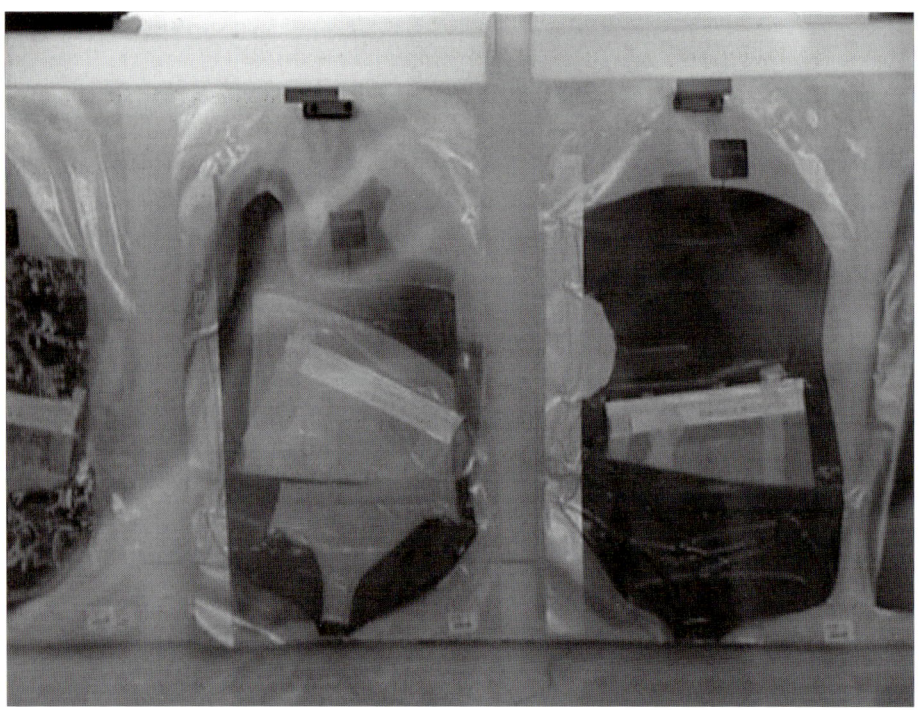

Abb. 13: Eingeschweißte Kleidung von Barbara Bui, Paris

Concept Stores sind also abwechslungsreiche, begehbare Bühnen, die aus einem Ein-kaufsviertel ein Unterhaltungsviertel machen. Concept Stores sind typische Ladenketten, die, wie Fernsehserien, visuelle Erkennungszeichen als Stärke des Shops nützen. Concept Stores sind schließlich Orte, die oft zur ästhetischen Avantgarde gehören.

Der Verpackungstrick bei Barbara Bui erinnert durchaus an zeitgenössische Konzeptkunst, wie jene des Verpackungskünstlers Christo. Wen wundert's, dass daher Concept Stores im Umfeld großer Museen auftauchen? Es gibt sie im Carrousel du Louvre genauso wie im Wiener Museumsquartier. Dort schuf die junge ägyptische Architektin Sally Bibawy ein avantgardistisches Geschäft rund um die Produktwelt der kultigen Lomo-Kameras, mit denen man bekanntlich aus der Hüfte schießt, um spontan Alltagssplitter festzuhalten (siehe Farbbildteil Seite XII). Zu diesen Produkten gehören zum Beispiel Tragetaschen, die aus rosa Spitzen-Negligés gefertigt sind – ironische Produktverwandlungen im Sinne der *geborgten Sprache*. Die windschiefe Eingangstür wird nicht geöffnet, sondern aus dem Laden herausgefaltet. Doch die eigentliche Sensation sind die Warenträger. In billige, dem Styropor ähnliche Schaumstoffbahnen wurden Löcher geschnitten, in die man die Waren hineinsteckt. So hängen Lomo-Kameras, Gummistiefel und merkwürdige Accessoires aus dem Schaumstoff heraus und wenn sich das Sortiment ändert, werden einfach im Laden selbst andere Löcher in den ungewöhnlichen hochflexiblen Warenträger geschnitten, wird er anders an die Wand geklemmt, anders zurechtgebogen. Das alles erscheint avantgardistischer und künstlerischer als vieles, was in den eigentlichen Museen moderner Kunst am Gelände zu sehen ist.

Concept Stores

○ *sind kleine, duplizierfähige Shops.*
○ *ermöglichen das kleine Vergnügen zwischendurch.*
○ *machen aus einem Einkaufsviertel ein Erlebnisviertel.*

○ **Waren, die Spaß machen**
Wenn Seife aussieht wie Käse oder ein Tortenstück (»Lush«), dann wird die Ware zum Spiel mit der Wahrnehmung und spricht unsere »Media Literacy« an. Die Folge: Kundenunterhaltung durch ein smartes Sortiment.

○ **Läden, die Spaß machen**
Wenn alle Modestücke einer Marke, egal welcher Art und Größe, in transparente Plastikbeutel eingeschweißt sind (»Barbara Bui«), dann wird die Präsentation der Ware zum Spiel und spricht unsere »Media Literacy« an. Die Folge: Kundenunterhaltung durch smarte Warenträger.

8. Design Malls

Shoppingcenter als Architekturerlebnis

Staunend betritt der Besucher die »Bluewater« Mall vierzig Kilometer östlich der Londoner City. Bereits nach wenigen Schritten umfängt ihn ein Rausch von Farben, von Stil und Design. Beeindruckt erkennt er, dass die Inszenierung hier nicht am Geschäftsportal endet, sondern auch überall dazwischen stattfindet. Die hochwertig gestalteten Gänge, Atrien und Food Courts verbinden sich zu einem niemals abreißenden Sog an Designerlebnissen. Alle wollen diesen Sog erleben und so drängen sich an diesem Samstag nachmittag tausende Käufer im »Bluewater Experience«, wie die australischen Entwickler die Mall benannten. In seinem gestylten Anzug, mit der halb verdeckten digitalen Videokamera ist dem recherchierenden Besucher unter all den Kaufwütigen nicht ganz wohl zumute. Da kommen ihm zwei Südländer, ebenfalls im dunklen Anzug, entgegen, bewaffnet mit winzigen Kameras, grinsen den Kollegen an. Nirgendwo auf der Welt, so wird er später erfahren, drängen sich so viele Architekturtouristen und so viele ganz normale Konsumenten an einem gemeinsamen Ort. Alle sind sie fasziniert, alle reagieren sie auf die Erlebnisangebote des riesigen Komplexes.

Kunst der Designklammer

Im Thames Walk hängen hoch oben, über die gesamte Länge der Achse verteilt, riesige weiße Buchstaben an der Wand, bilden ein Fries, lassen Worte erkennen. Der Besucher geht näher an eine ältere Dame heran. Sie flüstert in sich hinein, was auch alle anderen immer wieder unwillkürlich aus dem Augenwinkel lesen, während sie durch dieses Viertel der Mall gehen: Es ist der Refrain eines Liedes über den großen Fluß der Briten. »OLD FATHER THAMES KEEPS ROLLING ALONG, DOWN TO THE MIGHTY SEA« steht da in Blockbuchstaben. »Man liest ein paar Worte und plötzlich hat man das Lied in den Ohren«, sagen die Engländer.

Thematisierung mit Design

Im Fußboden ist die Themse in grauem Granit zu sehen, geographisch exakt in den gelblichen Steinboden eingelassen (siehe Farbbildteil Seite IV). Der Besucher beginnt bei der Quelle, spaziert den sich schlängelnden Fluss entlang, kommt an vielen Orten vorbei, die mit Goldbuchstaben benannt werden. Richmond steht da und Greenwich. »Schau, da habe ich einmal ein Jahr gewohnt«, sagt die Ehefrau und Begleiterin des Besuchers. Anspielungen auf Segel schweben über ihren Köpfen, Designlampen auf Masten, die entfernt an Bojen erinnern, eine Uhr, die die Gezeiten der Themse anzeigt – das alles zieht den Besucher nach und nach in das Thema des Themseflusses hinein, bringt die Käufer in »nautische Stimmung«.

Im nächsten Viertel der Mall wiederholt sich die Strategie.

Wieder klammert ein Thema den riesigen Bereich, ruft Geschichten auf, ist voll hochwertigen Designs, ist Gestaltung der freien Fläche außerhalb der Shops, ist die Concept Line der Mall.

»Guildhall« heißt der Bereich und ein zweistöckiger Turm enthält so etwas wie eine Rathausuhr, Treffplatz, Orientierungspunkt, sichtbar von weitem. Fasziniert blickt der Besucher nach oben. Der Anziehungspunkt besteht diesmal aus Skulpturen, die in dramatisches Licht getaucht die 106 Handwerksgilden des mittelalterlichen Britanniens darstellen. Altehrwürdig, in Stein gehauen, wie in einer gotischen Kathedrale thronen die Ahnen über uns. Ehrfürchtig liest der Besucher vom Kontinent die steinernen Inschriften unter den Darstellungen. »Basketmakers« murmelt er und sieht auf den Korb, der entsteht. »Turners« sagt er und der steinerne Dreher drechselt das Tischbein. »Painters of Glass« – ja die alten Meister. »Hackney Carriage Drivers, Droschkenkutscher«, aber was ist das? Statt Pferd und Wagen zeigt das Steinrelief drei Taxis und wild gestikuliert der sichtlich aufgebrachte Fahrer in seinem typisch britischen Taxiauto. Typisch britisch ist auch die Ironie, mit der hier in der Mall der Bruch des Themas inszeniert wird, wie aufgedeckt wird, dass die Ästhetik der Gänge und Plätze Teil einer großen Strategie ist.

Header-Ketten

Wer von den spektakulären Wandinszenierungen der Mall seinen Blick hinunter wendet, schaut auf die Fassaden der Shops. Ein Laden reiht sich an den anderen und auch auf den Fassaden wiederholt sich ein Prinzip, die zweite *Concept Line* der Mall.

Jeder Shop sagt nach außen, was sich hinter seiner Fassade verbirgt.

Große Hörner vor »Just Leather« signalisieren schon von weitem den Shop für Lederwaren und Sättel. Ein großer weißer Golfball vor »Nevada« signalisiert die Golfschläger und Golfwagen, die im Inneren des Shops verkauft werden. Das Prinzip ist alt. In den Einkaufsstraßen vergangener Jahrhunderte haben immer schon Zunftzeichen auf der Fassade der Läden angezeigt, was man dahinter kaufen konnte. Der recherchierende Besucher schließt die Augen und denkt an die berühmte Salzburger Getreidegasse in seinem Heimatland. Er sieht die geschmiedeten, teilweise vergoldeten Reklamezeichen von Geschäften, Werkstätten und Gasthöfen vor sich, die Brezel für den Bäcker, den großen Schlüssel für den Schlosser, den goldenen Hirsch für das berühmte Hotelrestaurant mit Wildbretspezialitäten. Solche gebauten Schlagzeilen, solche Header, vermitteln unmittelbar die Bedeutung eines Ortes, helfen ihm, sich im Konkurrenzkampf bemerkbar zu machen. In so mancher deutscher Mall haben deren Stararchitekten rigorose Verbote und Auflagen erlassen, um sich durch solchen Firlefanz auf den Geschäftsfassaden ja nicht die Perfektion der kühlen Stahl- und Glasarchitektur stören zu lassen.

Der Besucher jedoch öffnet die Augen wieder, denn hier in Bluewater zeigt ein Viertel der Mall, dass es durchaus möglich ist, Hochwertigkeit und emotionale Außenwirkung in Einklang zu bringen. »The Village« ist die urbane Einkaufspassage von Bluewater, eine Referenz an die berühmte Londoner Burlington Arcade. Der Besucher staunt über den edlen Holzboden, streicht mit seinen Fingern über die Holzvertäfelung der Fassaden und bewundert schließlich die Allee der Ladenzeichen. Alle sind sie aus Holz geschnitzt, alle werden einheitlich durch einen kreisförmigen oder quadratischen Metallbügel an der Fassade gehalten, alle sind sie effektvoll beleuchtet. Ein Buchstapel mit fünf geschnitzten Büchern schwebt vor der Filiale von »Waterstone's«, der großen britischen Buchhandelskette. Ein

Arrangement mit Globuskugel und Landkartenrolle lockt den Besucher in einen Laden mit alten Seekarten und Fernrohren. Ein Pinsel zwischen einem Stapel Papier signalisiert den Laden für den Hobbymaler.

Gegenüber liegt »Thomas Kincade«, die Ladenkette für Ölbilder, die auch in den USA präsent ist. Gleich hinter dem Portal des winzigen Geschäfts steht eine Säule, in die, deutlich von außen sichtbar, ein offener Kamin integriert ist. Seine Flammen erzeugen jene Atmosphäre, in der man auch die Bilder an der Wand erleben möchte. So wird der Kamin zur gebauten Visitenkarte des Shops.

Kunst der Verkaufspromenade

Der an der Architektur der Mall interessierte Besucher sitzt auf einer Bank und blickt auf einen Grundriss des Centers. Bluewater hat die Form eines riesigen, gleichseitigen Dreiecks, dessen Umriss zum Loop, zum Rundweg durch die Mall ausgestaltet wurde. Dabei haben sich die australischen Designer aller nur erdenklichen Tricks bedient, um die inszenierte Promenade so abwechslungsreich wie möglich zu machen. Man muss nur die Kinder beobachten, wie sie auf die Angebote an sinnlicher Raumstruktur reagieren. Ein kleines Mädchen dreht die Kurbel am Fuß einer kinetischen Skulptur und bewegt damit die Flügel eines metallenen Vogels, der viele Meter höher, gut sichtbar von beiden Ebenen der Mall, seine Schwingen erhebt. Ein kleiner Junge klettert immer wieder auf das leuchtende Ziffernblatt der Uhr, die unter der Sonnenkuppel der Mall im Boden eingelassen ist. Überall in Bluewater gibt es solche Merkpunkte, die den Käufern die Orientierung erleichtern und für die Kinder willkommene Spielmöglichkeiten sind. Allein auf dem Rundweg der Promenade finden sich zehn spektakuläre Landmarks.

Und sie stehen nicht irgendwie herum, sondern unterstützen mit ihrer Position die Bildung einer kognitiven Landkarte über die Mall und somit die intuitive Navigation, das leichtfüßige Suchen und Finden an einem Ort, an dem man schnell heimisch wird.

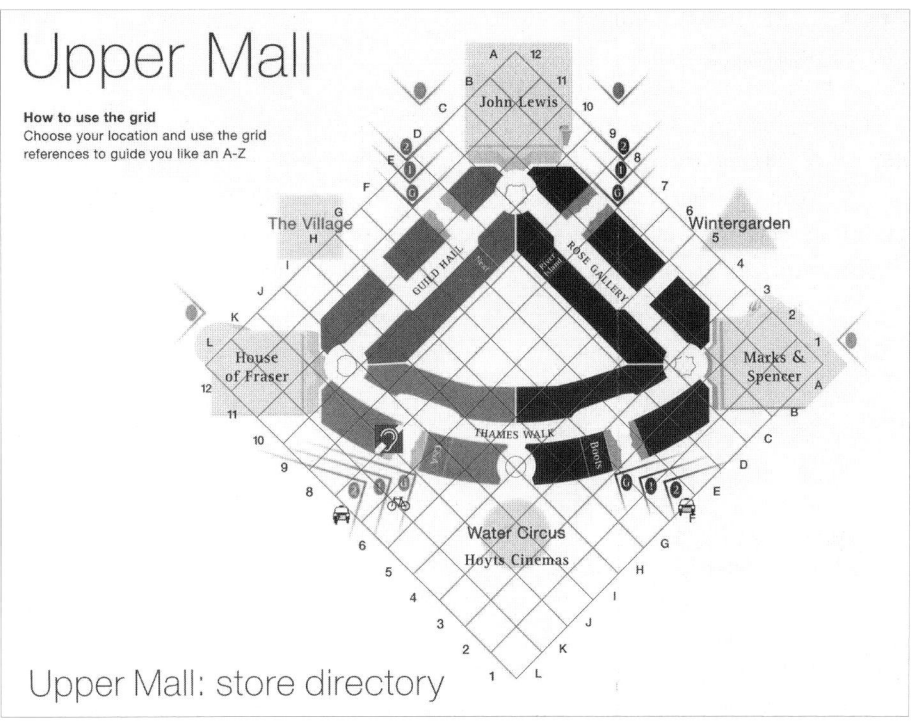

Abb. 14: Entrance Map Bluewater, England

Kuppeln und Merkpunkte

Da sind die Kuppeln von Bluewater. Sie befinden sich konsequenterweise in den Schnittpunkten der Achsen, also innerhalb der Spitzen des Dreiecks, haben Sonne, Mond und Sterne zum Thema und jeweils genau in ihrer Mitte eine spektakuläre Uhr als Betonung des Knotens. Und da sind überall dort, wo von außerhalb des Dreiecks die Zubringerachsen von FoodCourt (»Wintergarden«), Kinocenter (»Watercircus«) oder Parkplätzen in die Mall hineinstechen, weithin sichtbare Statuen, Türme und Brunnen, die den jeweiligen Knotenpunkt betonen. Jedes der Merkzeichen ist dabei so hoch, dass es von allen Ebenen der Mall aus gesehen werden kann. Steht unten am Turm im »Rose Garden« ein Wolf am

Fuß des steinernen Totems, so balanciert hoch oben auf dessen Spitze ein Hirsch, der die Geschichte des mythischen Gartens weiter erzählt.

Achsen, Knoten, Viertel und Merkpunkte sind die Elemente der *Cognitive Map*, die der Besucher intuitiv erlernen will, um damit zu promenieren, das *Malling* zu genießen. Die Achse in Bluewater ist der Rundweg des Dreiecks, der zugleich Bestandteil von drei unterschiedlich thematisierten Vierteln ist – Thames Walk, Rose Garden und Guild Hall –, wo hochwertige Geschichten mit den Mitteln des Designs erzählt werden. Die Knoten sind die Kuppeln, in denen sich die Achsen treffen und der Kundenfluss ins nächste Viertel umgelenkt wird. Die Merkpunkte sind die Uhren unter den Kuppeln, sind Brunnen und Türme im Schnitt von Hauptachse und Seitenachsen. Bluewater ist das perfekte Malling System schlechthin, konstruiert und empfunden zugleich.

Luxusmeile und Marktplatz

Wir sitzen jetzt im privatwirtschaftlich geführten Luxuszug von Virgin Railways nach Manchester und fahren vom Bluewater Experience zum Trafford Center. Dort, wo rund um den FoodCourt jeden Dienstag nachmittag der Tea Dance der britischen Pensionäre vor der Kulisse eines Musikdampfers stattfindet – wir berichteten darüber im Startkapitel dieses Buchs –, wollen Denise und ich eine Erfindung der englischen Architektengruppe Chapman Taylor & Partners in Augenschein nehmen. Bei einem Kongress war nach einem Vortrag der Chefarchitekt der Gruppe auf mich zugestürmt und sagte: »Ich habe gebaut, was Sie gerade erzählt haben«. Jetzt wollen wir die Innovation begutachten.

Sie besteht darin, dass die Viertel der Mall entlang der zentralen Promenade aus unterschiedlich hochwertigen Abschnitten bestehen.

Alles wird dieser Einteilung nach Hochwertigkeit untergeordnet: die Architektur, das Design, die Möblierung, Pflanzen, Licht, Art und Sortiment der Shops. Von außen sieht das Center mit seiner dramatischen Kuppel und den Kollonaden mit den Riesenstatuen von Engeln mit Posaunen ein wenig wie der römische Petersdom aus. Im Inneren imitieren die Abschnitte der Zentralachse die Geschäftsstraßen einer Großstadt. Da gibt es, wie in jeder City, eine Luxusmeile mit entsprechendem Flair und der Präsenz der großen Marken. Da gibt es die gutbür-

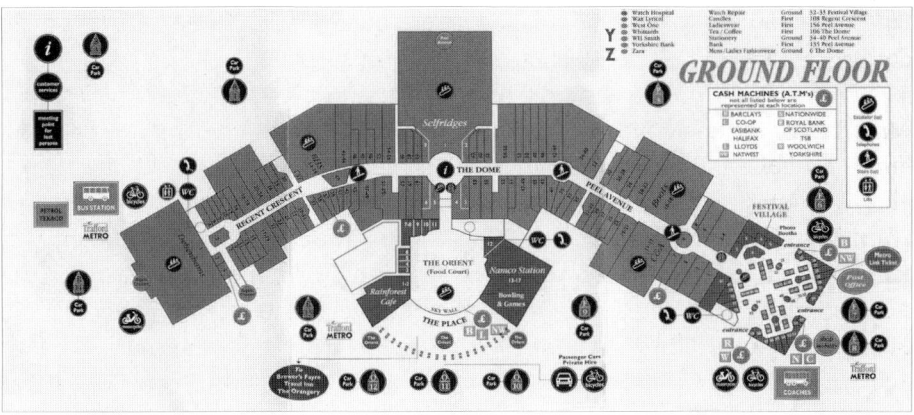

Abb. 15: Entrance Map Trafford Center, Manchester, England

gerliche Einkaufsstraße, in der man in England etwa auch ein paar Reisebüros erwartet. Und da ist ein Marktplatz mit unkomplizierten Shops und Nieschenprodukten, mit Dingen zum Stöbern und Finden.

Die Hauptstraße der Mall heißt in ihrem ersten Drittel »Regent Crescent«. Majestätische Königspalmen, abends mit kleinen Lichtern geschmückt, stehen am Weg. Prunkvolle Steinbänke unter den Palmen laden zur Rast ein. Messingschalen tragen indirektes Licht, Buchsbaumhecken sind zu barocken geometrischen Formen gestutzt, ein Tonnengewölbe aus Glas erhebt sich über der Hauptstraße, wo lifestyle-orientierte Shops wie Mango und Monsoon zu finden sind. Vor dem Kaufhaus Selfridges mündet die Imitation der Londoner Regent Street in eine prachtvolle Kuppel mit Fresken, vergoldeten Säulen und einem Lift aus poliertem Messing. Dann ändert sich schlagartig das Flair der Straße. Sie heißt jetzt »Peel Avenue« und ist eine Einkaufsstraße für den Mittelstand mit einem Shop von C&A und einem Megastore der Drogeriekette Boots. Statt Palmen stehen nun Laubbäume inmitten der Straße und an Stelle opulenter Steinbänke stehen schöne, schlichte Holzbänke dem müden Käufer zur Verfügung. Zweimal passiert die Avenue in ihrem Verlauf kleine Plätze mit Kuppeln. Ein Knick in der Wegerichtung und Wasserfontänen, die zu den Fresken der Kuppeln empor schnellen, verlangsamen dort den Fluss der Käufer. Schließlich signalisiert ein portugiesisches Azulejo, ein gekacheltes Schild, dass wir nun das »Festival Village« betreten. Hier endet die Straße, erweitert sich zu einem Marktplatz, auf dem die Shops in eigenen kleinen Gebäuden liegen, die schräggestellt auf dem Platz stehen, mit Dächern aus rotweißen Markisen, wie man es von Marktständen kennt. Man kauft ein paar Socken im Sock Shop, trinkt einen Eiskaffee, bewundert die Schablonen in The Stencil Store, der zeigt, dass es in England gerade schick ist, seine eigenen vier Wände selbst mit Ornamenten zu versehen.

Nischenprodukte in emotional entlastenden Fun Shops, Vernünftiges auf der großen Einkaufsstraße und Glamouröses auf der Luxusmeile, das ist die Malling-Strategie der neuen Design Malls. Auch in Bluewater findet sich diese Abstufung, im Düsseldorfer Sevens und im CentrO in Oberhausen, wo die »Bunte Gasse« – etwa mit dem Glühwürmchen Shop, wo man alles erhält, was leuchtet – eine wunderbare Abwechslung zu den seriösen Läden mit Designerklamotten bildet.

Kunst der »Kleinen Sensationen«

Einmal pro Stunde erwacht die Uhr im Festival Village des Trafford Centers zum Leben. Unzählige rote Lämpchen auf der hoch über dem Marktplatz schwebenden Uhr beginnen zu flimmern und ziehen die Aufmerksamkeit der Kunden für eine Minute auf sich. Neben den dramatischen architektonischen Zeichen, die jede Design Mall setzen will – den spektakulären Kuppeln, den Design-Dächern mit futuristischen Glastürmen –, gehören die Uhren der Malls zu den zusätzlichen *Core Attractions*, die immer wieder einmal ein kleines Staunen zwischendurch bewirken sollen.

Von Uhren und Figuren

Die erste dieser Attraktionen war die »Uhr der fließenden Zeit« im Berliner Europa-Center. Obwohl das Center selbst heute einen heruntergekommenen Eindruck macht, stehen die Touristen immer noch staunend vor dem riesigen Gebilde aus gläsernen Röhren und Behältern, in denen die giftgrün gefärbte Flüssigkeit den Verlauf der Zeit sichtbar macht. Die derzeit hochwertigste Uhr einer Mall ist die Tieruhr in Bluewater. Aus einer weißen Wand klappt ein Einhorn heraus und überwacht die anderen Tiere – Frösche, Hirsche und andere Tiere des Waldes –, die alle eine Ziffer der Uhr tragen, sich nach und nach zeigen, bis schließlich eines der Tiere sichtbar bleibt und die aktuelle Stunde anzeigt. Die Uhren der Design Malls sind allesamt Wow-Effekte, *Core Attractions*, die uns zum Staunen bringen sollen.

Ab und zu wagt eine Mall auch den einen oder anderen Show-Effekt, meist verbunden mit Figuren oder Menschen, die den Besucher Schmunzeln machen. Im Trafford Center fährt ein sprechender Bär in einem kleinen Auto herum, das heimlich von einer Art Butler in roter Uniform gesteuert wird. Die beiden reden ununterbrochen miteinander, fahren Aufzug, erschrecken Passanten, schäkern mit den Girls, bringen die Kinder zum Lachen. In diese Kategorie der kleinen Show *Core Attractions* gehören auch die zahlreichen Geschicklichkeitsspiele und Hands-on in den Design Malls. Vor Bluewater können etwa Schiffsmodelle auf einem Teich herumgesteuert werden. Ursprünglich war diese Attraktion für Kinder gedacht, doch wie sich zeigt, lieben es die Jugendlichen, die Schiffe im vollen Tempo gegeneinander fahren zu lassen.

Alle »Kleinen Sensationen« geben dem Weg durch die Mall eine Aufmerksamkeitsspitze, ermöglichen ohne großen Aufwand eine kleine Befriedigung der Erwartungen, sind oft auch Bestandteil der Vorfreude, vor allem für Kinder. In jedem Fall sprechen sie unsere innere Uhr an und machen den Aufenthalt ein wenig kurzweiliger.

Das Selfridges-System

Die größte Innovation im inszenierten Handel der letzten Jahre geschah zweifellos im Londoner Kaufhaus Selfridges, dem derzeit wohl besten Warenhaus der Welt (siehe Farbbildteil, Seite XIII). Aus einem verstaubten Haus wurde etwas, was es zuvor noch nie gegeben hatte: Das Kaufhaus wurde zur Design Mall, ohne den Charakter des gewachsenen Einkaufstempels zu negieren.

Alles begann mit einer optischen Erneuerung, gesteuert vom berühmten Architekturbüro Future Systems. Die endlosen Gänge des Hauses wurden durch ganze Alleen von Design-Bildschirmen betont, auf denen Clips die Schwerpunkte des jeweiligen Einkaufsmonats thematisieren. Zugleich bewirken die Flatsquare-Bildschirme deutliche Image-Kontraste zur altehrwürdigen Architektur des Hauses, was ebenfalls geschieht, wenn ab Mittag Artistinnen an weißen Tüchern im Atrium eine Performance abliefern oder der DJ trendige Chill-Out-Musik auflegt.

Die eigentliche Innovation ist jedoch die Neuordnung der Verkaufsflächen, die aus Selfridges einen Vermieter machte. Viele dieser Verkaufseinheiten wurden dabei geschickt zu »Kleinen Sensationen« stilisiert. »Nail Heaven« im Erdgeschoß etwa ist ein steil ansteigendes, weithin sichtbares Amphitheater, auf dessen Stufen Kundinnen vor aller Augen maniküriert und mit künstlichen Fingernägeln versehen werden. Ebenso zu Attraktionen werden auch auffällige Warenträger, wie das »Theater der Handschuhe«, auf dem hunderte Handschuhe um eine Säule herum im Kreis präsentiert werden. Trendabteilungen wurden zu eigenen *Image-Welten* zusammengefasst, wie «The Warehouse«, wo viele Marken in einer Loftatmosphäre auftreten und auf einer darüber schwebenden Empore Dutzende von knallig roten Umkleidekabinen aus Metall die »regionale Attraktion« dieses Bereichs sind. Da ist die weiße Schuhwelt für sportliche Herrenschuhe und die schwarze Schuhwelt für elegant-ausgeflippte Schuhe. Für die Unterhaltungselektronik schuf man mit den Mitteln der *Thematisierung mit Design* eine futuristische Welt, »Technology«, die an ein Raumschiff erinnert. Und für die Kids gibt es seit dem Jahr 2003 eine eigene Designwelt mit weißen Warenträgern aus Plastik, die wie tief schwebende Wolken in Kinderhöhe von der Decke hängen, gleich Dutzende von ihnen, zwischen blauen Plastiksäulen, über einem enorm weichen Teppich in der weltweit schönsten Kinderetage eines Kaufhauses.

Auf diese Weise erschuf man bei Selfridges abseits simpler Shop-in-the-Shops – die es hier auch gibt – abwechslungsreiche Einheiten, sodass man wie durch eine Stadt geht, bei der alle Viertel sensationelle Wahrzeichen für sich sind und die Variatio zum spektakulären Grundprinzip wird, zur *Concept Line*. Die Restaurants und Bars tragen noch das ihrige zu diesem Eindruck bei, denn sie wurden wie bunte Edelsteine überall im Haus fallengelassen, abgeschirmt durch halboffene Wände, mit eigenem Licht und eigenem Sound.

Der Erfolg des Haupthauses in London hatte zur Folge, dass als Bestandteil des Bullring Centers in Birmingham ein Kaufhaus mit noch stärkerer Außenwirkung entstand. Wie ein anthropomorphes Lebewesen, das nachts glühend blau leuchtet, ist das Haus zugleich verblüffendes Wahrnehmungsspiel und dramatischer Image-Kontrast zum sonst deprimierenden Stadtbild (siehe Farbbildteil, Seite XIII). Das neue Wahrzeichen hatte denselben Effekt wie das Guggenheim Museum in Bilbao. Es wertete eine ganze Region auf, machte aus der Industriestadt über Nacht eine Stadt, in die man auch als junger IT-Fachmann, Werber oder Mediengestalter übersiedeln wollte, und änderte das Selbstverständnis vieler Einwohner. So kann Landmark-Bildung sogar politische Auswirkungen haben.

Die Handschrift der Meister

Warum gibt es überhaupt Design Malls? Ist die Krise des typisch amerikanischen Eskapismus der einzige Grund dafür, dass jetzt auch angesehene Designer und Architekten Shopping Malls bauen? Daniel Libeskind etwa, amerikanischer Stararchitekt mit Wohnsitz in Berlin, der bisher nur jüdische Museen und ähnlich sperrige Projekte realisiert hat, sagt plötzlich in der Januar-Ausgabe von Architectural Digest: »Kaufhäuser sind kulturelle Komplexe. Sie sind Plätze öffentlichen Geschehens, und es wird Zeit, dass wir uns Gedanken darüber machen, wie wir ihre Interaktivität besser ausnutzen können.«[9] Libeskind baut für den Schweizer Migros Konzern eine riesige Design Mall in Bern-Brünnen, am westlichen Stadtrand der Schweizer Hauptstadt. WESTside, so der Name der Mall, wird Libeskinds Handschrift einer breiten Öffentlichkeit bekannt machen. Denn während die Konzernzentralen, die von den Architektenstars gebaut werden, nur zögerlich der Öffentlichkeit zugänglich gemacht werden, und viele Museen der achtziger und neunziger Jahre das Problem haben, dass ihre Gebäude interessanter sind als ihre Ausstellungsobjekte, ist die Funktion von Shopping Malls für alle einleuchtend. Für die Architekten sind sie zusätzlich für jedermann zugängliche Bühnen ihrer Kunst, für die Öffentlichkeit sind sie auch Orte der Kraft, der Seelenmassage, der Aufladung, sind Marktplatz, wo die Community sich trifft, sind *Dritte Orte*.

Als ich ein Jahr vor dem Architekturwettbewerb für Bern-Brünnen mit meinen Auftraggebern von Migros am roten Faden für die Mall in Bern herumtüftelte, hätte ich mir selbst nicht träumen lassen, wie spektakulär sie ausfallen würde. Seit einigen Tagen halte ich die Konzeptzeichnungen in Händen, die bis 2008 Wirklichkeit werden sollen. Libeskind ist der erste moderne Architekt, der seine Handschrift radikal zur *Concept Line* einer Mall macht. Sie verblüfft durch ein vielfältiges Spiel mit überraschenden Raumhöhen, sie schiebt die Tiefgaragen überraschend direkt in das Atrium der Mall hinein, sie lässt Schaufenster gewagt hervorspringen, sie schafft ein Erlebnisbad mit Terrassen, die schwindelerregend an der Innenwand kleben, sie ist mit einem Wort ein durchgehendes Spiel mit der Wahrnehmung, mit Durchdringungen, gewagten Verschiebungen und Verdrehungen üblicher Perspektiven. Noch nie hat ein Architekt ein *Media Literacy*-Spiel zum roten Faden eines kommerziellen Ortes gemacht, noch nie einen Wow-Effekt nicht nur als singuläre *Core Attraction* eingesetzt, sondern tatsächlich zum Grundprinzip eines ganzen Shopping-Komplexes gemacht. Wer als Schweizer hierher geht, wird sich mit einem ganz anderen Selbstbild aufladen können, als es das Schweizer Klischee vorschreibt. Wer als Besucher kommt, genießt im konservativen Bern einen urbanen Ort, wie er auch in Tokio stehen könnte und der doch zugleich freundlich und optimistisch auf die Community zugeht.

Design Malls

○ *inszenieren nicht nur ihre Shops, sondern auch das Dazwischen.*
○ *sind daher ebenso Treffpunkte für die Gemeinschaft (Community).*
○ *werden so zunehmend von engagierten Stararchitekten entworfen.*

○ **Kunst der Designklammer**
  Weder öde Gänge ohne jegliche Gestaltung noch billige amerikanisierte Kulissenwelten bestimmen die öffentlichen Bereiche in zeitgemäßen Malls. Als roter Faden eignen sich alle Arten hochwertiger Inszenierung: eine Allee einheitlicher Fassadenzeichen, die vor jedem Shop sagen, was sich dahinter befindet, genauso wie die Thematisierung mit Design einer gebauten Geschichte.

○ **Kunst der Verkaufspromenade**
  Die »Kognitive Landkarte« einer Mall soll nicht nur orientieren und das Promenieren (Malling) fördern, sondern auch verkaufen. Daher besteht die zentrale Promenade einer Mall häufig aus unterschiedlich hochwertigen Abschnitten – von Luxusmeile bis »casual«.

○ **Kunst der »Kleinen Sensationen«**
  Tea Time für Pensionisten, singende Bären und Modellboote für Kids, Uhren und Springbrunnen für alle – sie locken an, feiern ab, lassen die Verweildauer kurzweilig erscheinen.

IV.
Convenience Entertainment

Vor einiger Zeit wurde ich von einer Bank beauftragt, einen Vortrag über die touristische Situation des österreichischen Bundeslandes Vorarlberg zu halten. Peinlicherweise war ich jedoch in meinem ganzen Leben niemals im westlichsten Bundesland Österreichs gewesen. Also beschloss man, mir in drei Tagen alles zu zeigen. Ich sah Seen, Städte, den Bregenzer Wald, alte und moderne Architektur, jede Menge Hotels und Restaurants und wurde mit Seilbahnen und allerlei Schneefahrzeugen auf jeden Gipfel gekarrt.

Am Hochjoch oberhalb von Schruns habe ich, der überzeugte Nicht-Ski-Fahrer, ein einschneidendes Erlebnis gehabt. Dort steht mitten im Schnee nahe der Bergstation der Seilbahn das »New Technology Center«. Die neue Technologie besteht darin, dass jemand, der sehr clever war, eine Analyse eines typischen Skitages am Berg gemacht hat und daraus seine höchst profitablen Schlüsse zog. Nun kann man, meinetwegen im dunklen Anzug, ohne schwere Ski und nasskalte Skischuhe, unbeschwert mit der Gondel hinauffahren und sich im NTC von Kopf bis Fuß vermessen lassen. Ab dem zweiten Besuch sind alle Daten gespeichert und man wählt leichtfüßig aus einer von unzähligen Kojen ein Skigerät aus. Da sind Kojen für lange Ski, für Carving Ski, für Snow Boards und auch für ganz merkwürdiges, trendiges Skigerät. Während man auswählt, kann man zusehen, wie hinter einer Glaswand ein Roboter die gerade zurückgebrachten Ski wieder auf Vordermann bringt und auch den charakteristischen Schwung wieder hineinbiegt, den sie angeblich brauchen. Dann geht man eine Station weiter und erhält aus einem Designregal mit zur Seite fahrenden Wänden den schon einmal angemessenen Skischuh, der nicht nur perfekt passt, sondern auch noch vorgewärmt ist. Schließlich zieht man seinen Anzug aus, zieht über die Skiunterwäsche, die das einzige ist, was man selbst mitbringen muss, den Skianzug darüber und los geht's.

Die Kids lieben es, die Hänge an ein und demselben Tag mit drei, vier unterschiedlichen Skigeräten zu befahren. Der direkte Vergleich der Skier gehört für sie zum Fun des Tages. Auch an Familien mit Kindern wurde gedacht. Ein Kindergarten befindet sich gleich neben der Halle, innen als Dorf der singenden Frösche thematisiert, außen mit einem Hügel, auf dem die Kinder neben dem Babylift spielerisch Skifahren lernen oder die ganz Kleinen mit Rodeln in Form von Haifischen oder Formel-1-Wagen herumrutschen. Einmal pro Stunde tauchen übrigens tatsächlich Froschfiguren auf, um ihre Geschichte zu erzählen, zu tanzen und zu singen. Doch diese Show, so sehr sie die Kinder auch lieben und mit ihr mitgehen, ist nicht die großartige Leistung des »New Technology Centers«.

9. Optimierte Orte
Das Erlebnis des reibungslosen Ablaufs

Die herausragende Leistung ist die Optimierung eines Alltagsablaufs auf Basis einer *Brain-Script-Analyse*. Wie berichtet, stehen nicht nur hinter den großen Geschichten des Spielfilms oder Theaters die »Drehbücher im Kopf«, durch die wir uns eine Story zusammenreimen. Auch Alltagsabläufe werden durch Scripts gesteuert, helfen uns, durchs Leben zu kommen, ohne anzuecken. Wer etwa in einer italienischen Espressobar Tramezini bestellt, muss wissen, wie das geht. Zuerst hat man zu sagen: »Due tramezini, per favore«, dann geht man mit einem Bon zur Kasse, bezahlt dort, bis man schließlich mit dem eingerissenen Bon zur Theke zurückkehrt, um dann endlich seine Tramezini in Empfang zu nehmen. So mancher japanische Tourist in Venedig ist an diesem Ablauf kläglich gescheitert.

SOL Brain Scripts, **S**lice **O**f Life Brain Scripts für »ein Stückchen Leben«, nennt man in der Strategischen Dramaturgie die Konzepte, die uns die Realgeschichten des Lebens vermitteln. Wer diese SOL Scripts durchschaut, weiß, wo die Widerstände im Alltag sind. Wer in der Wirtschaft *Optimierte Orte* schaffen will, kann durch eine *Brain-Script-Analyse* die Widerhaken, die Widerstände aus dem Ablauf herausnehmen. Die Reibungsverluste minimieren bedeutet, eine marketingrelevante Situation so umzuinszenieren, dass es heißt:

Laufen wie geschmiert

Immer schon haben die Menschen davon geträumt, dass der Alltag so mühelos sein könnte, als ob einem eine geheime Macht alle Steine aus dem Weg räumt. Schon in den Geschichten aus »1001 Nacht« erscheint Aladdin ein Flaschengeist, der einen ganzen Palast in Minuten baut, der Berge versetzt, der die Schwerkraft durch einen fliegenden Teppich außer Kraft setzt.

Diese Träume eines totalen Service werden heute durch ein Convenience Entertainment wahr, das alles Schwere, alles, was Zeit kostet, alles Unangenehme aus dem Alltagsablauf entfernt.

Im Tourismus, im Einzelhandel, bei Finanzdienstleistern, überall, wo der Servicedruck besonders hoch ist, entsteht wirtschaftsnahes Entertainment, das ganz ohne große Geschichten und Hollywood-Flair auskommt. Das Erlebnis geht von einer echten und ehrlich gemeinten Verbesserung des Alltags aus. Es reicht von den »Location Based Services« der neuen Handygeneration, wo einem die Speisekarte der nächsten Pizzeria einfach mal so zur Sicherheit am Display angezeigt wird, bis zum Downloaden von Musik aus dem Internet nach Ladenschluss und dazugehörigen MP3-Aufnahmegeräten, auf denen tausende von Songs gespeichert werden können, die jederzeit an jedem Ort verfügbar sind. Besonders interessant sind die Ideen der ...

Versicherungen

Sie haben kapiert, dass die Drohung mit dem Damoklesschwert der Katastrophe zu negativ ist, um die Menschen auf Dauer an sie zu binden. Außerdem kämpfen sie immer noch mit dem Vorurteil von uns einfachen Menschen, sie würden im Schadensfall ohnehin nicht zahlen. Daher versucht man, durch eine *SOL-Brain-Script-Analyse* an alle Eventualitäten einer Katastrophe zu denken. Beim Versicherungspaket »Help4You« der österreichischen Generali Versicherung ist nicht nur der Einbruch in die Wohnung selbst versichert, sondern auch der Mehraufwand, der einem dadurch erwächst. So wird die am Wochenende aufgebrochene Wohnung bis zum nächsten Werktag von einem Sicherheitsdienst bewacht, ist ein Schließfach für die Wertsachen inkludiert und sind auch die Transportkosten versichert, mit denen man die Kinder aus der Wohnung weg und zur ihrer Tante bringen kann, übrigens mit einer beeindruckenden Summe, mit der man notfalls bis Australien fliegen könnte. Durch solche Pakete wollen die Versicherungen echte Hilfe im Lebenszyklus bieten und uns damit sagen, dass sie verstanden haben, wie wir leben und welche kleinen Zusatzprobleme dabei auftauchen könnten. »Laufen wie geschmiert« im …

Tourismus …

bedeutet nicht nur, wie im oben gewürdigten »NTC«, den Tag am Berg, am Meer, in der Region widerstandsfrei zu gestalten, es beginnt bereits mit dem oft mühevollen Ablauf von Anreise, Einchecken, Koffertransport und Abendessen nach der Ankunft. Wie oft ist es mir passiert, dass ich irgendwo auf dem Land in der Nähe meines Auftraggebers untergebracht wurde und dann nach 22 Uhr weder im Hotel noch sonstwo im Dorf irgendetwas zu essen bekam. Ein Snack-Paket auf dem Zimmer, mit dem man mir sagt, dass man meine Bedürfnisse als vielreisender Business Traveller verstanden hat, ist mir lieber als ein Frühstücksbüffet am nächsten Morgen, für das ich sowieso keine Zeit habe. Fluglinien bieten im Sommer zunehmend »Curbside Check In« vor dem Flughafengebäude im Freien an, sodass man mit dem Taxi fast bis zum Schalter heranfahren kann. Aber die österreichischen Bundesbahnen, die immer noch keinen ordentlichen Service zusammenbringen, haben vor einiger Zeit die Kofferabgabeschalter am Bahnhof zu Gunsten der Zustellung von Haus zu Haus mit Speditionen geschlossen. Wer also erst am Bahnhof bemerkt, dass zwei Kinder und ein Koffer doch zu viel auf einmal sind, hat das Nachsehen, zumal Kofferträger, etwa am Bahnhof in Salzburg, nicht einmal vorhanden sind.

Mein persönlicher Hauptpreis in Sachen touristisches *Convenience Entertainment* geht an den Vorarlberger Skiort Oberlech. Die PR-Broschüre des Ortes beweist eindrucksvoll, dass man dort seine Hausaufgaben gemacht hat: eine *SOL-Brain-Script-Analyse*: »Oberlech, der Sonnenbalkon des Arlbergs«, heißt es in der PR, »250 Meter über Lech gelegen und autofrei, ist im Winter nur über eine Seilbahn erreichbar, die jederzeit von 7 Uhr morgens bis 1 Uhr nachts verkehrt und Oberlech in einer Fahrzeit von 4 Minuten mit dem Ortszentrum verbindet. Mit einem weltweit einmaligen Bauwerk – einem ausgeklügelten Tunnel-Röhren-System – ließen die Hotelbesitzer die gesamte Ver- und Entsorgung von Oberlech in den Untergrund verschwinden.« Dafür hat man Tunnel in der Gesamtlänge von über einem Kilometer gebaut, unterirdische Hallen von 4000 Quadratmeter, Elektrowagen angeschafft und ein raffiniertes Kommunikationssystem geschaffen. Wie dadurch die Anreise zum widerstandsfreien Erlebnis wird, liest sich in der PR so: »Während der Gast sein Auto versorgt und sich zu seiner Unterkunft begibt, werden seine Koffer, Taschen und Skiausrüstung in Containern per Seilbahn in die Umschlaghalle bei der Bergstation transportiert und von dort mit Elektrowagen durch das Tunnelsystem zum jeweiligen Haus befördert. Bis der Gast dort eingecheckt hat, befindet sich sein Gepäck bereits im Zimmer – und die Brettln im Skiraum. In einer durchschnittlichen Wintersaison werden etwa 12.000 Container voller Gepäckstücke und Skimaterial an- und abreisender Gäste auf diese Weise transportiert.«

Abb. 16: Tunnelsystem Oberlech, Österreich

Beeindruckend, nicht wahr? Eindrucksvoll ist es auch, einmal in das unterirdische Transportsystem hineinzugehen. In einem Hotel führt man mich in den Keller. Ich gehe durch eine Kegelbahn, eine Tür wird geöffnet und ich stehe in einem beleuchteten Tunnel, in dem gerade surrend ein weißer Elektrowagen an mir vorbeifährt. Durch das verzweigte Tunnelsystem und die riesigen abenteuerlichen Hallen fühle ich mich irgendwie in einen James-Bond-Film hineinversetzt, in dem gegen Ende Agent 007 die unterirdische Zentrale der jeweiligen verbrecherischen Geheimorganisation in Flammen aufgehen lässt. Zugänglich ist das System für die Gäste des Ortes nur dann, wenn einer der seltenen Events im Untergrund stattfindet. Schade, denke ich, dass man davon von außen nichts sieht. Ein kleines Teilstück des Tunnels, sichtbar gemacht durch eine Plexiglasröhre und nachts eindrucksvoll beleuchtet, wäre doch eine wunderbare *Core Attraction* für den Ort Oberlech, ein »Must see«, wenn dann die Elektrowagen im Tunnel für kurze Zeit sichtbar werden und die kleinen Gäste darauf warten, bis das geschieht.

Der Tunnel ist jedenfalls die *Concept Line* des Ortes, der rote Faden, der sich durch die Inszenierung der Bequemlichkeit hindurchzieht. Aber wie man sieht, haben beinahe alle *Optimierten Orte* das Potenzial, ihre Einrichtungen auch zu zentralen Attraktionen zu machen. Da sind zum Beispiel die Inszenierungen im ...

Einzelhandel

In allen Nike Towns, den Flagship Stores des amerikanischen Kultsportartikel-Händlers, befindet sich an zentraler Stelle ein System futuristischer Mini-Lifte, die Waren aus einem unterirdischen Lager in die unterschiedlichen Verkaufsebenen des Stores transportieren, und das nicht verschämt verborgen, sondern selbstbewusst als Wow-Effekt inszeniert, als *Core Attraction*. »Unsere Entwickler waren vom Raumschiff Enterprise inspiriert«, sagt die hochschwangere Nike-Managerin, die uns in Los Angeles das System vorführt. In durchsichtigen Plexiglaskapseln werden Schuhe und T-Shirts wie von Zauberhand bewegt durch das Atrium »gebeamt«. Haben sie ihr Bestimmungsstockwerk erreicht, öffnen sich die Kapseln theatralisch, indem Ober- und Unterhälfte auseinanderfahren, und die Ware wird entnommen.

Die ursprüngliche Idee war, zu verhindern, dass die Verkäufer ihre Kunden allein lassen müssen, wenn sie etwa einen Schuh in einer Größe, die am platzaufwendig inszenierten P.O.S. nicht vorrätig ist, aus dem weit entfernten Lager holen. Also wird die Anforderung in ein mobiles Gerät eingetippt und Minuten später, so zumindest die Theorie, schwebt das Produkt herbei. Kinder (und Leute wie ich) warten im Atrium darauf, dass mehrere Kapseln einander auf ihrem Weg begegnen, weil das optisch besonders eindrucksvoll ist. Der reibungslose Ablauf wird so zur *Core Attraction* im Atrium oder, wie etwa in Berlin, zur Attraktion im Schaufenster.

Das neueste an »Convenience als Wow-Effekt« findet sich im Prada-Shop im New Yorker SoHo aus der Architekturschmiede des holländischen Stardesigners Rem Koolhaas. Neben vielem anderen gibt es dort schöne Flat-Square-Bildschirme, auf denen vollautomatisch sämtliche Material- und Designinformationen über das Kleidungsstück auftauchen, das man gerade ahnungslos hochhält und begutachtet. Man muss zugeben – das ist nicht mehr so weit von Aladdins Geist in der Flasche entfernt.

Auf den ersten Blick erscheint die Strategie, Funktionen zu optimieren und Abläufe zu beschleunigen, wie eine Abkehr vom erlebnisorientierten Marketing. Doch wie die bisherigen Beispiele zeigten, ist nicht nur die erhöhte Bequemlichkeit an sich bereits ein Erlebnis, sondern es sind auch viele der Techniken, die hinter *optimierten Orten* stehen, spektakulär. Sie bringen uns zum Staunen und werden selbst leicht zur *Core Attraction*.

So gesehen ist Convenience Entertainment jeder Art eher ein Beispiel für den neuen Trend nach Echtheit und Nachhaltigkeit im inszenierten Marketing als ein Indiz für die Rückkehr zu einer Sinngesellschaft.

Das trifft in noch vermehrtem Maß auf eine zweite Spielart des *optimierten Orts* zu. Dabei werden mehrere Funktionen, die üblicherweise weit auseinander liegen, an einem gemeinsamen Platz kombiniert. So waren Shops auf Bahnhöfen und Flughäfen die ersten Plätze, die uns Produkte außerhalb unserer repressiven Ladenöffnungszeiten und dort, wo der Reisende sie brauchte, zur Verfügung stellten. Man kann sagen, diese Angebote wurden dadurch ...

Allzeit bereit

Wenn meine Frau und ich gemeinsam verreisen und auch meine Mitarbeiter unterwegs sind, gehen wir nach der Landung am Wiener Flughafen zielstrebig zu einer Filiale von Anker, der österreichischen Bäckereikette, und kaufen Milch und Sonstiges ein. Diese Kombination von Verkehrsknoten und Einkauf gibt es ja bereits seit langem. Neu ist, dass manche Verkehrseinrichtungen auch tatsächlich gleichwertige Einkaufszentren sind. Die Victoria Station in London und die Union Station in Washington waren die Vorreiter dieser Entwicklung. Doch der Shoppingbahnhof in Leipzig schlägt alle Vorbilder um Längen. Mehr als 100.000 Menschen pro Tag strömen hier hindurch und immer mehr von ihnen kaufen in den 140 Läden nicht nur die Milch vor der Heimfahrt, sondern zu 20% auch Mode.

Läden im Verkehr

wie sie der Marketingexperte Reinhard Peneder nennt, basieren, wie alle *optimierten Orte*, auf der *Brain-Script-Analyse* eines Alltagsverhaltens.

Doch das Ziel ist diesmal nicht, einen Ablauf so widerstandsfrei fließend wie möglich zu machen, sondern mehrere Abläufe, die bisher nur getrennt auftraten, so miteinander zu verschmelzen, dass daraus eine neue Einheit wird.

So kaufen Pendler in Leipzig natürlich auch die Milch vor dem Heimweg, gönnen sich aber auch den kleinen Luxus im Markenshop. Die Leipziger bekamen eine innerstädtische Mall, die auf Grund der Bahnhofslage bis 22 Uhr geöffnet ist, der Bahnhof gewann durch die Mall an Sicherheit, Sauberkeit und Flair. Typische Bahnhofsabläufe oder, dramaturgisch gesagt, *SOL Brain Scripts* und typische Shopping-Mall-Abläufe wurden miteinander zu einem *optimierten Ort* verschmolzen.

    Und auch bei diesem Typus des *optimierten Orts* ist die Methode selbst derart spektakulär, dass man seinen Augen kaum trauen mag. Wow, dachte ich, als ich das erste mal vom zweiten Stockwerk der Mall, vorbei an den gewaltigen gläsernen Aufzugszylindern, in die riesige Halle hineinsah und vollkommen gleichwertig ein Shopping Center in einem historischen Gebäude und einen Bahnhof mit vielen Bahnsteigen, der alten Bahnhofsuhr und Zügen, die einfuhren, vor mir sah.

Dieser Effekt des Staunens, diese Idee des besonderen Blicks, zieht sich durch alle Orte, an denen unterschiedliche Welten aufeinander prallen.

Im Baseler St.-Jakobs-Stadion sieht man den derzeitigen Schweizer Fußballmeister Basel United spielen, geht in eine gar nicht einmal so kleine Mall einkaufen, isst in einem Restaurant mit unglaublichem 180-Grad-Blick auf das Stadion, tagt in einem Seminarraum, der unmittelbar über dem Spielfeld zu schweben scheint, und geht schließlich ins Altenheim, in dem immerhin noch eine gläserne Brücke einen kleinen Blick auf das Spielfeld zulässt. Dieser Blick auf das Spielfeld, wo Sportereignisse und Popkonzerte stattfinden, ist die Sensation der Anlage. Stadion und Shops in einem gemeinsamen Blickfeld, der Atem eines Konzertes mit Celine Dion, das, kaum verklungen, noch immer im Seminarraum spürbar ist, macht die Kombination der Welten zur *Core Attraction* des Ortes. Die *SOL-Brain-Script-Analyse* der Entwickler zeigte bis ins Detail, welche Maßnahmen gesetzt werden müssen, damit der Wow-Effekt funktioniert. Zum Beispiel ermöglicht ein spezielles Videosicherheitssystem die Überwachung der Fußballtribünen derart präzise, dass die störenden Trennzäune, wie man sie heute überall in Stadien vorfindet, weggelassen werden konnten und so der Blick vom VIP-Restaurant mit 1000 Plätzen ungestört ist.

Sport an ungewöhnlichem Ort

Die bisherigen Beispiele haben bereits die charakteristischen Kombinationen gezeigt, die bei dieser Art *optimierter Orte* eine Rolle spielen. Da ist oft ein Verkehrsknoten oder eine Zuschaueransammlung, wie im Baseler Stadion, im Spiel. Da sind Shopping Malls ein wesentlicher Faktor. Da ist die Nähe zum Sport und dessen Verfügbarkeit ein wichtiges Element. Rund um den Sport gibt es daher weltweit die spektakulärsten *optimierten Orte* der Gegenwart.

Vor einigen Jahren arbeiteten wir öfter in Japan, unter anderem im »SAAWS Skidome« in Tokio. Dort entstand die erste Slalomstrecke in der Halle, Vorbild zahlreicher Klone, etwa im Ruhrgebiet, dort gebaut durch den luxemburgischen Skistar Marc Giaradelli. Von außen sieht die Anlage in Japan wie eine riesige Skisprungschanze aus. Innen schwingen sich vor allem Snowboarder die beiden Slalomhänge hinunter, während eine Lichtsimulation Tag und Nacht im Stundentakt vorüber rasen lässt. Es gibt Schnee, Skilifte, Kälte, Sake statt Obstler im Restaurant und als Kontrapunkt ein Hallenbad. Vor allem die Jugend Tokios genießt die ständige Verfügbarkeit des Ski-Eldorados, räumlich wie zeitlich. Auch mitten im Juli lässt sich eben Skifahren, auch eine Autostunde von der Wohnung entfernt – für japanische Verhältnisse eine sensationell kurze Anreise.

Abb. 17: Ocean Dome, Japan

Neben Wintersport im Sommer in der Stadt ist Wassersport im Winter irgendwo auf der Welt der zweite große Hit des Trends nach der ständigen Verfügbarkeit von Sport. Und wieder war Japan der Vorreiter dieser Entwicklung. Auf der südlichsten japanischen Insel steht direkt am Meer der »Ocean Dome«. In einer riesigen Halle findet sich ein Sandstrand, ein künstliches Meer inklusive perfekter Wellenmaschine, die von den Surfern geliebt wird, und ein gemalter Rundhorizont, der den Blick auf den echten Meereshorizont ersetzt. Warum, um Gottes willen, gehen die Japaner nicht ins nebenan gelegene Meer schwimmen? Weil es dort von giftigen Meeresschlangen nur so wimmelt, sagt man mir, weil japanische Frauen zwar allein ins »Hallenbad« dürfen, aber es unschicklich wäre, allein an den Strand zu gehen. So schiebt sich im Sommer das Dach der Halle zur Seite und gibt der echten Sonne Zutritt. Miniausgaben dieser Idee sind die holländischen Centerparks, wo man in Bungalows unterm Glasdach in einer Art Karibikatmosphäre den Wochenendurlaub verbringt.

Die Globalisierung hat somit auch die eigentliche Freizeitindustrie erreicht. Wer jederzeit im Winter auf die Malediven jetten kann, wer mitten im Sommer am österreichischen Gletscher Ski fährt, wer die amerikanischen Christmas Shops kennt, wo man auch mitten im Juli Weihnachtsdekorationen kaufen kann, der wird diese Auflösung von Raum, Klima, Zeit und Ort auch gleich um die Ecke leben wollen: an *optimierten Orten*, die Bequemlichkeit und Staunen miteinander verbinden.

Optimierte Orte

○ *Convenience Entertainment nimmt Alltagsabläufen ihre Widrigkeiten.*
○ *Optimierte Orte gewären reibungslose Abläufe in Tourimus, Handel, Service.*
○ *So entsteht Entertainment ohne Glamour und Storytelling: funktional, nachhaltig.*

○ **Laufen wie geschmiert**
Durch die Analyse der »Brain Scripts« eines Alltagsablaufs wird festgestellt, was Zeit kostet, schwer und unangenehm ist. Die Optimierung dieses Ablaufs nimmt den Sand aus dem Getriebe und wird daher als unterhaltend empfunden. So entsteht der ideale Skitag am Berg oder die besondere Beratung in der Bank.

○ **Allzeit bereit**
Die Strategie besteht darin, die Verfügbarkeit bestimmter Angebote drastisch zu erhöhen und dadurch emotionalen Mehrwert und Verblüffung zu erzeugen. Zu diesem Zweck werden üblicherweise räumlich getrennte Abläufe an einem einzigen Ort kombiniert – etwa auf Shopping-Bahnhöfen oder in Stadien-Malls. Oder es werden Angebote, die sonst nur zu bestimmten Jahreszeiten zugänglich sind, saisonunabhängig gemacht – etwa in Skihallen in der Großstadt.

10. Bricks & Clicks

Die Verschmelzung von echten mit virtuellen Räumen

Paris im Sommer 2000. Sie ist Anfang zwanzig, hat Inline Skates an den Füßen und steht vor einem Regal mit japanischen Designerklamotten. Vor ihr schwebt ein silberfarbener Sony Vaio Computer, den sie wie einen Bauchladen umgeschnallt trägt. Gerade geht sie näher an das Regal heran und richtet die Internet-Kamera des Multimedia-Laptops auf einen Yamamoto-Anzug. Hinter ihr schenkt der Barkeeper neuseeländisches Gletscherwasser ein, während sie mittels Tastatur mit dem Kunden am anderen Ende der Welt kommuniziert. Dort, in Melbourne, ist es gerade Mitternacht und der Besitzer einer Werbeagentur interessiert sich für die Designerkollektion des Pariser Kaufhauses Au Printemps.

Natürlich hat heute jede Mall, jedes Kaufhaus eine Home Page, die auch die Möglichkeit zum Einkaufen im Internet bietet. Doch die Girls und Boys, die hier im Pariser Stammhaus mit der spektakulären Glaskuppel über dem Restaurant ihren Dienst versehen, repräsentieren die weltweit erste Verschmelzung von E-Commerce mit dem echten Point of Sale. Man nennt sie »Webcamer®« und sie rollen auf ihren Inline Skates zwischen den Designabteilungen des Großkaufhauses hin und her, um den Kunden draußen im Internet die Produkte tatsächlich vorzuführen.

Ein Nachteil des Internet Shoppings ist bekanntlich der Wegfall des haptischen Erlebnisses, der besonders im Modebereich schmerzlich ist. Also beschloss man, dem Kunden draußen im Netz menschliche Agenten am P.O.S. zur Verfügung zu stellen, die Fragen beantworten, die Ware mittels Webcam vorführen und stellvertretend für den Interessenten Stoffe angreifen und Designs begutachten. In der Szene hat sich dafür der Begriff »Bricks & Clicks« etabliert, der meint, dass virtuelle Angebote – die Clicks am Computer – eine Entsprechung in realen Räumen bekommen – die Bricks, die Backsteine eines echten Gebäudes.

Telepräsenz

Für den User draußen im Netz bedeutet das, an einem Ort gegenwärtig sein zu können, ohne ihn tatsächlich betreten zu müssen. Er kann sehen, angreifen, beurteilen. Der Webcamer® wird zu seinen Augen, zu seinen Händen, agiert stellvertretend für ihn, nimmt seine Interessen wahr. *Telepräsenz* nennen die Theoretiker der Cyberkultur dieses Phänomen. Sie meinen damit, dass man etwa bei der NASA-Bodenstation in Houston seine Hände in einen Raumanzug steckt und damit im Weltall die Arme eines Roboter bedient, der eine Raumstation repariert. Oder ein Chirurg führt in Wien ein Skalpell, wodurch ein Operationsroboter in New York den entscheidenden Schnitt ausführt. In Paris wurde diese Loslösung vom tatsächlichen Raum tatsächlich Wirklichkeit. Der interessierte Käufer im Netz bittet den Webcamer® den Anzug so zu halten, dass man seinen Schnitt sehen kann, für ihn den Anzug anzugreifen, den Stoff zu beschreiben und ihm den Preis zu nennen. Er muss dazu selbst wissen, wie er am besten vorgeht, das heißt, welche *SOL Brain Scripts* erfolgreich sein werden, um den Anzug einzuschätzen. Die SOL-Brain-Script-Analyse ermöglicht so die Loslösung eines Vorgangs von der physikalischen Realität, in der dieser Vorgang ausgeführt wird, ist so *Convenience Entertainment* in bestem Sinne.

Erstmals in der Geschichte der Menschheit werden wir frei von Raum und Zeit, können unsere professionellen Fähigkeiten an Orten einsetzen, an denen wir gar nicht anwesend sind.

Manche Unternehmen haben zum Beispiel aus der Entwicklung hin zu »Home Offices« und vernetzten Büros an unterschiedlichen Standorten einen emotionalen Mehrwert geschaffen, indem sie ihre Mitarbeiter durch *Telepräsenz* in virtuellen Räumen zusammenführen. Die amerikanische Werbeagentur Chiat/Day installierte dazu die Netzwerksoftware Oxygen, die allen Mitarbeitern einen Grundriss mit Billardraum, Bibliothek, Druckerei, Treppenhaus, Café usw. anbietet. Das Foto von Brenda erscheint am Bildschirm aller Mitarbeiter im Treppenhaus unter der großen Firmenuhr. Sie kündigt ihrer Kreativgruppe an, dass es nächsten Donnerstag ein Meeting um 10 Uhr im Café geben wird. Als sie darauf direkt versucht, Bob in seinem simulierten Büro zu erreichen, sieht sie auf dem Bildschirm nur dessen Hinterkopf und erkennt daran, dass er gerade nicht gestört werden will. Auch hier gilt: Die *Telepräsenz* kann nur dann funktionieren und echtes Convenience Entertainment im Büro bieten, wenn die Vorgehensweisen allen Mitarbeitern genau bekannt sind, man weiß, wie das Leben in diesem virtuellen Büro abläuft, man die *SOL Brain Scripts* einhält.

Teleportation

Eine andere Art von Convenience Entertainment im Cyber Space entstand durch das tief sitzende menschliche Bedürfnis, virtuelle Handlungen genauso real ausführen zu können wie tatsächliche.

Wenn ich ein File an meinem Apple Computer löschen will, clicke ich es einfach an und werfe es in den Papierkorb, der als Icon am Bildrand auf neuen Müll wartet. Noch realer sollen in Zukunft Meetings und Workshops unter Zuhilfenahme von *Teleportation* stattfinden. Am weitesten ist damit das Darmstädter Forschungsinstitut GMD-IPSI mit seiner virtuellen Arbeitsumgebung »i-Land«.

Wer den Wissenschaftlern beim Umgang mit ihrer Teleportationseinheit zusieht, glaubt beinahe wirklich ans »Beamen« wie im Raumschiff Enterprise. Im Büro wird ein File für eine Präsentation vorbereitet. Es enthält Text, Fotos, ein Video mit Ton. Neben dem Computer steht die »Bridge«, eine Art elektronische Waage. Der Wissenschaftler nimmt irgendeinen beliebigen Gegenstand, sagen wir einen Schlüsselbund, und legt ihn auf die Cyber-Brücke. Dann geht er in den Präsentationsraum, legt den Schlüsselbund auf die dortige Brücke vor der riesigen DynaWall® und schon erscheint das File auf der Wand. Ohne Datenträger dazwischen haben die beiden miteinander vernetzten Computer – allein durch das Gewicht des Schlüsselbundes – das damit verbundene Dokument identifiziert und aufgerufen. Andere Forscher stehen im Kreis um den InteracTable® herum. Nur durch Berührung des schwarzen Hightech-Tisches mit dem integrierten Plasmabildschirm drehen sie gerade ein Foto herum, sodass alle es gut sehen können. Ein Mitarbeiter bewegt seine Arme dramatisch durch die Luft und wie von Geisterhand bewegt, fliegt das Foto auf die DynaWall®, wo es weiter verschoben und in einen Text eingebaut wird. Der Chefentwickler des Systems, Dr. Norbert Streitz, ist nicht umsonst sowohl Physiker als auch Psychologe. Denn das

System ermöglicht heute schon Abläufe, wie sie nur auf Grund von *Brain-Script-Analysen* möglich sind. Über die technische Komponente hinaus imitiert das System reale Handlungen wie Greifen, Mitnehmen, Hinlegen, Verschieben, Drehen usw. durch virtuelle Abläufe.

Sowohl Telepräsenz als auch Teleportation befreien das reale Verhalten von den Fesseln physikalischer Präsenz und sind dadurch erlebbares Convenience Entertainment.

Die Verschmelzung von virtuellen mit echten Räumen hat darüber hinaus auch eine eigenständige Cyberkultur hervorgebracht, die verschiedene technologische Entwicklungen, die unmittelbar vor der Tür stehen, im Design vorwegnimmt. Wie Stadtkrieger im martialischen Hightech-Anzug sehen die »Webcamer®« von Au Printemps aus. Spezielle Halterungen am Gürtel und den Schultern tragen das Handy, das die drahtlose Verbindung ins Netz ermöglicht, und die Kamera, die vom Webcamer® bei Bedarf gezückt und auf das Objekt der Begierde gerichtet wird. Das erinnert ein wenig an die Cyberanzüge, die in naher Zukunft zur Verfügung stehen und im Stoff Minicomputer, Handys, MP3 Player und Kameras enthalten. In den großen Internet-Cafés, wie dem »Bignet« in Wien, gibt es Spezialmöbel, wie etwa Surf-Liegen. Aus den Fußstützen einer schönen Lederliege wächst der fest eingebaute Flachbildschirm heraus, der elegant vor dem User in der Luft schwebt. In Zukunft wird es zweifellos eine Vielzahl von Designmöbeln geben, die als »Docking Stations« für virtuelle Anwendungen dienen.

Convenience-Möbel, Convenience-Kleidung, Convenience-Fahrzeuge werden uns als allgegenwärtige Diener im Alltag umgeben. Doch die Technik allein macht das Erlebnis der Bequemlichkeit noch nicht aus.

Ohne qualifizierte Handhabung der Ablaufscripts, ohne dramaturgische Entwicklung und Training sind alle diese Technologien nur oberflächliche Gadgets.

So kam es, dass nach drei Jahren der letzte Webcamer® aus dem Pariser Kaufhaus Au Printemps hinausrollte. Ein hausbackenes Management hatte niemals wirklich verstanden, was Entwickler und Werbeagentur in ihrem Interesse erfunden hatten. Als ich mit einer Gruppe von Managern aus der Automobilbranche vor Ort war, versuchten zwei Damen von Ende 50 uns dazu zu bewegen, wenigstens irgendetwas im Kaufhaus zu erwerben. Das Einzigartige ihrer futuristischen Mitarbeiter auf Rollschuhen war ihnen vollkommen fremd.

Bricks & Clicks

○ *steht für die Verschmelzung von echten mit virtuellen Räumen.*

○ **Telepräsenz**
Das ist die Anwesenheit an einem Ort – Kaufhaus oder Büro –, ohne ihn tatsächlich zu betreten, aber sehr wohl mit einer Verankerung am realen Ort – etwa durch einen hilfreichen Avatar. Das »Convenience Entertainment« entsteht dabei durch die Befreiung eines Vorgangs von der physikalischen Realität bei gleichzeitiger Absicherung im Realen. Dazu braucht es eine vorbereitende »Brain-Script-Analyse«. Denn auch im virtuellen Büro müssen die üblichen Gepflogenheiten eingehalten werden.

○ **Teleportation**
Das ist die Steuerung virtueller Abläufe durch reale Handlungen, etwa die Bewegung elektronischer Bilder durch tatsächliche Handbewegungen. Das »Convenience Entertainment« entsteht dabei durch den körperlich spürbaren Zugriff auf »nichtkörperliche« Zustände.

V.
Mood Management

Das Bedürfnis, die eigene Seelenverfassung zu beeinflussen, ist mit absoluter Sicherheit ein Megatrend der erwachsen gewordenen Erlebnisgesellschaft. Man muss sich nur einmal bei einem der amerikanischen Shops für Trendartikel, wie etwa »The Sharper Image«, umsehen. Die Hits dort sind die Massagestühle, in denen erschöpfte Touristen und Business-Leute in der Mittagspause herumliegen und sich durchkneten lassen. Daneben stehen Geräte, die elektronisch den Sound von Meeresbrandung, des tropischen Dschungels, von Regen und Wasserfällen produzieren, auf dass wir ruhig einschlafen mögen oder uns doch zumindest für kurze Zeit entspannen. In der CD-Abteilung laufen die Scheiben mit den gregorianischen Mönchsgesängen im Dauerbetrieb. An der Kasse baumeln die Mood-Sonnenbrillen in unterschiedlichen Farben, mit denen wir uns die Welt in rosarotes Pink, schrilles Orange oder cooles Blau einfärben können.

Am Beispiel des Mood Managements an besonders überreizten Orten wurde das Phänomen in diesem Buch bereits mehrmals thematisiert. Im Supermarkt bei Billa wiegte sich einst das projizierte Sonnenblumenfeld im Wind, auf Weltausstellungen sind reine Mood-Pavillons, wie die nasse begehbare Wolke der Expo 02 in der Schweiz oder die Halle mit den Liegewippen auf der Expo 2000 in Hannover, die großen Hits.

Ebenfalls bereits beschrieben wurde der psychologische Mechanismus hinter der Stimmungskontrolle. Es ist das Verpackungsphänomen der *Inferential Beliefs*, das im Wesentlichen dafür verantwortlich ist, dass sich eine atmosphärisch dichte Umgebung auf den Besucher überträgt. Die Verpackung färbt auf das Verpackte ab, und beim Mood Management lassen wir uns gerne von einem Ort verpacken, der uns Seelenmassage, Rast, psychische Wellness oder Aufregung verspricht.

In diesem Kapitel sollen zwei Typen von *Dritten Orten* beschrieben werden, die es ohne Mood Management gar nicht gäbe. Da ist das »Neue Wandern« auf

Themenpfaden und in sinnlichen Attraktionen, das den herkömmlich[
am Wochenende ersetzt. Und da ist die Renaissance der Lobbys,
Lounges, die vom Rand des Geschehens plötzlich ins Zentrum des B[
tertainments rücken.

11. Lobbys und Lounges
Zwischenorte werden zu Hauptplätzen

Bahnhofshallen mit der sprichwörtlichen zugigen Bahnhofsatmosphäre, protzige
Firmen-Entrées als sichtbares Zeichen der Macht, muffige Wartesäle, dunkle und
endlose Gänge – das alles waren früher Orte, die man so schnell wie möglich
hinter sich lassen wollte. Nur dunkel erinnerte man sich daran, dass einmal Freitreppen auf Ozeandampfern oder Rauchsalons in Palasthotels erstklassige Orte
zur emotionalen Aufwertung der Menschen waren. Doch seit einigen Jahren gewinnen diese Zwischenorte, die viel zu lange »Nicht-Orte« waren, zunehmend an
Bedeutung. Lange Zeit hielt man sie für unwichtig, weil sie einer auf den ersten
Blick unproduktiven Funktion dienten. Doch dann wurde ihr Potenzial zur Seelenmassage wiederentdeckt und aus den unterschätzten Zwischenorten wurden
die neuen Hauptplätze des Marketings.

Alles begann, meiner Ansicht nach, in den frühen achtziger Jahren in New
York. Dort war man gerade dabei, eine neue Generation von Wolkenkratzern
hochzuziehen. Die New Yorker Stadtverwaltung genehmigte dies in weiser Vor-
aussicht nur unter der Bedingung, dass die großen Konzerne für Raum und
Licht, die sie für sich beanspruchten, den New Yorkern etwas zurückgeben sollten. Die untersten Stockwerke der Wolkenkratzer sollten öffentlich zugängliche,
gestaltete Atrien haben, die wie die italienische Piazza zum Treffpunkt der Stadt-
gemeinschaft werden könnten. Nach anfänglichem Murren entdeckten die Konzerne, dass man aus dem Zwang ein Marketinginstrument machen konnte und
begannen, sich mit inszenierten Atrien gegenseitig zu übertrumpfen.

Der Klassiker unter den inszenierten Business-Atrien ist zweifellos der chinesische Bambuswald im IBM Building. Es ist Montag Vormittag. Draußen hetzen

die New Yorker von Termin zu Termin, hier drinnen hat sich eine kleine Gruppe von Menschen, die einander in ihrem gesellschaftlichen oder beruflichen Leben kaum begegnen würden, eine Auszeit genommen. An einem der zahlreichen kleinen Tische, die im weitläufigen Atrium herumstehen, sitzt ein Banker im dunklen Anzug vor einem Styroporbecher mit dampfendem Kaffee, daneben ein junger Tourist, vielleicht ein Student aus Europa, der seine Videokamera mit einer neuen Kassette füttert, und ein älterer Mann, der sichtlich wenig Geldmittel zur Verfügung hat. Keiner kümmert sich um den anderen und doch liegt eine Stimmung von Gelassenheit in der Luft.

Inszenierte Atrien sind neutrale Territorien, die kaum jemanden ausgrenzen, so lange er relativ unauffällig ist. Sie sind in dieser Hinsicht ganz typische *Dritte Orte*. Dazu gehört auch, dass es für den Aufenthalt im Atrium meist einen offensichtlichen Hauptgrund gibt, etwa ein Meeting, das im selben Gebäude stattfindet, aber verschiedene Nebenfunktionen, wie die kleine, unbeobachtete Rast zwischendurch, die zumindest genauso wichtige Gründe für den Besuch sind. Daher steht hier bei IBM ein kleiner Kiosk mit Kaffee und Snacks, daher wurden die chinesischen Bambusstauden gepflanzt, die in Gruppen zusammenstehen und so kleine Mini-Wälder und Lichtungen bilden. Als exotische Pflanzen sind sie das spektakuläre *Landmark* des Atriums, auffälliges Wahrzeichen für IBM in New York. Zugleich streicheln sie mit ihrer Präsenz die gestresste Seele der kurz Verweilenden, sind als *Concept Line* des Platzes ein roter Faden der Wellness und Naturpräsenz in der Betonwüste der Stadt. Kurz wird die Ruhe gestört, denn ein Flügel wird hereingerollt, Zentrum der kleinen Jazz-Auftritte, die hier am Wochenende stattfinden, wo man zwischen den Bambusstauden moderne Kunst entdeckt und das Atrium zur unkomplizierten Galerie für zufällig Vorbeikommende mutiert.

Zwischenorte werden zu Hauptplätzen urbaner Vitalität und Großzügigkeit. Konzern-Atrien wie auch Hotel-Lobbys oder VIP-Lounges treten ins Zentrum des Interesses von Konsumenten wie Marketingspezialisten. Sie sind ideale Orte, um mit neuen Zielgruppen Kontakt aufzunehmen oder bestehende Kunden mit einem emotionalen Geschenk zu verwöhnen. Sie zeigen, dass man als Unternehmer verstanden hat, dass man mit dem, was man tut, einen positiven Einfluss auf das Leben der Menschen ausüben will. Sie sind Ausdruck einer inneren Haltung.

- Da sind die *Orte des Ankommens* – die trendigen Hotel-Lobbys, die zum Treffpunkt in der Stadt wurden, die spektakularen Museumsatrien, die Empfangshallen am Firmensitz.

- Da sind die *Orte des Wartens* – die Theater-Foyers, die Lounges auf Flughäfen und neuerdings auch auf Bahnhöfen, wo etwa die Deutsche Bahn mit viel Designgefühl First Class Lounges als Instrument zur Imageaufwertung einsetzt.

- Da sind die *Orte des Transits* – die neuen »fliegenden Lounges« bei Intercontinentalflügen, die Transfergänge auf Flughäfen, die Fußgängertunnels in unseren Städten.

- Da sind schließlich die *Orte des Pausierens* – die Leseecken in Buchhandlungen, die Ruheräume in den Malls, die neuen Mood Shops als Orte der Meditation.

Gleichgültig, in welchem Bereich der Wirtschaft ein Ort des Mood Managements auftaucht, gibt es immer zwei Grundemotionen, die wahlweise angesprochen werden können. Entweder der Ort macht uns *relaxed* und entspannt uns nach allen Regeln der Kunst oder der Ort macht uns *excited* und bringt uns dazu, das Leben anregend bis aufregend zu finden.

Relaxed

In den Diskussionen der Intellektuellen wird Inszenierung oft automatisch mit Action und High Life gleichgesetzt. Dabei kann die emotionale Aufladung eines Ortes durch Entspannung zumindest genauso intensiv sein. Diesen Trend hat die französische Parfümerie- und Kosmetikkette »Sephora« glasklar erkannt und aus dem Bedürfnis der Menschen nach einer kleinen Rast für die Seele einen enorm sinnlichen *Concept Store* entwickelt, den »Sephora blanc«. Der weiße Sephora ist der kleinere Bruder der großen Sephora *Flagship Stores*, wo knallrote Dufttheater den P.O.S. zu einem Ort der Erfahrung machen, und er löst die alten schwarzen Sephoras ab, die bisher die kleineren Flächen bedienten. Wer also vor einem weißen Sephora steht, kann der Verlockung kaum widerstehen, die eine

zentrale Achse aus runden Leuchtkörpern für Kasse und Warenpräsentation auslöst und den Käufer wie hypnotisch hineinzieht.

Wellness Romantic

Im Inneren des Ladens geht es dann so weiter. Weiße Zeltdächer über den
Leuchtknoten auf der Achse, leuchtende Regale, ein betörendes Duftkonzept und
raffinierte esoterische Musik mit orientalischen Untertönen entspannen bereits
nach wenigen Metern. Wie in Trance greift man nach den Produkten, die in Ori-
ent und Okzident aufgeteilt sind. Links und rechts der Achse öffnen sich vier
winzige Kojen in der Wand, die spezielle Service-Angebote enthalten. In einer
Koje wartet eine orientalisch angezogene Dame neben einer orientalischen Liege
mit Perserteppich und indischen Hockern auf Kunden für Maniküre und Pedi-
küre. Gegenüber lümmelt man in bequemen Stühlen und hört Entspannungs-
musik aus Kopfhörern. Alles zusammen entspricht der Idee eines
Wellness-Angebots, das trendige indische Ästhetik mit chicem Design kombiniert.

Wellness Romantic verlangsamt gezielt den Aktivierungstonus des Körpers, unsere in-
neren »viszeralen« Schwingungen von Herzfrequenz, Kreislauf, Nervensystem, lässt
uns wieder durchatmen, entspannt die Muskeln.

Der Trend kommt ursprünglich aus jenen Wellness-Bereichen, die Entspannung
mit Wasser herbeiführen wollen. Im berühmten Bad, das der Schweizer Expo-
2000-Architekt Zumthor in Wals baute, schwimmt der Gast durch ein Becken
mit frischen Rosenblättern, liegt auf einem atavistischen Stein, der mit warmem
Wasser überflossen ist. Die Badebutler der Ritz-Carlton-Hotelgruppe verwöhnen
den Gast wahlweise mit einem Gentleman's Bad (Geschäftsleute, männlich, allein) oder einem romantischen Bad (Privatreise, zu zweit, also nicht allein). Ers-
teres kombiniert herbe Kräuter mit dem Duft von Holz und Wald mit einem Glas
Cognac, Kanapees und einer Zigarre, zweites verführt mit Patschuli, Jasmin und
(wieder) Rosenblüten, kombiniert mit Champagner, Erdbeeren und Kerzen-
schein. »Sephora blanc« versucht eine ähnliche Verlangsamung des Eigentem-
pos, die dazu führt, dass unsere Schwingungen harmonisch werden, ohne
Wasser, sondern mittels Musik, Düften, »schwebendem« Licht und orientali-

schem Touch herbeizuführen. In den Hotels und Country Clubs von Kalifornien lassen sich die Stars inzwischen mit Biofeedback, Hypnotherapie und Sauerstoffduschen entspannen. Und Sephora überlegt dementsprechend, nach der Entspannung durch Musik bald auch Kojen mit Licht- und Farbduschen einzuführen.

Pure Nature

Manche Berater bringen gestresste Manager dazu, in den Wald zu gehen, um dort einen alten, aber noch lebenden Baum zu umarmen.

Unabhängig davon, ob man an die Wirkung solcher esoterischen Ideen glaubt, ist der beruhigende Einfluss der Natur auf uns Menschen eine Tatsache.

Diese Wirkung funktioniert sogar gänzlich ohne echte Natur – von den Sonnenblumenfeldern im Supermarkt bis zum Wasserfallrauschen aus der Soundmachine im Gadget-Laden wurde bereits berichtet. Der Bambuswald von IBM ist das klassische Beispiel aus dem Business-Bereich für diese spezielle Kraft der Natur. Im Wintergarten des World Financial Center in New York hat man wieder die siebzehn riesigen Königspalmen eingepflanzt, die unter dem Schutt des nebenan liegenden World Trade Center begraben wurden. Wie früher sollen sie mit Tausenden kleiner Lämpchen umwickelt werden, die abends leuchten und das Glory-Gefühl, das durch die erhabenen Riesenpalmen und das Glastonnengewölbe entsteht, verstärken.

In Hotels hat die Natur für den gestressten Reisenden, der um die Welt jettet und manchmal geradezu verzweifelt nach etwas Echtem zwischen all den Flughäfen und Geschäftsorten Ausschau hält, eine besondere Bedeutung. Philippe Starck, Design-Guru aus Frankreich und Architekt von inzwischen acht Hotels, platziert in allen seinen Designhochburgen grüne Äpfel. In seinem »Delano« in Miami Beach lieben Denise und ich die silberne Hand, die gleich neben dem Eingang zum Zimmer aus der Wand herausragt und einen grünen Apfel mit dem Kommentar »An apple a day keeps the doctor away« präsentiert. André Putman, Starcks berühmte Architekten-Kollegin aus Frankreich, hat in Paris das Pershing Hall Hotel eröffnet, in dessen Innenhof eine Art Pflanzenwasserfall (© Architectural Digest) eine einstmals kahle Wand »hinabfließt«. Zu diesem Zweck wurden die Wurzeln der Bäumchen in Filztaschen verankert und ein Leuchtkabel installiert, das die Natur mit ein wenig Design kontrastiert.

Putman hat so den Imagetransfer auf die Seele mit dem Wahrnehmungsspiel des Waldes, der hochkant aufgehängt ist, kombiniert: Echtheit und Smartness auf einen Blick.

Diese Kombination von Design und Natur ist für das moderne Mood Management typisch. Es betrifft auch den Einsatz von Wasser im Hotel, das oft so integriert wird, dass man seinen Augen nicht trauen mag. In Hotels in San Francisco, in Singapur und Osaka haben wir solche Wasserinszenierungen bestaunt und als Stimmungskorrektur der Seele erlebt. Im Royal Hotel von Osaka fließt ein Bach durch die Lobby, über den man vorsichtig über zahlreiche japanische Brücken balanciert. Der Bach fließt aus einem Teich im Freien in die Hotelhalle hinein, der seinerseits durch einen Wasserfall gespeist wird, den man durch das spektakuläre 180-Grad-Fenster sieht, ohne ihn zu hören.

Ein Sprung nach Europa. Dort hat man herausgefunden, dass die Menschen eine Bank ungefähr genauso gern besuchen wie ein Krankenhaus. Selbst Menschen mit Geld gehen ungern in eine Bank. Daher ragt in der Zentrale der Bank Austria in Wien ein Pflanzenturm über mehrere Stockwerke in die Höhe, daher wurde für die Zentrale der Düsseldorfer Stadtsparkasse, die als »Finanzkaufhaus Düsseldorf« wiedereröffnet wurde, ein kleiner Wald im Atrium vorgeschlagen. Leider sind nur zwei, drei Bäume von dieser Grundidee übrig geblieben. Doch während andere Highlights des Finanzkaufhauses, wie die Gastronomie, weitgehend unbeachtet blieben, drängen sich die Besucher unter den wenigen Bäumen mit Café zusammen. Manchmal ist es schön zu sehen, wie der Endverbraucher eine Idee besser verstanden hat als Architekten und Auftraggeber.

Lounging

Wenn man heute eine Zeitschrift aufschlägt, in der über neue Restaurants und Bars berichtet wird, beschäftigen sich neun von zehn Artikeln mit Lokalen im Lounge-Stil. Wie überdimensionale Wohnzimmer mit Designermöbeln sehen diese neuen Hip-Orte aus. Man sagt *Lounging* und meint damit, dass der Stil entspannender Flughafen-Lounges heute überall als hochwertiges Mood Management anzutreffen ist: in der Gastronomie, aber auch auf Messeständen, in Buchhandlungen, in Shopping Malls, VIP-Bereichen von Hotels, wohnlichen Büros und sogar an Bord von Flugzeugen und Luxuslimousinen.

Lounging bedeutet, dass eine hochwertige private Atmosphäre mit extrem entspannenden Zusatzangeboten verbunden wird.

Die Entspannung, die man erlebt, wenn man es sich auf der heimischen Couch gemütlich macht, wird an einen halböffentlichen Ort der Wirtschaft transferiert, einen *Dritten Ort*. Zwar tut man dabei meist irgendetwas, etwa ein Buch lesen oder reisen, aber die Tätigkeit erfolgt in einer entspannten Körperhaltung, zum Beispiel im Liegen, wird vielleicht durch ein wenig Essen und Trinken zusätzlich versüßt und durch schönes Design, das der Seele und dem Ego schmeichelt, aufgewertet.

Da ist die beeindruckende Entwicklung, die British Airways, die größte europäische Fluglinie, in den letzten Jahren genommen hat. Die First Class und später auch die Business Class wurden zu fliegenden Lounges umgestylt. Grundidee war, mittels Liegesitzen mit Sichtschutz und allerlei Extras den Sitzreihenterror von rigide hintereinander aufgestellten Sitzen aufzubrechen. Der Kabinenraum wird dabei vollkommen neu interpretiert, wird zur »Lounge in the Sky«, wie BA seine Club World, die Business Class auf der Langstrecke, nennt. *Convenience Entertainment* und *Mood Management* haben zu gleichen Teilen Funktionen und Anordnung in der Kabine bestimmt. Wer allein reist, kann beim Arbeiten oder Dösen die Sichtblenden hochklappen und sich damit ein Maximum an Privatsphäre und eigenem Territorium an Bord sichern. Dazu gehört auch, dass viele der nebeneinander liegenden Sitze »dos à dos« sind, das heißt, ein Passagier sitzt in der Flugrichtung und sein Nachbar in der Gegenrichtung. Will man mit dem Nachbar plaudern, klappt man die Blenden einfach herunter. Riesige Bildschirme lassen sich für das Inflight Entertainment vor die Nase schwenken. Unmittelbar vor einem ist im Boden eine Art Hocker verankert. Er ist Bestandteil des vollwertigen Bettes, das sich ergibt, wenn der Sitz in die Horizontale gebracht wird. Er ist zugleich der Besuchersitz, wenn man einen Gesprächspartner aus einem anderen Bereich der Kabine oder der Economy Class zu Besuch hat.

Abb. 18: British Airways »Lounge in the Sky«

Maximaler Liegekomfort und Privatheit machen das Mood Management der »Club World« aus, maximale Flexibilität das Convenience Entertainment am Himmel.

Lounging im Transit und Verkehr wird in den nächsten Jahren noch an Bedeutung gewinnen. Dafür gibt es eine Vielzahl von Indizien. In DaimlerChryslers

Maybach Luxuslimousine streckt man die Beine im Fond auf einem Ledersitz aus, der, wie im Flugzeug, automatisch ausfahrende Bein- und Fußstützen hat – sechs Meter Wagenlänge machen's möglich. Lampenschirme wie aus einem Wohnzimmer der sechziger Jahre, elegante Liegen, kostenlose Getränke und der entspannte Blick auf die Bahnsteige – das sind die First Class Lounges der Deutschen Bahn.

Lounging auf Messen und im Büro zeigt, dass man auch die Arbeit entspannter und weniger verbissen, eben harmonisch ins Leben integriert, sehen möchte. Auf der Euroshop 2002, der großen Ladenbaumesse, schoss die Firma »Decoprojekt« den Vogel mit einem Lounge-Messestand ab, der in der Mitte aus einer Art Piazza bestand, um die kreisförmig ein Wulst mit Besprechungskojen und einer Lounge im Stil der gerade hippen siebziger Jahre angelegt war. Auf einem Video, das ich dort gedreht habe, kann man sehen, wie unter den Videoprojektionen auf der unendlich bequemen Wandbank ein Messebesucher im dunklen Anzug sanft entschlummert, entspannt durch Jazz, Filme mit Naturaufnahmen, eine Spiegelwand, die alles noch größer erscheinen lässt, und echte Blumen in spektakulärer Beleuchtung. Und viele Unternehmen wollen inzwischen die Mood Management Lounges ihrer Atrien auch für das Arbeitsklima in den Büros nutzen und bieten ihren Mitarbeitern eine wohnzimmerähnliche Arbeitsumgebung.

Lounging in Shops und Shopping Malls nimmt den Konsumdruck aus einem Verkaufsort, bietet Kunden eine Auszeit, ist tatsächlicher Dienst am Kunden. Hugendubel in Frankfurt am Main ist eine Buchhandlung, die meine Bücher immer führt, ein Ort, an dem ich meinen jetzigen Verleger kennen lernte, der Treffpunkt, an dem dieses Buch besprochen und unter Dach und Fach gebracht wurde. Über Hugendubel ließe sich vieles sagen: über das zentrale Treppenhaus mit seiner tempelartigen Struktur, den spektakulären Brücken und den Anspielungen auf eine große Bibliothek, über das Café, über die Orientierung am Ort. Doch zweifellos ist die große Innovation von Hugendubel die Einführung großzügiger Leselounges, die als knallrote quadratische Balkone mit bequemen Sitzbänken über dem Geschehen schweben. Hier lümmeln Leseratten, Familien und Geschäftsleute in der Mittagspause wie in Schwalbennestern an der Steilküste über allem Irdischen.

Worum es am P.O.S. heute auch geht: Druck raus nehmen, Freiraum bieten, großzügig sein im »Nicht verkaufen müssen« – und gerade deshalb besonders erfolgreich »verkaufen«.

Zwei Flugstunden weiter westlich, in der Bluewater Experience bei London, der Design Mall schlechthin, lümmelten in den ersten Jahren der Mall oft Dutzende Kunden zugleich unter der *Mood-Management-Kuppel* des Water Circus, des Zugangsbereichs zum Multiplexkino der Mall. Unter einem viele Meter hohen Wassertropfen aus blau leuchtendem Glas befand sich ein enorm dicker blauer Teppich, der fugenlos in den Boden eingelassen war. Darauf tummelten sich die Kids von null bis sieben Jahren und genossen den flauschigen Spielplatz. Rundherum lagen erschöpft, aber glücklich, ihre Eltern auf einer Vielzahl von Ledersitzgelegenheiten, links und rechts neben sich die vollen Einkaufstüten (in Österreich »Einkaufssackerln«), vor sich ihre ausgezogenen Schuhe. Unglaublich, was es hier an hochwertigen Sitzgelegenheiten gab. Da waren dos à dos, Chaises Longues, Fauteuils, Liegen, Stühle mit hohen Lehnen und alle waren sie aus hochwertigem Leder, im Kreis um Teppich und Glastropfen angeordnet, mit Blick auf unaufdringliche Wasserprojektionen ans Innere der Kuppel. Während draußen in der Mall jeder Shop den anderen durch ein extrem hohes Aktivierungsniveau zu übertrumpfen suchte, während auch die neutralen Promenaden mit Themen von Themse bis Rosengarten besetzt waren, während also überall der Druck auf den Konsumenten zu erleben und zu kaufen enorm war, fand er hier unter der Kuppel einen neutralen Ort der Auszeit, der den Druck reduzierte, den Aktivierungstonus wieder verringerte, neue Kraft schöpfen ließ. Heute, einige Jahre nach der Eröffnung, musste die Liegelandschaft einer Erweiterung der beengten Gastronomie in der Mall weichen. Obwohl diese Entscheidung rational gerechtfertigt erscheint, hat Bluewater damit einen seiner emotionalen Fixpunkte verloren und das ist wirklich schade.

Excited

Wer kennt nicht die Wirkung eines hellen Frühlingstages, wenn nach einer längeren Periode der Dunkelheit und Kälte die ersten Sonnenstrahlen eine Umkehr der Stimmung bewirken? Man beginnt gewissermaßen auch innerlich zu »strahlen«. Verantwortlich für den Effekt ist das physiologische System, durch das wir Licht und Farbe wahrnehmen. Das Bild, das auf der Netzhaut unserer Augen aufscheint, wird durch drei verschiedene Nervenstränge zum Gehirn weitergeleitet. Es gibt einen Strang für Blau und Gelb, einen für Rot und Grün und einen für Schwarz und Weiß, also für Helligkeit. »Antagonistische Reizweiterleitung« nennt man ein solches System, das üblicherweise bei mittlerer Helligkeit und gemischten Farben auch einen mittleren Erregungswert weitermeldet. Wenn aber sehr große Helligkeit auf eine Phase mit eingezogenem Licht folgt – der erste Sonnentag nach trübem Wetter – oder eine einzige der Grundfarben als Leucht- oder Schockfarbe ganz rein vorkommt – etwa ein glühendes Rot einer sprichwörtlichen Rotlichtbar –, dann schlägt das System plötzlich in nur einer Richtung aus und die Nervenstränge beginnen regelrecht zu »glühen«. Das bemerkt der ganze Körper und fährt das Arousal, den allgemeinen Aktivierungstonus, in die Höhe. Helles Licht und reine Farben bewirken diesen Effekt. So erscheinen uns rote Räume wärmer als blaue und glühendes Rot als irgendwie sinnlich.

Farbduschen

In Russland sind derzeit so genannte »Bright Light Energy«-Lichtsäulen der letzte Schrei, deren helles Lichtbad gegen den »Winterblues« helfen, der Depressionsphase in der dunklen Jahreszeit. In Deutschland hat der Möbelproduzent Interlübke den Mood-Management-Schrank »eo« auf den Markt gebracht, dessen Glaswand sich in giftiges Lemon-Green, schwülstiges Rot oder cooles Mitternachtsblau einstellen lässt: Farbtherapie im heimatlichen Wohnzimmer. »Licht lässt sich in Gardinen und Kissen einweben, bringt Fliesen und Tapeten zum Fluoreszieren, Badewannen erstrahlen aus ihren halbtransparenten Wänden und neue Furnier-Materialien leuchten flächig und körperlos«, berichtet Rolf Mecke in »Architektur und Wohnen«.[10]

Während die Entspannungseffekte von Lobbys und Lounges uns ganz »relaxed« machen, führt jede Art von Farbdusche dazu, dass wir uns angeregt oder sogar »excited«, aufgeregt, fühlen.

Eine Vielzahl von *Dritten Orten* sind heute mit solchen anregenden Stimmungen versehen, bieten dem Publikum Farbtherapie im halböffentlichen Raum. Der amerikanische Lichtkünstler Keith Sonnier war der erste, der das Bedürfnis der

Menschen nach anregenden *Farbduschen* auf Flughäfen erkannte. Für die Airports von Chicago und Los Angeles schuf er Neon-Installationen, die ansonsten »tote« Bereiche, wie etwa endlos lange Transfergänge, mit Vitalität erfüllen. Besonders spektakulär ist sein eintausend Meter langer unterirdischer Lichtgang am Münchner Flughafen. Stress in der Reisehektik verursacht eine Art von Verkrampfung, für die es im österreichischen Sprachidiom einen treffenden Ausdruck gibt. Man sagt »Du krampfst Dich ein«, wenn man die Verbissenheit eines Freundes kommentiert, der angespannt etwas erreichen will. Die *Farbduschen* Sonniers, mittels endloser horizontaler und vertikaler Farbbalken zu immer anderen, überraschenden Mustern variiert, wirken dem »Einkrampfen« entgegen und verursachen jenes Körpergefühl, das auch verbissene Reisende wieder zu sich kommen lässt.

Farbe und Licht waren schon immer Bestandteil des Entertainments. In gotischen Kathedralen wurden intensive Farbflecken, die von den bunten Bleiglasfenstern auf den Stein projiziert werden, zur Überhöhung von Messe und Kirchenmusik verwendet. Das war auch die Grundidee von »Colourscape«, des höhlenartigen Labyrinths aus Kunststoffelementen, das von Jeunesse Musical als Veranstaltungsort für Jazz und Klassik eingesetzt wurde. In diesem Höhlensystem – Schuhe ausziehen im Eingangsbereich ist Pflicht – erlebt man Life-Musik in wabenartigen Kammern, Gängen, Blasen und Löchern, die vom Sonnenlicht, durch das Gewebe hindurch, in grellfarbiges Licht getaucht werden. Jede Art von Musik erfährt dadurch eine Verstärkung, die es Kindern und Jugendlichen leicht machen sollte – so die Idee – sich auf sinnliches, aktives Musikhören einzulassen. Außerdem war das Ganze, aufgestellt am Wiener Rathausplatz, ein riesiger Kinderspielplatz für Alt und Jung, in dem man herrlich herumturnen konnte.

Philippe Starck und Jean Nouvel

»Ding« sagt der Lift und hält im Erdgeschoss. Wir steigen ein und erleben den Farbschock unseres Lebens. In giftiges Grün getaucht, fahren wir die Stockwerke hoch. Denise und ich wissen als erprobte Langzeitgäste von Starck Hotels in London, New York und Miami Beach und als Liebhaber seiner Restaurants in Madrid, Tokio und Paris, dass Philippe Starck gar nicht daran denkt, uns emotional unbeeinflusst durch seine Welt hindurchzulassen.

Alles begann im Restaurant Teatriz in Madrid, wo der Meister in ein ehemaliges Kindertheater eine Onyx-Leuchtbar stellte. Sie wurde oft kopiert und von Starck selbst in den Zimmern seines St. Martins Lane Hotels in London zitiert. Dort knipst man neben der normalen Zimmerbeleuchtung auch einen gelb leuchtenden Onyx-Tisch an, der als Schreibtisch mitten im Raum steht. Damit nicht genug, findet sich neben dem Bett eine metallene Scheibe, durch die man die Lichtstimmung des Zimmers stufenlos verstellen kann. Von schwülem Rot über fahles Weiß bis sonnendurchflutetes Gelb können vielerlei Grundstimmungen aufgerufen und strategisch als Botschaft an den Zimmerpartner eingesetzt werden. Die Wirkung solcher spektralreiner Farbstimmungen kann man sich in der Leuchtbar im Erdgeschoss anschauen. Dort werden Liebespaare derart intensiv durch die Farbduschen in Stimmungslicht getaucht, dass sich kürzlich einer meiner Gesprächspartner bitter über das ungebührliche Verhalten einiger knutschender Paare beschwerte.

In der Lobby vor der Bar setzt sich die emotionale Sinnlichkeit mit anderen Mitteln fort. Alle Hotel-Lobbys, Gärten, Bars und Restaurants von Philippe Starck sind beliebte Treffpunkte von Models, Werbeleuten, Schauspielern und anderen schicken Menschen. Das liegt an einem Kunstgriff, der uns wie die Farbduschen anregt, dies aber mit anderen Mitteln bewerkstelligt.

Philippe Starck stylt smarte Hotel-Lobbys voll visuellem Raffinement. Sein Landsmann, Stararchitekt Jean Nouvel, hat sich auf ebenso smarte Foyers von Opernhäusern und Konzerthallen spezialisiert.

Auf einem Foto sitzt mein kleiner Sohn, damals kaum ein Jahr alt, auf einem großen goldenen Thron in der Lobby des »St. Martin's Lane«, daneben stehen eine fast vier Meter hohe Aluminiumvase mit Blumen und ein Riesenschachspiel, wie es sonst nur in Parks zu sehen ist. Hinter ihm schwimmen gerade die projizierten Riesengoldfische über die Tore der unter Tags geschlossenen Leuchtbar. Das Spiel mit ungewöhnlichen Größen und Perspektiven gehört zu Starcks Handschrift, mit der er unsere *Media Literacy* »kitzelt« und alle seine Lobbys zu Orten macht, die nur so »britzeln« vor lauter Schaulust. Philippe Starck regt die ganze Bandbreite unserer Wahrnehmungsgeschicklichkeit an, um aus Hotel-Lobbys ein Fest für den smarten Augenmenschen von heute zu machen.

Die Rolltreppe fährt uns durch einen grün glühenden Schacht von unten in die Lobby des Hudson Hotels in New York hinein und lässt uns vor der Rezeption über den *Replikat-Effekt* mit einem alten Kronleuchter staunen, dessen brennende Lichter die Hologramme von Glühlampen sind. Ähnlich spektakulär ist der Auftritt in seinem »Delano« in Miami Beach. Man fährt mit der Limousine vor und sieht verblüfft auf der Terrasse vor dem Eingang überdimensionale Wohnzimmerlampen stehen. In der Lobby wiederholt sich das *Spiel mit Blickwinkel* und Perspektive, wenn ein endlos langer Gang mit weißen, im Luftzug wehenden Tüllvorhängen schräg durch die getäfelte Halle ragt und den verblüfften Besucher in den Garten zieht, wo ähnliche Vorhänge der Gartensuiten gerade zum »turn down the bed« zugezogen werden. Doch das geschieht nicht, wie üblich, *im Zimmer*, sondern außen, da die Vorhänge verblüffenderweise an der Außenfassade der Gebäude hängen.

Auch Jean Nouvel bedient sich dieser Form des anregenden Mood Managements durch visuelle Spiele. Von seinem Hotel in Luzern mit dem witzigen Namen »The Hotel« war schon die Rede. Doch der Schwerpunkt seiner Arbeit sind Museen, Opernhäuser und Konzerthallen. In Luzern steht, fünf Gehminuten von seinem Hotel entfernt, das »KKL«, Kultur- und Kongresszentrum Luzern, mit einem der schönsten modernen Konzertsäle der Welt, dessen Tore sich bei Konzertbeginn lautlos und wie von Geisterhand schließen und das Licht im weißen Saal den Glanz von Kerzenlicht bekommt.

Durch die Foyers des »KKL« zieht sich ein ironisches Spiel mit den Fenstern des Raumes. Manche von ihnen sind riesig und reichen bis zum Boden, andere sind wie schmale, horizontale Schießscharten. Alle öffnen sich auf den See, die Berge, die Uferpromenade von Luzern. Nouvel hat sie so präzise ausgerichtet, dass sich durch den Blick aus den Fenstern unglaublich kitschige Postkartenansichten ergeben. Man könnte sagen, er benützt die Fenster als Ansichtskarten, spielt so mit dem Kunstgriff der *geborgten Sprache,* wie bei vielen seiner Gebäude.

Berühmt wurde er mit einem vergleichbaren Effekt in seinem »Institut du Monde arabe« in Paris. Eine ganze Fensterwand besteht dort aus sich je nach Licht öffnenden und schließenden Irisblenden, wie im Fotoapparat, die zugleich als orientalisches Ornament im Halbdunkel des Museums erscheinen. In Luzern »macht« Nouvel mit dem Fenster »die Postkarte« und das Luzerner Bürgertum, das die berühmten Musikfestspiele besucht, weiß nicht, ob es betreten, erheitert oder stolz sein soll.

Oben am Dach benutzt Nouvel den Kunstgriff der *geborgten Sprache* ein zweites Mal. Wie der Resonanzkörper eines Cellos erscheint uns die sich wölbende Wand, sodass man hier im Pausenraum der Galerien gewissermaßen auf den »Deckel« des Saales blickt. So mancher Konzertbesucher streicht in einem scheinbar unbeobachteten Augenblick fasziniert über dieses »Instrument«, das der ganze Saal ist, und vermeint, noch die Schwingungen der schon verklungenen Musik zu spüren.

Lobbys und Lounges

- Die Wellness hat längst den Bereich des Badens und Kurens verlassen.
- Wohlfühlwelten im öffentlichen Raum sind dort, wo der Druck besonders hoch ist.
- Dieses »Mood Management« ist Image-Transfer von Orten auf den Seelenzustand.
- Lobbys und Lounges wurden so von unproduktiven Nebenorten zu Hauptorten.

- **Entspannende Orte**
  Das sind Umgebungen, die mit Hilfe von Naturelementen, Maßnahmen zur Muskelentspannung und Sinneseindrücken wie Düften und Tönen den inneren Aktivierungstonus unseres Körpers verlangsamen. Masseure auf Messen, eine Renaissance der Lounges auf Bahnhöfen und Bereiche in Verkaufsräumen, die den Konsumdruck verringern, tragen so zur Entschleunigung des Lebens bei.

- **Anregende Orte**
  Das sind Umgebungen, die mit Hilfe von Farbduschen und emotionaler Innenarchitektur voller Wahrnehmungsspiele unsere Muskeln entkrampfen. Die Lobbys von Design-Hotels und die öffentlich zugänglichen Atrien von Museen wurden so zu international registrierten Treffpunkten in der Stadt.

12. Das Neue Wandern
Spannende Erfahrungen mit Natur und Geschichte

In jener Zeit, bevor trendige Hotels, Entspannungskuppeln in Shopping Malls oder begehbare Wolken auf Weltausstellungen als Orte der Seelenmassage entdeckt wurden, bedeutete Mood Management, in die Natur zu gehen, zu wandern oder doch zumindest einen kleinen Sonntagsausflug zu machen. Dieser sonntägliche Ausflug der Kindheit war oft mit einem gewissen Zwang verbunden. Was die Erwachsenen als Entspannung empfanden, erschien ihren Kindern oft eher als langweilige Pflichtübung. Ein typisches Verhalten, das man damals am Spazierweg beobachten konnte, bestand darin, dass die Kinder vor und zurück liefen, sich hinter einem Baum versteckten, einen Stock aufklaubten, einen Umweg machten, mit einem Wort, einfach alles taten, um den, in ihren Augen, öden Spazierweg mit etwas Action aufzuladen. Am Ende des Ausflugs stand die obligate Belohnung in Form einer Leckerei in der Gaststätte oder Konditorei und vielleicht ein Minigolfspiel.

Dramaturgisch gesehen, ist ein solcher Ausflug ein Spannungsweg mit einer abfeiernden Belohnung zur Spannungslösung am Ende, aber wenig Sensationellem zwischendurch.

Die sich entspannenden Erwachsenen genossen den Imagetransfer von der Natur auf die Seele. Doch dieser Imagetransfer blieb den Kids jener Zeit oft verborgen, wenn man nicht gerade im sensationellen Hochgebirge wanderte oder vielleicht in einer Klamm neben Wildwasser und Getöse. Also begann sich das Wandern nach und nach zu verändern.

Man erfand die Themenwanderwege, die das Bedürfnis nach Naturerfahrung mit allerlei kleinen Sensationen zwischendurch verbanden, die obendrein dem neuen Bedürfnis nach Echtheit entsprachen.

Denn das Neue Wandern lässt uns über feuchtes Moos gehen, den Unterschied zwischen verschiedenen Kräutern erriechen, alte Mühlen aufsuchen, den Weg des Käses nachvollziehen, mit Tieren wandern oder die Relikte der alten Römer im Gestein entdecken. Vor einiger Zeit war ich Juror eines Wettbewerbs, bei dem der beste österreichische Themenwanderweg gekürt werden sollte, und es waren über 350 Einsendungen zu begutachten.

Nach demselben Muster veränderte sich auch ein zweiter Ausflugsbereich, der die Kinder früherer Zeiten am Sonntag nervte – der Museumsbesuch. Nicht nur, dass konventionelle Museen zunehmend entstaubt und zu erstklassigen Reisezielen für Touristen und Familien wurden, entstanden zusätzlich die neuen Attraktionen, die unterschiedliche Themen erlebnisorientiert aufbereiten. Meist ermöglichen diese »Attractions«, wie sie in Amerika heißen, unmittelbare sinnliche Erfahrungen mit einem Themengebiet. Man dirigiert virtuell ein Orchester im »Haus der Musik«, lernt Wein einschätzen und degustieren in »Vinopolis, The City of Wine«, besucht Gedenkstätten, die so inszeniert sind, dass man den Atem der Vergangenheit hautnah spürt. Diese »Attractions« ähneln auf einer dramaturgischen Ebene verblüffend den neuen Wanderwegen.

Auch sie verlaufen im allgemeinen entlang eines Spannungsweges, aber eben meist im Inneren eines Gebäudes, enthalten Erlebnisstationen, die uns echte Erfahrungen ermöglichen, und enden mit einem abfeiernden Geschenk, dem Museumsshop am Ende des Weges. An Stelle der Natur lädt man sich mit einem sinnlichen Thema auf – mit Wein, Musik –, dessen Wahl genauso Ausdruck der inneren Stimmungskontrolle ist, des Mood Managements.

So gesehen, gehören auch diese eher urbanen Attraktionen zum Phänomen des *Neuen Wanderns*, vor allem, wenn die Attraktion zugleich Gedenkstätte ist, an der Dinge geschahen, die uns nun vermittelt werden.

Beide Formen des *Neuen Wanderns* – Themenwanderwege wie Attraktionen – weisen alle charakteristischen Eigenschaften *Dritter Orte* auf. Mit einer inszenierten Außenwirkung, dem *Landmark*, mit dem *Malling* einer Promenade, die uns voranbringt, mit dem roten Faden einer *Concept Line* und mit den kleinen und großen Sensationen zwischendurch, den *Core Attractions*, bis hin zum Abfeiern am Ende des Weges ist das *Neue Wandern* der Ausdruck einer Verdichtung dessen, was Naturerleben oder Erforschen eines Themas immer schon war.

Durch diese Professionalisierung wurde das Neue Wandern in der Natur und in der Stadt ein entscheidender Faktor des touristischen Regionalmarketings.

Wintersportorte bekämpfen damit ihre Sommerflaute und einstmals verschlafene Orte erhalten als Wanderdörfer ungeahnte Attraktivität. Im Städtetourismus erobern die neuen »Attractions« ein jugendliches Publikum zurück, das kaum an klassischen Sehenswürdigkeiten interessiert ist, es aber hip findet, ins Wiener Kanalnetz hinabzuklettern, um dort »Die Rückkehr des Dritten Mannes« zu erleben, oder auf den Reichstag in Berlin hinaufzuklettern, um dort in der Glaskuppel herumzuspazieren.

Landmark

Der neue Reichstag von Sir Norman Forster mit seiner begehbaren Kuppel ist typisch für jene neuen »Attractions«, deren Stärke in ihrer Außenwirkung liegt.

Wer die hypermoderne Stahl- und Glaskuppel sieht, wie sie so als Kontrast über dem alten Reichstag der Nationalsozialisten thront, will zu ihr hinauf. Das ist nicht verwunderlich, denn immer schon wollten die Menschen die Wahrzeichen einer Stadt besteigen, die Kirchtürme, den schiefen Turm von Pisa, eine Runde im Wiener Riesenrad drehen oder heute im »The Eye of London« an der Themse. Forster hat diesem Bedürfnis Rechnung getragen, indem er in der Kuppel selbst nochmals einen spiralförmigen Wandelgang anlegte, der aus dem simplen Wahrzeichen einen echten *Dritten Ort* macht. Man promeniert (Malling) bis zu einem Punkt, von dem aus man in den Plenarsaal des Deutschen Bundestags hinabsehen kann und dort sieht, wie ein Kegel mit dem Spitz nach unten bedrohlich auf die Abgeordneten zeigt. So spürt man regelrecht die zentrale Botschaft der Demokratie: »Alle Macht geht vom Volk aus«.

Andere »Attractions« bestehen sogar nur in ihrer Außenwirkung. Oft sind das Gedenkstätten, die eine Geschichte erzählen. In Washington besucht jeder gute Amerikaner das »Lincoln Memorial«, das »Vietnam Veterans Memorial«, das »Corean Veterans War Memorial«. Dort stapfen gerade Soldaten über glitschige Stufen und drohen, im Morast auszurutschen. Eine Situation wird sozusagen eingefroren und als *gebauter Event* der Nachwelt zugänglich gemacht.

Die Vergangenheit als Gegenwart erlebt man auch im Londoner »Shakespeare's Globe Theatre«. Der Nachbau des berühmten Theatergebäudes ist ein »Fake« eines Memorials, denn das echte Gebäude ist nicht nur schon lange abgebrannt, es stand auch genau genommen einige Straßen weiter (wo eine Tafel den Ort markiert). Doch heute erlebt man in »The Globe« dasselbe wie damals, nämlich Shakespeare-Aufführungen, die man stehend verfolgt, während die Zuschauer Kommentare zur Vorstellung abgeben. Das berühmte Gebäude, das jedes Schulkind auf der Welt kennt, ist ein spektakuläres *Replikat-Landmark*, sodass man seinen Augen kaum trauen mag. Wie eine längst verlorene Statue, die jeder kennt und die nun plötzlich leibhaftig vor einem steht, ist das »Globe« eine *Attraction*, bei der die Wiederauferstehung des Gebäudes und dementsprechend seine Außenwirkung als Wahrzeichen wichtiger ist als die Aufführungen in seinem Inneren oder der gut bestückte Shop mit Shakespeare Merchandising.

In den meisten Fällen ist das Landmark beim »Neuen Wandern« aber einfach der Einstieg in die Tour.

Am Anfang des Besuches einer *Attraction* oder eines Wanderweges soll man spüren, dass hier der Beginn einer Unternehmung ist, die einem entlang eines Pfades zu einem Höhepunkt führen wird. Das muss zumindest eine Tafel sein, die den Gesamtverlauf des Weges andeutet. Das ist beim eigentlichen Wandern am besten ein dreidimensionales Zeichen, das wie eine Standarte in den Boden gerammt ist. Viele Neue Wanderwege starten ihre Tour mit einem Tor in der Landschaft, durch das der Wanderer hindurchgeht. Da steht ein schönes Holztor aus zwei leicht gebogenen Baumstämmen mit einem Brett darüber, auf dem geschrieben steht: »Nationalpark Hohe Tauern, Naturlehrweg Gradental«. Da steht ein großer steinerner Stuhl, unter dem hindurch man den Wanderweg betritt. Und *Header Landmarks* signalisieren sogar die Botschaft eines Weges. Am Anfang des Kärntner Friedensweges, der entlang der hochalpinen Schützenlinie des 1. Weltkriegs verläuft, mahnt der Stacheldraht, um einen abgestorbenen Baum gewickelt, vor den Folgen der Gewalt gegen Mensch und Natur.

Malling

Alles begann mit der natürlichen, noch nicht inszenierten Landschaftswahrnehmung. Ein Baum steht am Horizont und zieht den Blick auf sich. Ein kleiner Weg schlängelt sich über den Hügel und endet in der Tiefe bei einem Kirchlein. Überall dort, wo der Blick hinfällt, entsteht auch das Verlangen, über die Sichtachse hinweg zu einem Ziel zu streben.

Wanderwege sind Spannungswege.

Sie verbinden demnach zwei psychologische Mechanismen: *Cognitive Maps* und *Antizipation*. Das lässt sich am besten an einem konkreten Beispiel nachvollziehen. Abbildung 19 zeigt die *Entrance Map* des »1. Österreichischen Natur- und Umwelterlebnispfads für Kinder«, der bereits vor etwa fünfzehn Jahren in der Ramsau am Dachstein angelegt und seither kontinuierlich ausgebaut wurde. Kürzlich erst hat man ihn unter 350 Einsendungen als besten Themenwanderweg Österreichs ausgezeichnet.

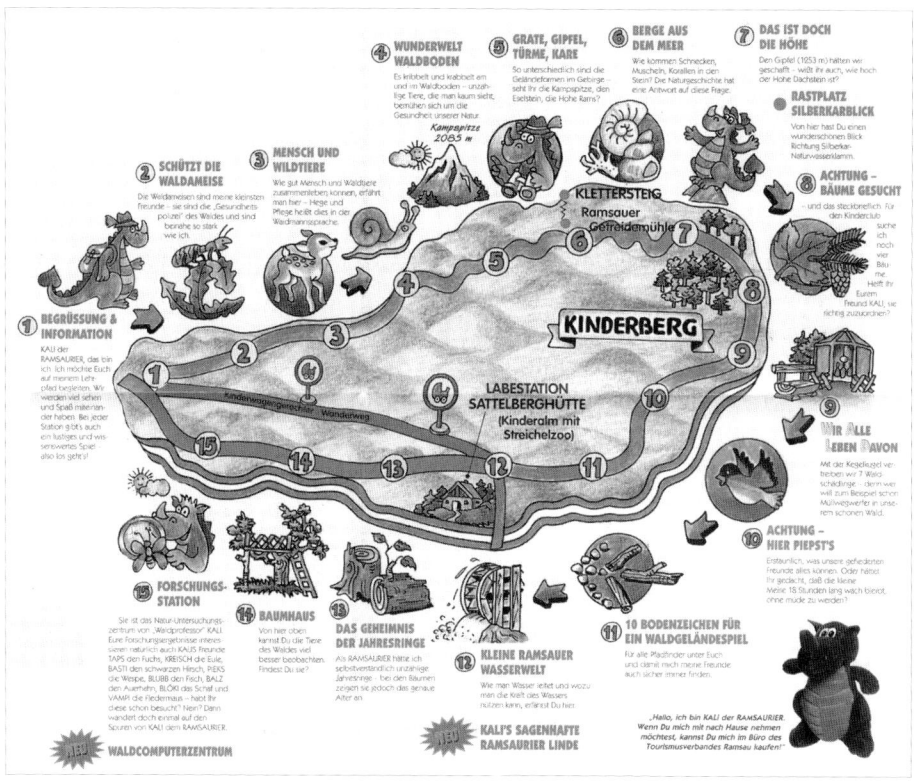

Abb. 19: 1. Österreichischer Natur- und Umwelterlebnispfad für Kinder, Ramsau

Der etwa vier Kilometer lange Waldpfad ist ein klassischer *Loop*, ein Rundweg, der auf einen Kinderberg hinauf und auf einer anderen Route wieder hinunterführt. Der *Loop* ist auch die Achse der *kognitiven Landkarte*, der man folgt. Sie wird durch die Begrüßung von »Kali dem Ramsaurier«, dem Maskottchen des Weges, gestartet und zerfällt im Wesentlichen in zwei Abschnitte: den Weg bis zum Gipfel und den Weg zurück ins »Basislager«, wo sich die Forschungsstation befindet. Auf den ersten Blick fällt auf, dass der Weg stark segmentiert ist. Man hat sich nicht allein auf die Unterschiedlichkeit des Geländes verlassen, das aus Wald, Lichtungen, Felstürmen und einem Bergsattel besteht, sondern hat fünfzehn Stopps eingeplant, die den Weg extrem abwechslungsreich machen.

Die in den Augen vieler Kids sonst vielleicht leere Achse wird mit attraktiven Erlebnispunkten gefüllt. Das sind die Merkpunkte der kognitiven Landkarte, an die man sich später zurückerinnert – dort, wo der Klettersteig war, dort, wo die Wasserwelt war.

Wir springen zu einer *Attraction* mitten im Stadtzentrum von Luzern und vergleichen die räumlichen Strukturen. Abbildung 20 zeigt: Auch hier im »Gletschergarten« rund um eiszeitliche Gletschertröge wirkt dasselbe Prinzip. Man betritt das Gelände, das nach einem Konzept von mir umgestaltet wurde, entlang einer Allee von Stelen, die alle Highlights vorveröffentlichen, und marschiert direkt durch das Kassahäuschen hindurch in die *Attraction* hinein. Dann wandert man entlang eines *Loops* links an den Gletschertrögen vorbei bis zum Museumshaus, auf der anderen Seite wieder heraus und auf den Berg hinauf, wo man an Stationen, wie der Almhütte mit dem simulierten Gletscherblick, vorbeikommt. Am Ende geht man noch ins Spiegellabyrinth.

Wie man sieht, ist das Gelände deutlich segmentiert: Da ist das spektakuläre Dach, ähnlich dem Olympiadach in München, das die 20.000 Jahre alten Löcher im Gestein beschützt. Da ist das Museum im Stil einer nostalgischen Schweizer Laubsägearchitektur. Da ist der »Tower Walk« zum Aussichtsturm und schließlich das Labyrinth, das einen in die Alhambra von Granada hineinversetzt, zufällig übergebliebenes Relikt einer historischen Weltausstellung. Auch im »Gletschergarten« gilt: das neue Wandern braucht eine *kognitive Landkarte*, die mit Stopps gefüllt ist und in deutlich voneinander abgegrenzte Viertel zerfällt. So entsteht das *Malling*, das Gefühl des angeregten Erforschens des Geländes.

Abb. 20: Entrance Map
»Gletschergarten Luzern«,
Schweiz

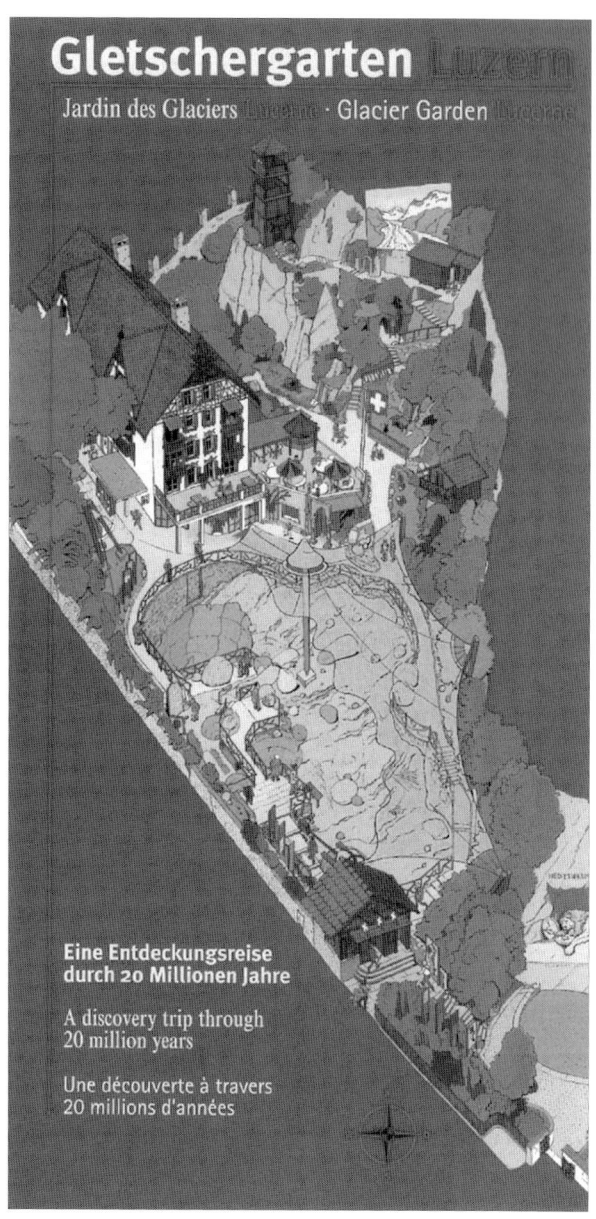

Gletschergarten Luzern

Jardin des Glaciers Lucerne · Glacier Garden Lucerne

Eine Entdeckungsreise
durch 20 Millionen Jahre

A discovery trip through
20 million years

Une découverte à travers
20 millions d'années

Zugleich zieht den Besucher und Wanderer das Verlangen über den Weg, ein Ziel zu erreichen, das er antizipiert, auf das er »gespannt« wurde. Ist es ein kleiner Gipfel mit dem besten und schönsten Blick, dem Silberklarblick, wie in der Ramsau? Ist es der Aussichtsturm im »Gletschergarten«, auf den so gut wie jeder Besucher hinauf will, um von dort oben auf Luzern hinunterzuschauen? Dazwischen ist jeder Stopp als Merkpunkt in der *Entrance Map* vorveröffentlicht, wird so zu einem kleinen Zwischenziel. Am Ende werden die Restspannungen abgefeiert. Am Wanderweg in der Ramsau ist es eine Forschungsstation, die letzte Fragen klärt. Im »Gletschergarten« ist es der Wow-Effekt des Labyrinths, wo man zu atmosphärischer Musik und dramatischem Licht herumirrt, sucht und findet, lacht und staunt.

Concept Line

Was klammert den Wanderweg, seitdem gewandert wird? Immer schon haben sich die Menschen für zwei Aspekte interessiert: für die Geschichten, die am Weg liegen, und für die Geheimnisse der Natur und anderer Objekte, die es zu enträtseln gilt.

Dementsprechend sind Thematisierung und sinnliches Erklären die beiden Concept Lines, die am häufigsten eingesetzt werden, oft beide parallel und durch interaktive Spielmöglichkeiten, durch Hands-on, lebendig gemacht.

Auf dem Ramsauer Kinderwanderweg kegelt man mit der Kegelkugel die Waldschädlinge und Umweltsünder beiseite (Station 9), kommt an enthüllenden *Aha-Effekten* vorbei, wie der Tatsache, dass die kleine Meise 18 Stunden wach bleiben kann, ohne müde zu werden (Station 10), oder erfährt die Geheimnisse der Jahresringe an aufgeschnittenen Bäumen (Station 13). Im »Gletschergarten« passiert man etwa eine *Demonstration* mit einem riesigen versteinerten Farnblatt, über das man ein echtes Farnblatt per Plexiglas darüberklappt und so glaubwürdig wird, was der Text daneben behauptet.

Neben dem Blatt rauscht die Brandung aus versteckten Lautsprechern und warmes Licht lässt Südseestimmung aufkommen. Tatsächlich war Luzern auch einmal ein tropischer Meeresstrand und aus dieser Zeit, in die man mittels Thematisierungseffekten kurzerhand hineinversetzt wird, stammt auch der Farn.

Gleich daneben knirscht unheimlich das Eis. Der Sound über den Gletschertöpfen lässt erahnen, wie es sich in der Eiszeit angefühlt haben muss, als die Löcher im Stein, eine geologische Weltsensation, durch die Urgewalten entstanden. In eine andere Zeit versetzt zu werden, *Brain Scripts* loszutreten, entspricht dem Bedürfnis nach authentischen Geschichten beim Wandern und in *Attractions*. Da sich der Ramsauer Wanderweg vor allem an Kinder richtet, ist eine eskapistische Themenwelt rund um den Saurier Kali ein durchaus sympathischer Konzeptansatz. Aber sogar hier wird der eskapistische, kindgerechte Stil durch Spielangebote ergänzt, die mit mehr Echtheit die Kids in eine andere Welt versetzen wollen. Man spielt etwa das Waldgeländespiel (Station 11) und wird mittels Bodenzeichen zum Pfadfinder.

Viele Themenwanderwege greifen die *Spuren der Vergangenheit* auf und führen, wie die ebenfalls preisgekrönte »Erlebniswelt Mendlingtal – Auf dem Holzweg«, an den Zeugnissen einer untergegangenen Welt vorbei. Abenteuerliche Holzhütten am Wasser, Geräte, Winden, Fotos der Flöße, manchmal sogar ein Event, wenn die zusammengebundenen Baumstämme tatsächlich noch einmal vorbeigetrieben werden, lassen eine vergangene Zeit wieder aufleben.

Das Bedürfnis nach möglichst großer Echtheit in der Thematisierung kam in den letzten Jahren vor allem den zahlreich gewordenen Gedenkstätten zu Gute.

Wahrscheinlich ist das »United States Holocaust Memorial Museum« in Washington das berührendste unter ihnen. Ich erhalte zu Beginn des Rundgangs einen Identifizierungspass mit der Nummer 1434. Auf der ersten Seite ist das Foto meines, nun ganz persönlichen, Opfers des Holocaust abgebildet. Es ist Wilhelm Kusserow, geboren am 4. September 1914 in Bochum. Während ich mich gemeinsam mit tausenden Menschen langsam durch die Dauerausstellung bewege, schaue ich immer wieder in den Pass und lese etwas über ihn. Die letzte Seite soll ich erst am Ende der Ausstellung aufschlagen. Schließlich stehe ich in einem Viehwaggon, ganz genauso wie Millionen von Juden, die so ihre letzte Reise antraten. Ein junger Mann aus Israel kann die Tränen kaum verbergen. Dann erreiche ich schließlich die Wand, auf der ich mein persönliches Opfer des Massenmordes suche. Ich schlage die letzte Seite des Passes auf und erfahre nun die Umstände der Hinrichtung des Kriegsdienstverweigerers.

»Die Rückkehr des dritten Mannes« war eine temporäre *Attraction*, die den Besucher in das Kanalnetz von Wien führte. Dort wurde 1949 der berühmte Film »The Third Man« mit Orson Welles in der Hauptrolle gedreht, eine mysteriöse Schmuggler- und Schiebergeschichte mit einer berühmten Verfolgungsjagd im Wiener Untergrund und der berühmten Zithermusik. Das Besondere der *Attraction*: Sie wurde von echten Kanalräumern gespielt. Zwei von ihnen, ausgestattet mit einem breiten Wiener Dialekt und sehr ursprünglichem Charme, zogen den wartenden Besuchern die Schutzjacken über und ab ging's die steile Wendeltreppe hinab. Dort jagte man uns, unter unterschiedlichen Vorwänden, immer wieder von Kanalröhre zu Kanalröhre, dramatisch beleuchtet, knapp an den Abwässern vorbei. Es zischte und knisterte gefährlich elektrisch, Hochwasser brach beinahe ein, und Harry Lime schien wieder aufgetaucht (oder ein Verrückter mit Pistole, der ihn imitiert). Toll war, neben der echten Location, die Sachkenntnis unserer Führer. Einmal schwamm so gegen 15 Uhr eine braune Brühe auf uns zu. »Wissen Sie, was das ist?«, fragte unser Untergrundführer. »Um diese Zeit waschen sie in der Schokoladenfabrik im 3. Bezirk die Kessel aus.« Kein Schauspieler würde die *Thematisierung mit Echtheit*, die hier abläuft, derart überzeugend »rüberbringen«.

Core Attraction

Während der ganzen Tour wartete man natürlich darauf, dass die berühmte Zithermelodie erklingt. Schließlich war es soweit. Man stand plötzlich, nach einer rasanten Flucht durch einen engen, dunklen Gang, im riesigen unterirdischen Tunnel, durch den der Wienfluss hindurchfließt. Ein Schatten, ein Schuss und die Melodie kam aus der Tiefe des Kanalsystems, zog über die Köpfe der Besucher hinweg und verklang wieder in der Tiefe des Tunnels, dort, wo der Wienfluss um die Ecke biegt.

Manche Wanderwege haben eine solche Verbreiterung der Core Attraction derart professionalisiert, dass sie kaum noch von den Rides der Themenparks zu unterscheiden sind.

Auf der hawaiianischen Insel Kauai gehört die »Farngrotte«, die seit hundert Jahren von derselben Familie vermarktet wird, zu den beliebtesten Ausflugszielen. Zuerst tritt man mit einem Boot eine Reise den Fluss hinunter an. Man geht wieder an Land und spaziert über einen überraschenderweise asphaltierten Weg durch den Dschungel, vorbei an Orchideen und anderen tropischen Pflanzen, bis man schließlich in der Warteschlange ganz in der Nähe der Grotte steht. Dort wird noch die Gruppe davor abgefertigt, aber das Warten steigert noch die Spannung und wird außerdem durch vorbei stolzierende Dschungelvögel verkürzt. Dann plötzlich geht es weiter. Man wird in Sichtweite der Grotte vor einem »Guide« versammelt, der alles Wissenswerte erzählt und eine Art *Pre-Show* vor der eigentlichen Attraktion abzieht. Schließlich spaziert man in die Grotte hinauf, schaut in Dreierreihen durch die sehr langen, sehr grünen und sehr nassen Farne hindurch auf den Schauplatz der *Pre-Show* zurück, wo sich jetzt Sänger und Tänzer aufgestellt haben, um einen hawaiianischen Hochzeitssong zum Besten zu geben. Nach zehn Minuten ist diese *Main-Show* vorbei. Man wandert einen anderen Pfad zurück zum Boot – aha, ein *Loop*, denke ich – und rauscht mit dem Boot wieder zum Ausgangspunkt der Reise, während kleine Mädchen zu hawaiianischer Musik tanzen – das *Abfeiern* der Show. Das Ganze ist sehr kommerziell und durchorganisiert, aber funktioniert erstaunlich gut und macht tatsächlich Spaß.

Viele Wanderwege, die sich an Kinder richten, bedienen sich zur Verbreiterung von *Core Attraction* und Antizipation eines alten Tricks. Sammeln, Stempeln oder Rubbeln heißt es, wenn man von Erlebnispunkt zu Erlebnispunkt eilt, um sich dort eine weitere Trophäe abzuholen. Schließlich waren in Österreich, lange noch vor der Erfindung des Neuen Wanderns, Ansteckzeichen für den Hut beliebt, die man bei den Ausflugszielen am Land ergattern konnte.

So sind vor allem jene *Attractions* besonders begehrt, die, wie das eigentliche Wandern auch, mit einer ausgeprägten Seelenmassage verbunden sind.

Wandern heißt, sich in Balance zu bringen, damit einem Grundbedürfnis aller lebenden Organismen zu folgen.

Ist es lange Zeit dunkel, dürstet man nach Licht, ist es kalt, freut man sich über die ersten Sonnenstrahlen. Luft und Himmel, das Grün um einen herum, der gleichmäßige Rhythmus des Wanderns, der die Alphawellen im Gehirn beeinflusst, das alles ist *Mood Management* durch Wandern und somit sein eigentlicher Zweck.

Attractions versuchen, diese Seelenmassage in einer urbanen Umgebung zu imitieren. Das ist der Grund, warum sinnliche Attraktionen derart beliebt sind.

Große Gefühle, wie bei den *Memorials*, die einen dazu bringen, sich durch die emotionale Erschütterung selbst zu spüren, oder *Attractions*, die mit oralen Genüssen verbunden sind, wurden für viele Menschen zu attraktiven Zielen.

Den Ursprung der *Attractions* im Wandern merkt man am deutlichsten in einer Weinerlebniswelt, die Ende 2003 im Niederösterreichischen Weinort Langenlois eröffnete. Das »Loisium«, entwickelt vom Szenographen Otto Steiner, führt von einem hypermodernen Gebäude aus erst durch einen Weinberg hindurch und dann in die unterirdischen Kellerwelten hinab, wo man tatsächlich so etwas wie eine Wanderung im Untergrund macht. Entlang eines Lichtbandes im Boden marschiert man einen Kilometer durch den Erdboden hindurch, berührt die feuchten Lösswände, die den Weinstock hervorbringen, wird ermutigt, mit den Fingernägeln ein Zeichen im weichen Löss zu hinterlassen. Man lauscht dem Knall einer schweren, fallenden Kugel, die unaufhörlich auf ihrer Bahn rollt und so den Lauf des Mondes symbolisiert, die Zeit, die der reifende Wein braucht. Türme ragen zum Himmel empor, unterirdische Kathedralen erfüllen mit Ehrfurcht, Weinfässer sind dramatisch beleuchtet, kalte Luft und modriger Geruch werden vom edlen Lichtdesign gebrochen. Am Ende lockt ein Festsaal, dessen Kronleuchter durch einander gegenüberliegende Spiegelwände tausendfach vervielfältigt werden und mit dessen Glasharfen die Luster des unterirdischen Ballsaals beeinflusst werden. Schließlich erfolgt die Wiederkehr an die Oberfläche, wo die ersehnte Weindegustation wartet und ein Designershop für den Weinkauf. Das »Loisium«, das ist *Mood Management* durch Kühle, Angreifen und Geruch, durch zarten Glasharfenklang und erschreckenden Kugelknall, durch das Erlebnis von Höhe und Tiefe, von Glory und Ehrfurcht in einer grandiosen Attraktion.

Mood Management, so könnte im Prinzip auch dieses ganze Buch überschrieben sein. Denn bei allen Dritten Orten geht es im Kern darum, den Menschen etwas Gutes zu tun, sie wieder in Balance zu bringen. Das ist der zentrale Mehrwert, der sich im Marketing von Heute aufgetan hat.

Früher hieß es, wer nicht lächeln kann, soll gar nicht erst versuchen, etwas zu verkaufen. Heute heißt es, wer seine Kunden nicht zum Lächeln bringt, ist chancenlos im Zeitalter des Dritten Orts.

Das Neue Wandern

- *professionalisiert das Phänomen des Wanderns an sich.*
- *Wandern hieß früher: ein Spannungsweg führt zu einem abfeiernden Ziel.*
- *Dazwischen lagen schöne zufällige Erlebnisse oder auch viel »Leerlauf«.*
- *Das Neue Wandern verdichtet den Weg durch bewusst gestaltete Erlebnis-Stopps.*
- *So entstanden die Themenwanderwege als Rettung des Sommertourismus.*
- *So entstanden aber auch die neuen »Attractions« rund um Historie, Genuss, Kultur.*
- *Beiden gemeinsam ist »Seelenmassage durch selbstvergessenes Voranschreiten«.*

- **Themenwanderwege**
  Der Einstieg in den Weg ist deutlich erkennbar – etwa durch ein inszeniertes Tor. Die unterschiedlichen Bereiche des Weges und sein Höhepunkt sind namentlich bezeichnet und in einer »Entrance Map« vorveröffentlicht. Das Ziel ist mit einer abfeiernden Belohnung – etwa authentischem Merchandising – verbunden. Dazwischen werden an sinnlichen Erklärstationen historische Details zum Leben erweckt und Naturerfahrungen durch »Hands-on« zugänglich gemacht.

- **Erlebnisattraktionen**
  Sie sind »Wanderwege« innerhalb eines Erlebnismuseums, folgen, wie echte Wanderwege, dem Prinzip des Kreuzwegs oder Stationendramas. Typisch ist die »Streckung« der »Core Attraction« auf den Verlauf des gesamten Weges. Große Gefühle, wie bei den »Memorials«, und orale Genüsse, wie bei den Attraktionen über Wein, Schokolade, Musik, werden zum durchgehenden Prinzip.

What's hot, what's new?

Nachwort zur Neuauflage

»Was gibt's Neues?« fragt mich ein Journalist. »Ich bin kein Trendforscher«, knurre ich zurück und erkläre, dass ich mich schließlich mit einer universellen Erlebnissprache beschäftige, die sich schon seit Jahrhunderten kontinuierlich weiterentwickelt und halt jetzt – nach den Prunkfesten der Renaissance und den Spektakeln der katholischen Kirche – in der »Experience Economy« gelandet ist. »Ich analysiere ganz prinzipielle Tricks und Kniffe und ihren psychologischen Hintergrund«, sage ich, »und nicht das schnelle Neue, das bald wieder weg vom Fenster ist.« Dann fällt mir ein, dass ich natürlich weiß, was gerade läuft. Hier, im Nachwort zur Neuauflage, ist der richtige Platz, um zu berichten, was sich seit der Erstauflage dieses Buchs getan hat und was wir in naher Zukunft erwarten können. Im Wesentlichen scheint alles auf zwei Entwicklungen hinauszulaufen:

»Experience Snacking«

Zum einen breiten sich Erlebnisse immer mehr aus, werden zu allgegenwärtigen »Eine-Minute-Ferien«, die sich im Vorübergehen konsumieren lassen. »Experience Snacking« nennen das die Kollegen vom renommierten Schweizer Gottlieb Duttweiler Institut. Wir Medienmenschen und Gefühlsingenieure haben die Rezipienten zu Erlebnisprofis gemacht, sodass ihre *Media Literacy* beinahe so gut ist wie die der »Macher der Freizeit«. Sie »sprechen die Sprache der Freizeit und Medien« perfekt, stellen sich geschickt mit jedem Wortspiel, Konsumspiel, Augenspiel an. So verlangen sie ein Mehr von dem, was sie können und lieben, und nicht nur dann, wenn einmal im Jahr das große Fest stattfindet – zu Weihnachten, im großen Sommerurlaub, beim Ausgehen –, sondern sie wollen sich immer öfter im Hier und Jetzt spüren.

Erlebnisse sind daher nicht nur Bestandteil der Freizeitgestaltung, sondern spielen zunehmend auch in ernsthaften Lebensbereichen, wie dem Gesundheitswesen oder der Geldanlage, eine Rolle. Banken, Versicherungen, Apotheken und Krankenhäuser werden deshalb gerade zu erstklassigen Erlebnisorten, die uns Angst nehmen und Leiden reduzieren sollen.

Extremfreizeit

Zum anderen schreitet auch der Trend zur Konzentration der Erlebniswelten voran, weshalb sich neben den bisherigen Zentren der »Experience Economy« – wie Las Vegas und Orlando – auch neue Erlebniszentren in Südchina und in den Vereinigten Arabischen Emiraten entwickeln. Sieben der zehn größten Shopping Center der Welt werden ab dem Jahr 2010 in China stehen. Und in Dubai, dem arabischen Gegenstück von Las Vegas, soll das große Staunen über Erlebnisse den irgendwann einmal versiegten Ölfluss ersetzen. Touristen kommen in solche Megacities des Entertainments nicht mehr, um zu baden oder Land und Leute kennenzulernen, sondern um das typische Las-Vegas-Erlebnis oder das typische Dubai-Erlebnis zu genießen. Einmal gefunden und definiert, zieht dieses prototypische Erlebnisgefühl dann von überall her Geldgeber an, die das Gesamterlebnis des Ortes durch ihre Investitionen bereichern, und es verführt Familien- und Kongresstouristen dazu, alle zwei bis fünf Jahre vorbeizuschauen, um zu sehen, was es Neues innerhalb des typischen Erlebnisgefühls gibt.

Power Napping

Wahrscheinlich ist eine solche kurze Rast die heute am weitesten verbreitete Form des Erlebnis-Happens zwischendurch. »Power Napping«, so bezeichnet man im engeren Sinn jene Form des Mittagsschlafs in Büros und Ämtern, die als sanktionierte Form der Regeneration akzeptiert ist. Wer in New York's Empire State Building in das 22. Stockwerk hinauffährt, steht bald vor den Türen von »Metronaps«, dem ersten Institut der Welt, das sich der regenerierenden Kurzzeitruhe verschrieben hat. In ihrer Mittagspause eilen Büroangestellte herbei, um sich 30 oder 60 Minuten in einem abgedunkelten Raum in weiße Plastikhalbkugeln hineinzulegen, deren bequeme Lederliegen, wie in der First Class im Flugzeug, und Bose-Kopfhörer mit Entspannungssound die perfekte Regeneration in kurzer Zeit versprechen. Am Ende der Behandlung wird man von Vibrationen, von blauem Licht und einem aktivierenden Feuchttuch langsam geweckt und wankt zurück in den Job.

In einer Zeit, in der allgemein der Druck auf Arbeitskräfte und Manager wächst, sucht man nach Möglichkeiten, durch inszeniertes »Mood Management« ein wenig Druck aus dem Arbeitsleben herauszunehmen und die Menschen möglichst schnell wieder produktiv zu machen.

Diesen Druck spüren auch viele Familien mit Kindern. Die deutsche Buchhand-lungskette Thalia sieht sich als Familienbuchhandlung und muss deshalb auf diesen unterschwelligen Druck reagieren. Im österreichischen Flagship Store der Kette in Linz hat man fünf so genannte Leseröhren installiert (siehe Farb-bildteil, Seite XV). Diese hölzernen Röhren mit Sitzbänken und Tisch schließen auf der einen Röhrenseite mit einem kreisrunden Röhrenfenster ab, sodass man ganz kuschelig, wie in einem Erker oder wie auf einer Fensterbank, sitzt. Leser sollen sich dort meditativ zurückziehen und sie tun es auch. Doch besonders be-liebt sind die Leseröhren bei Familien mit Kindern. Kürzlich beobachteten wir einen Vater mit seinen beiden kleinen Töchtern, die es sich mit Thermoskanne und Jausenbroten richtig häuslich eingerichtet hatten. Die Leseröhren machen aus diesem Thalia Flagship Store einen perfekten Dritten Ort.

Gehen Buchhandlungen noch als Freizeitorte durch, würde man Banken einen solchen Freizeitwert üblicherweise absprechen. Und doch zeichnet sich gerade im Bereich der ernsten Geldgeschäfte eine Revolution ab. Weltweit be-achteter Vorreiter ist die kalifornische Umpqua Bank, die früher einmal die Bank der Holzfäller in der Gegend von Seattle war. Heute sucht man in den zahlreichen Filialen klassische Bankelemente, wie Kassenschalter, vergebens. An ihrer Stelle laden Sitzgarnituren wie in der Lobby eines Design-Hotels zum Verweilen ein. Die Bank besitzt ihre eigene Kaffeemarke, die an opulent eingerichteten Kaffee-Buffets angeboten wird, während die Kunden sich in den Beratungssofas mit ihren Betreuern rekeln oder vor Plasmabildschirmen aufschlussreiche Videos über Geldgeschäfte und die Kunst der Geldanlage genießen.

Die Deutsche Bank eröffnete an der Friedrichstraße in Berlin das europäische Pendant zur Umpqua Bank, das Q 110, mit Loungemöbeln, Stehtischen für das Be-ratungsgespräch und zahlreichen Shop-in-the-Shops. In der PR heißt es: »Machen Sie einmal Pause von der Hektik des Alltags. Lassen Sie im schönen Ambiente der Q110 Lounge die Seele baumeln. Besuchen Sie uns doch einmal, nachdem Sie im Q110 Ihre Bankgeschäfte erledigt haben. Oder einfach nur so, um in der Q110 Lounge in Ruhe unsere Kaffeespezialitäten, Tees, Erfrischungen, Kuchen oder Snacks zu genießen.« Da wartet dann tatsächlich ein Bäcker, ein Shop mit Designobjekten und ein ungewöhnlicher Shop mit Finanzprodukten auf die Kunden. Denn man hat – eine wirklich innovative Idee zum Convenience Entertainment – die wichtigsten Finanzprodukte des Unternehmens zu Packungen gestaltet, die wie die Tiefkühlschalenprodukte im Supermarkt aussehen. Nur kauft man statt Chicken Nuggets ein Jugendkonto und statt Ravioli eine Pensionsvorsorge.

Public Viewing

Übersetzt man wörtlich, erhält man »öffentlich ansehen«, und das trifft eigentlich den Nagel auf den Kopf. Nicht nur mehr vor dem Bildschirm wollten die begeisterten Zuschauer der grandiosen Fußball WM 2006 in Deutschland und überall auf der Welt die Spiele sehen, sondern an einem echten, halböffentlichen Ort, nicht allein, sondern als Bestandteil eines Gemeinschaftserlebnisses, an einem inspirierenden Ort, einem gemeinsamen Wohnzimmer aller, die derselben Leidenschaft verfallen waren, an einem »Dritten Ort«. Und so baute Adidas vor dem Reichstag in Berlin eine verkleinerte Kopie des Olympiastadions für 10.000 Besucher samt Brandland und Shops. Die Menschen saßen nicht in einem Stadion, sondern in der Simulation eines Stadions, aber dieses Ding war tatsächlich in der Lage, echte Stadionatmosphäre zu generieren.

Die Kulisse startete die richtigen Brain Scripts, denn Public Viewing ist ein Phänomen des Geschichtenerzählens, der authentischen Thematisierung.

Alles begann wahrscheinlich damit, dass die Menschen das Hinausgehen wiederentdeckten. Überall entstanden im Sommer plötzlich Sandstrände mit Bar und Leinwand und Sand und Liegestühlen. In Wien ist fünf Minuten von CommEnt entfernt, direkt am Donaukanal (englisch eleganter »Little Danube«) Hermann's Bar ein Megaerfolg. Es ist erstaunlich, wie der Sand unter den Füßen augenblicklich ein Urlaubsgefühl erzeugt, Kinder zu Sandspielzeug greifen, ein Eis verlangen und wir routinemäßig den Sunset Cocktail konsumieren, dabei aber den Stau gegenüber komplett ausblenden. Beinahe nebenan liegt das Badeschiff vor Anker. Eigentlich sind es zwei Schiffe: das eine ist ein Restaurant, das andere ein Bad als Referenz an die alten Flussbäder des 19. Jahrhunderts. Man isst und schaukelt dabei, man schwimmt und schaut dabei aufs Wasser und wieder funktioniert die Thematisierung, die einen an einen anderen Ort versetzt, mittenhinein in die Ferien.

Dubailand

In Dubai, dem arabischen Pendant zu Las Vegas, wird ein ganz anderes Freizeit-Drehbuch gespielt. Nicht der kleine Erlebnishappen zwischendurch, sondern der große Wow-Effekt soll Touristen aus aller Welt in einen Zustand des Mega-Staunens versetzen, mittenhinein in eine verblüffende Geschichte wie aus 1001 Nacht. Wie sich eine Wüstenregion in eine boomende Entertainment- und Shopping-Metropole verwandelt, lässt einen tatsächlich an einen allmächtigen »Geist in der Flasche« glauben. In Dubai überlegt man, was definitiv unmöglich ist – und baut es dann trotzdem: einen Skihang in der Wüste, riesige Resorts in Palmenform mitten im Meer, das höchste Gebäude der Welt, ein Hotel unter Wasser ...

Dabei imitiert Dubai schamlos den Planetenbaumeister Slartibartfaß aus dem Zukunftsroman »Per Anhalter durch die Galaxis«. In Douglas Adams' Buch ist »Die Erde II« in Entwicklung und Slartibartfaß bekommt den Auftrag, Afrika zu designen, was ihn nicht sehr glücklich macht, denn seine Spezialität sind norwegische Fjorde. In Dubai wird in allernächster Zeit Afrika als eine von hunderten Inseln geformt, die zusammen die Inselgruppe »The World« ergeben, auf der man wohnen und sich unterhalten lassen kann. Sie liegt weit draußen im Meer, noch viel weiter als »The Palm«, die gerade fertig wird, oder »The Palm II und III«, die erst aufgeschüttet werden. »Alles ist machbar« lautet die Devise, doch wir Touristen aus Europa spüren zugleich schmerzlich die Wolkenkratzer am Strand, die jene arabische Idylle von vor Jahren zerschneiden, und spekulieren darüber, wie viele künstliche Inseln das Meer noch verträgt, bevor es kippt. Trotzdem zeichnet sich bereits jetzt ab: Dubai hat es geschafft, als eigenständige Entertainment-Stadt mit einem unverwechselbaren Erlebnisprofil registriert zu werden.

Dubai ist weniger ein Ort der begehbaren Geschichten, wie etwa der Konkurent Las Vegas, sondern findet seine Stärke im Verblüffen.

Das Staunen über ungewöhnliche Großbauten wie »The Palm« oder »The World« setzt sich im Kleinen – in den Shops und Malls – fort. Hier ein Elefant in Lebensgröße, der als Uhr fungiert, dort Läden, die wie Kunstgallerien oder eine luxuriöse Wohnung aus dem Jahr 1900 inszeniert sind. Besonders spektakulär ist »I-Zone«, unweit des Skidoms in der »Mall of the Emirates«. Der Laden stellt seine Kunden auf ein Förderband und schickt ihnen auf einem Lift über den Köpfen die neuesten Jeans entgegen.

Überdachte Städte, Shops aus dem Nichts, leuchtende Häuser

Vieles gäbe es noch zu berichten, etwa über die Rückkehr der Innenstädte, die mit Selbstbewusstsein den Kampf gegen die Shopping Center am Stadtrand aufnehmen. Im Kärnter St. Veit hat zum Beispiel ein mutiger Bürgermeister die halbe Innenstadt überdacht und stellt den Käufern Einkaufswägelchen zur Verfügung, die man von Laden zu Laden mitnimmt.

Was gibt es noch? Neue Shopformate sind entstanden: die Pop-up Stores, die für einen Tag, eine Woche, einen Monat irgendwo in einer Garage, einem Hinterhof, einer Metzgerei auftauchen, sodass plötzlich Jeans auf Fleischerhaken hängen oder eine einzige Flasche eines Edelparfums, bewacht von einem Sicherheitsmann, in einem sonst leeren Raum aufgestellt wird. Luxusmarken und Lifestyleprodukte kommunizieren mit dieser Form des Guerilla-Marketings mit einer Zielgruppe, die es gewohnt ist, sich für Clubbings und Events zu einem versteckten, ungewöhnlichen Ort durchzuschlagen.

Auch neue Technologien wurden in den letzten fünf Jahren machbar und erstmals bezahlbar. Gebäude, wie die Uniqua Versicherung in Wien, prunken mit einer Multimediafassade aus tausenden LED-Leuchten, die zu immer neuen Mustern und Bildern programmierbar sind. Auf diese Weise werden Unternehmenszentralen auch nachts zu *Landmarks* und bringen durch das *Mood Management* der LEDs so manches Leuchten in eine dunkle Ecke ihrer Stadt.

Auch die »Strategische Dramaturgie«, die diesem Buch zugrunde liegt, entwickelt sich gerade weiter. Mit Hilfe der Erkenntnisse um körpereigene Drogen und unter dem Einfluss intensiver Erlebnisse rund um die Wasserfälle von Iguacu und die Interpretationen verschiedener Künstler entsteht derzeit eine neue Theorie rund um inszenierte Hochgefühle, Marketing und intensives Leben, die 2008 publikationsreif ist. – Bis dahin auf Wiedersehen.

Danksagungen

»Ist das Buch schon fertig?« fragt mein kleiner Sohn gerade zum fünften Mal an diesem Tag. Denise, die selbst schon ein Buch geschrieben hat, kann sich nicht mehr daran erinnern, wie unser Tagesablauf vor der Zeit des Schreibens war. Daher gilt mein größter Dank meiner wunderschönen Frau Mag. Denise Mikunda-Schulz und meinem Sohn Julian Darwin Mikunda. »Marketing spüren« ist mein drittes Buch, doch es ist das erste, das am Buchanfang mit einer Widmung versehen ist: für Denise und Julian. Die meisten Beispiele für die Theorie haben Denise und ich gemeinsam entdeckt und analysiert, sodass »Marketing spüren« in gewissem Sinn genauso ihr Buch ist wie meines. Die Großmutter meiner Frau, Margaretha Niglas, und meine Mutter, Inge Mikunda, hatten in dieser schwierigen Zeit einen großen Anteil im Management unseres privaten Alltags. Für ihre selbstlose Unterstützung bin ich ihnen zu größtem Dank verpflichtet.

Meine Sekretärin Inge Pintarich hat nicht nur den perfekten Überblick über alles, was bei »CommEnt« geschieht, sondern schneidet für mich jeden Tag einen geschälten Apfel in kleine Stücke. Mag. Gerhard Maier hat zahlreiche redaktionelle Vorschläge für die Bearbeitung dieses Buchs gemacht, Alexander Vesely die visuelle Seite des Projekts betreut. Alle drei sind Mitarbeiter, deren Engagement weit über das übliche Maß in einer Firma hinausgeht. Der renommierte Fernsehbühnenbildner und Szenograph Jürgen Hassler wurde für mich mit seiner Firma »Make it Real« zum wichtigsten externen Partner von »CommEnt«. Die Zusammenarbeit mit ihm ist immer inspirierend, leichtfüßig und professionell. Er ist der kreative Partner bei der Entwicklung Dritter Orte, den ich mir seit zehn Jahren gewünscht habe.

Für viele Erfahrungen, von denen dieses Buch profitierte, bin ich meinen Auftraggebern zu Dank verpflichtet. Sie waren Gesprächspartner, Initiatoren von Analysen, Geldgeber von Reisen. Leo Fellinger von Porsche Austria und Bertl Egger von GEO Reisen haben uns Recherchen in Japan, Europa und Südamerika ermöglicht, bei denen uns ganze Teams von Dolmetschern, Fahrern und Agenten vor Ort unterstützten. Reinhard Peneder und Regula Wirth von »Umdasch Shop Concepts« sind engagierte Auftraggeber von Lernexpeditionen rund um die Welt.

Ohne sie hätte ich einen Großteil der hier beschriebenen Dritten Orte gar nicht zu Gesicht bekommen. Hermann Klein von IG Immobilien, mit dem wir an der »Stadion Center« Mall in Wien arbeiten, hat uns gezeigt, dass man seine Kunden gern haben muss und kommerzieller Erfolg und soziales Engagement kein Widerspruch sind. Friedrich Blaha schließlich, Büromöbel-Industrieller und Besitzer des »biz – Büro Innovations Zentrum«, hat zur Entwicklung seines Brandlands einen Raum eingerichtet, an dessen Wänden das gesamte Know-how dieses Buchs hängt. Wie sehr ihn sein Berater dafür liebt, kann sich der Leser sicherlich vorstellen.

Bei meinem Verlag fand ich vielerlei Unterstützung. Vor Jahren schon hatte ich den Verlagsgründer, meinen Landsmann Dr. Oskar Mennel, in einem Büro des ZDF kennengelernt. Er zögerte keine Sekunde, als ich ihm Jahre später dieses Buchprojekt vorschlug. Maria Pinto-Peukmann hat das Buch nach England, Korea und China verkauft und damit mein geografisches Arbeitsfeld dramatisch erweitert. Karina Matejcek hat sich im Verlag für eine überarbeitete Neuauflage stark gemacht und damit die Aktualität des Buchs erhalten. Jeder in der Verlagsbranche kennt meinen ursprünglichen, inzwischen zu einem anderen Verlag weitergewanderten Verleger Jürgen Diessl und sein Markenzeichen, die Lederkappe. Engagiert und immer gut gelaunt zeichnet er seine E-Mails »Mit erlesenen Grüßen«.

Wien, Juli 2002 und Jänner 2007

Der Autor

Dr. Christian Mikunda, geboren 1957, war Filmtheoretiker und Fernsehdramaturg. Heute berät er als »Vordenker neuer Erlebniswelten« (Visa Magazin) die europäische Wirtschaft. Zu den Auftraggebern seiner Beratungsfirma CommEnt gehören Fernsehanstalten, die Automobilindustrie, Museen, Brandlands und Weltausstellungen, Immobilienentwickler, Hotels und der Tourismus, der Einzelhandel und Shopping Malls.

Als Wissenschaftler lehrte er in Wien, Salzburg und München, war »Guest Speaker« an der Harvard University in Boston und Gastprofessor in Klagenfurt und Tübingen. Er hält Vorträge und Seminare im gesamten deutschen Sprachraum sowie regelmäßig in London, Paris, New York, Dubai und Las Vegas.

1986 publizierte er sein erstes Buch »Kino spüren«. Sein zweites Buch »Der verbotene Ort oder Die inszenierte Verführung, Unwiderstehliches Marketing durch strategische Dramaturgie« gibt es auch auf chinesisch und koreanisch und gilt als Standardwerk der »Experience Economy«.

2002 schrieb er sein aktuelles Buch »Marketing spüren, Willkommen am Dritten Ort«. Die englische Ausgabe dieses Buchs erschien 2004 in London und zugleich in den USA unter dem Titel »Brand Lands, Hot Spots and Cool Spaces – Welcome to the Third Place and the Total Marketing Experience«, die koreanische Ausgabe im Oktober 2005 bei Miraebook Publishing Seoul, die chinesische Ausgabe folgt 2007 beim Verlag Oriental Publishing House, Peking.

Christian Mikunda lebt mit seiner Frau Denise und seinem Sohn Julian in Wien.

www.mikunda.com

Glossar

Aha-Effekt: Enthüllung, die einen verborgenen Image-Kern nach außen bringt.

AIME: Amount of Invested Mental Elaboration; Betrag der investierten mentalen Ausarbeitungsleistung. Ist der AIME-Wert hoch, fühlt man sich beschwingt.

Antagonistische Reizweiterleitung: Die Weiterleitung visueller Eindrücke in den Nervenbahnen, wobei jeder Nervenstrang, je nach Erregung in Richtung Plus oder Minus, eine bestimmte Farbe, aber auch ihre Kontrastfarbe weiterleiten kann: rot-grün, blau-gelb, schwarz-weiß. Alle anderen Farben, die Farbsättigung und die Helligkeit ergeben sich aus der Kombination dieser Erregungsmuster.

Antizipation: Auf ein Ziel gespannt werden. So entstehen Neugier und Spannung.

Arousal: Physiologisches Aktivierungsniveau des Körpers, Grad der Erregung.

Bigger than Life: »Größer als das Leben«. Der Schlachtruf Hollywoods hieß: »Mach es groß, mach es richtig, gib ihm Klasse«.

Brain Script: »Drehbuch im Kopf«, Handlungsmuster, mit dem man sich eine Geschichte zusammenreimt.

Brandland: Marken-Erlebniszentrum.

Bricks & Clicks: Verschmelzung von virtuellen und realen Räumen; virtuelle Angebote – die Clicks am Computer – bekommen eine Entsprechung in realen Räumen – den Bricks, den Ziegeln eines echten Gebäudes.

Browsing: »Abgrasen« aller Möglichkeiten an einem Ort.

Business Entertainment: Auch »Experience Economy«, Erlebnisgestaltung als strategisches Werkzeug in Werbung, Public Relations und Verkauf.

Cognitive Map: »Landkarte im Kopf«, inneres Bild eines Ortes; man orientiert sich über Achsen, Knotenpunkte, Viertel und Merkpunkte und fühlt sich dadurch heimisch.

Community Feeling: Unser Gefühl für das ganz spezifische Leben in einer Stadt oder Region. In der Psychologie als »generalisierter Bewusstseinshintergrund« bezeichnet.

Concept Line: »Roter Faden« eines Ortes, seine emotionale Klammer.

Concept Store: Kleiner Laden, oft Bestandteil einer Ladenkette, dessen Sortiment oder Warenpräsentation als smartes Spiel konzipiert ist.

Consumer Benefit: Produktnutzen, Begriff aus der Werbebranche.

Convenience Entertainment: Maßnahmen, die den Alltag bequemer machen und daher auch als Erlebnis empfunden werden.

Core Attraction: Kern-, Hauptattraktion.

Cue: Hinweissignal, eine Information, die rein emotional, ohne tieferen Gedankenprozess, verständlich ist.

Déjà vu: »Schon mal gesehen«.

Dritte Orte: Third Places, halböffentliche Orte als persönlicher Lebensraum.

Entrance Map: Landkarte, die man im Eingangsbereich erhält und die räumliche Erschließung (cognitive map) auf einen Blick sichtbar macht.

Etiketten-Effekt: Unverwechselbare Charakteristika, wie etwa die typische Machart am P.O.S., rufen durch das Kontakt-Affekt-Phänomen das jeweils Ganze an Botschaft oder Emotion auf.

Event Acts: Events mit Schauspielern und Amateurtruppen.

Event, dramaturgisch: Macht Situationen gegenwärtig und durchlebbar, die vom Konsumenten örtlich oder zeitlich getrennt sind.

Eye Catcher: Auffälliges visuelles Element, das die Aufmerksamkeit auf sich zieht und die Blicke lenkt.

Flagship Stores: Hauptläden eines Handelsunternehmens.

Gerümpel-Totale: Visueller »Müllhaufen«, der den herumspringenden sakkadischen Augenbewegungen keinen Halt bietet, schwächt den ästhetischen Eindruck eines Ortes.

Golden Touch: Spezielle achtsame Berührung zur Aufwertung eines Produktes.

Hands-on: Interaktive Installation.

Header: Gebaute Schlagzeile, wie ein mittelalterliches Zunftzeichen (Brezel für Bäckerladen).

Image Kontrast: Die Ästhetik von Alt und Neu, Futuristisch und Traditionell usw. prallen so aufeinander, dass daraus eine kontrastreiche, neue Ästhetik entsteht.

Inferentiel Beliefs: Gefolgerte Meinung, wörtlich: der hineingetragene Glaube. Man macht sich ein Bild, dadurch entstehen Image und Atmosphäre.

Landmark: Merkpunkt, Wahrzeichen.

Lounging: Bedeutet, dass eine hochwertige private Atmosphäre mit extrem entspannenden Zusatzangeboten verbunden wird.

Malling: Promenieren, Flanieren.

Media Literacy: Sich mit den Medien, dem Konsum, dem modernen Leben geschickt anstellen.

Merchandising Shop: Laden, in dem man Dinge kauft, um Image mitzunehmen und Restspannungen abzufeiern.

Mood Management: Stimmungsmanagement, Seelenmassage.

Orientierungsreflex: Anthropologischer Überlebensmechanismus, durch den wir reflexartig auf schnelle Bewegungen, Blinken, Flimmern u.Ä. reagieren. So entsteht die Ästhetik des »Augenkitzels«.

Placement: Die Kunst der Verpackung und des Imagetransfers. Die Verpackung gibt einen Kommentar auf das Verpackte ab (und umgekehrt).

Point Of Sale (P.O.S.): Verkaufsort.

Reason Why: Verkaufsfördernde Behauptung, Begriff aus der Werbebranche.

Replikat: Stellt die Frage »echt oder nicht echt?« Wahrnehmungsspiel.

Seeing is Believing: Überzeugungskraft des Augenscheins, mit eigenen Augen sehen. Die Kunst der Demonstration, die Glaubwürdigkeit herstellt.

Shop-o-tainment: Shopping und Entertainment verschmelzen an einem Ort.

Slice Of Life Brain Scripts (SOL): Kognitive Drehbücher für Alltagssituationen.

Spannungsachse: Tiefenperspektive; zieht den Blick in die Tiefe.

Teaser: Lockt hinein, macht neugierig, eine Antizipationsstrategie.

Thematisierung: Begehbare Geschichten, Traumwelt.

Time Line: Die Eigenzeit, subjektive Zeitempfindung.

Urban Entertainment Center: Inszenierte Zentren des neuen Ausgehens mit einer Hauptattraktion (Kino, Casino) und abfeiernden Nebenattraktionen (Shops, Gastronomie) an einem gemeinsamen Ort.

USP: Unique Selling Proposition; einzigartiges Verkaufsargument.

Visitor Center: Besucherzentrum.

Wow-Effekt: Lässt staunen.

Adressen

3950: Mandalay Bay Resort, 3950 Las Vegas Boulevard, South, Las Vegas, NV 89109; www.mandalaybay.com

Adagio: Stella Musical Theater, Marlene-Dietrich-Platz 1, D-10785 Berlin; www.adagio-nightlife.de

Aladdin Hotel: 3663 Las Vegas Boulevard, Las Vegas, NV 89109; www.aladdinhotelscasinoslasvegas.com

Alligator: Rotenturmstraße 19, A-1010 Wien

AMLUX Toyota: 3-5 Higashi-Ikebukuro, 3chome, Toshima-ku, J-Tokio 170; www.toyota.co.jp/Amlux

Animal Kingdom: Walt Disney World, Orlando, Florida; disneyworld.disney.go.com/waltdisneyworld

Anthropology: 375 West Broadway, Soho, New York, USA

Armani Store: Bellagio Hotel, 3600 S.Las Vegas Boulevard, Las Vegas, NV 89109; www.bellagio.com

Art World: Bluewater Kent DA9 9SN, UK; www.bluewater.co.uk

Atelier Renault: 53 Avenue des Champs Élysées, F-75008 Paris; www.atelier-renault.com

Au Printemps: 64 Boulevard Hausmann, F-75009 Paris; www.printemps.com

Auréole: Mandalay Bay Resort, 3950 Las Vegas Boulevard, South, Las Vegas, NV 89109; www.aureolelv.com

Autostadt: Berliner Straße, D-38440 Wolfsburg; www.autostadt.de

B.E.D: 929 Washington Avenue, Miami Beach, USA; www.bedmiami.com

Bar 89: 89 Mercer Street, New York, Soho, USA

Barbara Bui: 23, rue Etienne Marcel, F-75002 Paris; 43, rue des Francs-Bourgeois, F-75004 Paris; www.barbarabui.com

Barbara Bui: Galéries Lafayette, 40, Boulevard Haussmann, F-75009 Paris

Bellagio Hotel: 3600 S.Las Vegas Boulevard, Las Vegas, NV 89109; www.bellagio.com

Bercy Village: cour St. Emilion, F-75012 Paris; www.bercyvillage.com

Billa: Kaiser Josef Straße 4, A-3002 Purkersdorf; www.billa.at

Billa: Singerstraße 6, A-1010 Wien

Blaha biz: Kleinengersdorferstraße 100, A-2100 Korneuburg; www.blaha.co.at

Bluewater: Bluewater Kent DA9 9SN,UK; www.bluewater.co.uk

British Airways: Lounge in the Sky, www.british-airways.com

Bücherbogen am Savignyplatz: Stadtbahnbogen 593, D-10623 Berlin; www.buecherbogen.com

Buddha Bar: 8, Rue Boissy D'Anglais, F-75008 Paris

Build a bear: Desert Passage, Aladdin Hotel, 3663 Las Vegas Boulevard, Las Vegas, NV 89109; www.buildabear.com

Caesars Palace Hotel: 3570 Las Vegas Boulevard, Las Vegas, NV 89109; www.caesars.com/palace

CafeCentral: Autostadt, D-38440 Wolfsburg; www.autostadt.de

Camper: Wooster Street, Soho, New York, USA; www.camper.es

Casa la Femme: 150 Wooster, New York, Soho, USA

CEBIT: D-Hannover

CentroO: D-Oberhausen; www.centro.de

Chardonnay: Autostadt, D-38440 Wolfsburg; www.autostadt.de

Chiat/Day: Werbeagentur, New York, USA; www.chiatday.com

China Grill: Mandalay Bay Resort, 3950 Las Vegas Boulevard, South, Las Vegas, NV 89109; www.mandalaybay.com

Christkindlmarkt: Rathausplatz, A-1010 Wien, im Advent; www.christkindlmarkt.at

Church Street Station: Orlando, Florida, USA; www.churchstreetstation.com

Citadium Sport: rue Caumartin, F-75008 Paris

Club MedWorld: in Bercy Village, 39, cour Saint Émilion, F-75012 Paris

Colette: 213 Rue St. Honoré, F-75001 Paris; www.colette.fr

Colourscape: www.colourscape.org.uk

Commes des Garçons: 520 West 22nd Street, Chelsea, New York

Commes des Garçons: 54 Rue du Faubourg St. Honoré , F-75008 Paris

Covent Garden Market Place: Covent Garden, London, UK;
www.coventgardenmarket.co.uk

Danai Beach Resort: Nikiti, Sithonia Halkidiki, 63088 Greece;
www.ellada.net/danai

Das Hotel: Sempacherstraße 14, CH-6002 Luzern; www.the-hotel.ch

DB Lounge: www.bahn.de

Decoprojekt: Euroshop 2002; www.decoprojekt.de

Delano: 1685 Collins avenue, Miami Beach FL 33139, USA;
www.ianschragerhotels.com/hotel_delano

Desert Passage: Aladdin Hotel, 3663 Las Vegas boulevard, Las Vegas, NV 89109;
www.desertpassage.com

Die Lange Nacht der Museen: Berlin; www.lange-nacht-der-museen.de; Wien;
www.langenacht.orf.at

Die Nacht der dicken Bücher: E. Riemann'sche Hofbuchhandlung, Inh. Irmgard
Clausen, Markt 9, D-96450 Coburg; http://www.riemann.de

Die Rückkehr des Dritten Mannes: Friedrichstraße / Esperantopark, A-1010 Wien;
info.wien.at/d/event/tipps/dritter.html

Diesel: Bluewater Kent DA9 9SN, UK; www.bluewater.co.uk

Disney Store: Forum Shops at Caesars Palace Hotel, 3570 Las Vegas Boulevard, Las
Vegas, NV 89109; www.forum-shops.com

Disney Village Marketplace: Walt Disney World, Orlando, Florida, USA;
disneyworld.disney.go.com/waltdisneyworld

DKNY: 655 Madison Avenue, New York, USA; www.dkny.com

Dussmann: Friedrichstraße 90, D-10117 Berlin; www.kulturkaufhaus.de

Eistraum: Rathausplatz, A-1010 Wien, im Jänner bis März; www.wienereistraum.com

Ellis Island: Ellis Island Immigration Museum, New York, NY 10004; www.ellisisland.com

EuropaCenter: Budapester Straße, D-Berlin; www.europacenterberlin.com

Euro-Shop: D-Düsseldorf; www.euroshop.de

Expo 02: 15.Mai–20. Oktober 2002, CH-Drei-Seen-Land; www.expo.02.ch

Expo 1998: Lissabon, Portugal

Expo 2000: 1.Juni–31. Oktober 2000, Hannover

The Eye of London: Westminter Road; www.british-airways.com/londoneye

FAO Schwarz: Forum Shops at Caesars Palace Hotel, 3570 Las Vegas Boulevard, Las Vegas, NV 89109; www.forum-shops.com

FBI Tour: 9th and E streets, N.W. Edgar Hoover Building, Washington, DC; www.fbi.gov

Festival des Eises: Anfang Jänner bis Mitte April, Harbin, China

Finanzkaufhaus Düsseldorf: Berliner Allee 33,D-40212 Düsseldorf; www.finanzkaufhaus-duesseldorf.de

Fisherman's Wharf: Jefferson Street / Pier 39, San Francisco, USA; www.fishermanswharf.org

Forum Shops: Caesars Palace Hotel, 3570 Las Vegas Boulevard, Las Vegas, NV 89109; www.forum-shops.com

Frick Collection: 1 East 70th Street (Madison/5th Avenue), New York, NY; www.frick.org

Fujita Vente: 4-6-15 Sendagaya, Shibuya-ku,Tokio

Galeries Lafayette: 40, Boulevard Haussmann, F-75009 Paris; www.galerieslafayette.com

Georges: Centre Georges Pompidou, F-75004 Paris

Ghirardelli: 900 North Point / Larkin Street, San Francisco; www.GhirardelliSq.com

Gläserne Manufaktur: Lennéstraße, D-Dresden; www.glaeserne-manufaktur.de

Gletschergarten: Denkmalstrasse 4, CH-6006 Luzern; www.gletschergarten.ch

Grand Optical: 138 Avenue des Champs Élysées, F-75008 Paris; www.grandoptical.com

Guinness Storehouse: St. James Gate, Dublin 8; Irland; www.guinness.com

Haager Theatersommer: Höllriglstraße 2, A-3350 Haag; www.theatersommer.at

Hackesche Höfe: Rosenthaler Straße 40-41, D-10178 Berlin; www.hackesche-hoefe.com

Handwerkerhof Nürnberg: am Königstor, D-Nürnberg, v. 20. März–23. Dezember

Hansen Restaurant: Börse, Schottenring 16, A-1010 Wien; www.hansen.co.at

Haus der Musik: Seilerstätte 30, A-1010 Wien; www.haus-der-musik-wien.at

Hiltl Vegetarisches Restaurant: Sihlstrasse 28, CH-8001 Zürich; www.hiltl.ch

Holocaust Museum: 100 Raoul Wallenberg Place, SW, Washington, DC; www.ushmm.org

Hospizalm: Arlberg Hospiz Hotel, A-6580 St. Christoph, Tirol; www.hospiz.com

Hudson Hotel: 356 West 58th street, New York, USA; www.ianschragerhotels.com/hotel_hudson

Hugendubel: Steinweg 12, D-60313 Frankfurt/Main; www.hugendubel.de

Hugo Boss: 5th Avenue / 56th Street, New York, USA

IBM Atrium: Madison Avenue between 56th and 57th Streets, New York, NY 10022

Ice Ring: Rockefeller Center, New York, USA, zu Weihnachten

Interlübke »eo«: www.interluebke.com

Jäggi: Spitalgasse 47/51, Ch-3001 Bern; www.jaeggi.ch

Jean Claude Jitrois: 38, Rue Faubourg St. Honoré, F-75008 Paris

Just Leather: Bluewater Kent DA9 9SN,UK; www.bluewater.co.uk

Kaufhaus Strolz: A-6764 Lech am Arlberg; www.strolz.at

Kino unter Sternen: Augarten, A-1020 Wien, im Sommer

Klangwolke: A-4020 Linz, jährlich; www.aec.at/festival

Kuh-Kultur: CH- Zürich

Kultur- und Kongresszentrum Luzern: Europaplatz 1, CH-6005 Luzern; www.kkl-luzern.ch

L'oxymoron: Hackesche Höfe, Rosenthaler Straße 40–41, D-10178 Berlin

Lederleitner: Börse, Schottenring 16, A-1010 Wien; www.lederleitner.at

Le Meridien Hotel: Opernring 13, A-1010 Wien; www. lemeridien.com

Life Ball: Rathaus, A-1010 Wien, einmal pro Jahr

Loisium: Loisiumallee 1, A-3550 Langenlois, www.loisium.at

Lomography Shop: Museumsquartier, Museumsplatz, A-1070 Wien, www.lomography.com

LunAquaMarin: Paracelsus-Bad, Roedernallee 200/204, D-13407 Berlin

Lush: Ladenkette, z.B. Bluewater Kent DA9 9SN, UK; www.lush.co.uk

Mandalay Bay Resort: 3950 Las Vegas Boulevard, South, Las Vegas, NV 89109; www.mandalaybay.com

Mango: Kärntner Straße, A-1010 Wien

Meinl am Graben: Graben 19, A-1010 Wien, www.meinlamgraben.at

Mercedes-Benz Spot: Kaiserstraße 19-21, D- 60311 Frankfurt; www.mercedes.frankfurt.de

Mercedes Kundencenter Rastatt: Gottlieb Daimler Straße, D-76432 Rastatt

Meteorit: RWE Park, D-Essen; www.meteorit.de

Metronaps: im Empire State Building, Suite 2210, 350 Fifth Avenue, New York, NY 10118; www.metronaps.com

Milleniumsdome: Greenwich, London, UK

Mirage Hotel: 3400 Las Vegas Boulevard, Las Vegas, NV 89109; www.mirage.com

Moss: 146 Greene Street, Soho, New York, USA

Muji: Ladenkette weltweit; www.muji.co.jp

Museumsquartier: Museumsplatz, A-1070 Wien; www.mqw.at

Musikfilmfestival: Rathausplatz, A-1010 Wien, im Sommer; www.wien-event.at

Neue Staatsgalerie: Konrad-Adenauer-Straße 30–32, D-70173 Stuttgart; www.staatsgalerie.de

Nevada: Bluewater, Bluewater Kent DA9 9SN, UK

New Technology Center: Hochjoch, Montafon, A-6780 Schruns; www.snowell.com/ntc.schruns

New York New York Hotel: 3790 Las Vegas Boulevard, Las Vegas, NV 89109; www.nynyhotelcasino.com

Nike Town Los Angeles: 9560 Wilshire Boulevard, Beverly Hills, CA, USA; www.niketown.com

Nike Town: 6 E 57th Street, New York, USA; www.niketown.com

Noodles: Bellagio Hotel, 3600 S.Las Vegas Boulevard, Las Vegas, NV 89109; www.bellagio.com

Nordstrom: San Francisco Shopping Centre, Market / 5th Street, San Francisco, CA, USA

Ocean Dome: Hamayama, Yamazaki-cho Miyazaki City, 880-8945 Japan; www.seagaia.co.jp

Olympiade 2002: Salt Lake City

Opus One, Napa Valley: 7900 St. Helena Highway Oakville, CA 94562, USA; www.opusonewinery.com

Österreichischer Natur- und Umwelterlebnispfad für Kinder, Kali der Ramsaurier: Tourismusverband A-8972 Ramsau am Dachstein; www.ramsau.com

Österreichs Wanderdörfer: Unterwollaniger Straße 53, A-9500 Villach; www.wanderdoerfer.at

Paris Open: Roland Garos, F-Paris; www.frenchopen.org

Peggy Guggenheim: Palazzo Venier die Leoni, 701 Dorsoduro, I-30123 Venedig; www.guggenheim-venice.it

Pershing Hall Hotel: 49 rue Pierre Charron, F- 75008 Paris; www.pershing-hall.com

Peugeot: 136 Avenue des Champs Élysées, F-75008 Paris; www.peugeot.com

Pizza Mania: Legoland, D-Günzburg; www.legoland.de

Pleasure Island: Walt Disney World, Orlando, Florida; disneyworld.disney.go.com/waltdisneyworld

Pleats Please: Prince / Wooster Street, Soho, New York, USA

Polo Ralph Lauren: 867 Madison Avenue / E 72nd, New York, USA

Prada: Broadway, Ecke Prince Street; Manhattan, New York, USA

Q110: Die Deutsche Bank der Zukunft, Friedrichstraße 181, D-10117 Berlin; www.q110.de

Quick Side Park Winter City: Dubai

Red Square: Mandalay Bay Resort, 3950 Las Vegas Boulevard, South, Las Vegas, NV 89109; www.mandalaybay.com

Regenwaldhaus: Herrenhäuserstraße 4a, D-30419 Hannover; www.regenwaldhaus.de

REI: 222 Yale Avenue North, Seattle, USA; www.rei.com

Reiss: Ladenkette in Bluewater, im Trafford Center, Manchester M17 8AA, UK; www.traffordcenter.co.uk

Résonances: Bercy Village, 9, Cour Saint-Émilion, F-75012 Paris

Résonances: Place de la Madeleine, 3, Boulevard Malherbes, F-75008 Paris

Riedel Sinnfonie: Riedel Glas, A-6330 Kufstein; www.riedelcrystal.co.at

Ritz Carlton Hotels: www.ritzcarlton.com

Ritz Carlton: Autostadt, D-38440 Wolfsburg; www.autostadt.de

Royal Hotel: 5-3-68, Nakanoshima, Kita-ku, Osaka 530, Japan; www.rihga.com/osaka

Rumjungle: Mandalay Bay Resort, 3950 Las Vegas Boulevard, South, Las Vegas, NV 89109; www.mandalaybay.com

SAAWS Skidome: Tokio, Japan

Santa Monica Boulevard: Los Angeles, CA, USA

Schloss Schönbrunn: A-1140 Wien; www.schoenbrunn.at

Secession: Friedrichstraße 12, A-1010 Wien; www.secession.at

Selfridges Birmingham: Bullring, Birmingham B5 4BU; www.bullring.co.uk

Selfridges London: 400 Oxford Street, London W1A 1AB; www.selfridges.co.uk

Sephora blanc: Bercy Village, Cour Saint-Emilion, F- 75012 Paris; www.sephora.com

Sephora: 70, avenue des Champs Élysées, F-75008 Paris; www.sephora.com

Sevens: Königsallee 56, D-40212 Düsseldorf; www.sevens.de

Shakespeare Globe Centre: 21 New Globe Walk, Bankside, London SE1 9DT; www.shakespeares-globe.org

Shintaro: Bellagio Hotel, 3600 S.Las Vegas Boulevard, Las Vegas, NV 89109; www.bellagio.com

Shopping Bahnhof: Hauptbahnhof, Willy Brandt-Platz, D-Leipzig

SI-Centrum: Plieninger Straße 100, D-70561 Stuttgart; www.erlebniscenter.de

Silvester 2000: Paris, Sydney

Silvesterpfad: A-1010 Wien, jährlich am 31. Dezember

Sketch: 9 Conduit Street, London W 1, www.sketch.uk.com

SOliver: D-Karlsruhe

Sony Center: Potsdamer Platz, D-Berlin; www.sonycenter.de

Sony Metreon: 101 Fourth Street, San Francisco, CA 94103; www.metreon.com

Sony Style: 550 Madison Avenue at 56th Street, New York, NY 10022, USA

Sony Wonder: 550 Madison Avenue at 56th Street, New York, NY 10022, USA; wondertechlab.sony.com

Sony: 5-3-1 Ginza, Chuo-ku, J-Tokio 104

South Street Seaport: New York, USA

St. Jakobs Stadion: St. Jakobs-Strasse 395, CH-4052 Basel; www.st-jakob-park.com

St. Martins Lane Hotel: 45 St. Martins Lane, WC2N 4HX London; www.ianschragerhotels.com/hotel_sml

Starbucks: Ecke Kärntner Straße – Walfischgasse, A-1010 Wien

Starthaus der Streif: A-6370 Kitzbühel, www.hahnenkamm.com

Strohzeit: Kellerberggasse, A-1230 Wien & Breitenleer Straße, A-1220 Wien, im Sommer; www.strohzeit.at

Swarovski Kristallwelten: Kristallweltenstraße 1, A-6112 Wattens; www.swarovski-kristallwelt.com

Takashimaya: 5th Avenue / 54th street, New York, USA

Tardini: Wooster Street, Soho, New York, USA

Tate Modern: Bankside, London SE1 9TG, UK; www.tate.org.uk

Teatriz: Calle Hermosilla 15, E-Madrid

Ted Baker: Bluewater Kent DA9 9SN, UK; www.bluewater.co.uk

Temple Bar District: Dublin, Irland

Thalia: Flagshipstore Linz, Landstraße 41, A-4020 Linz; www.thalia.at

The Sharper Image: amerikanische Ladenkette; www.sharperimage.com

The Stinking Rose: 325 Columbus Avenue, San Francisco, CA 94133, USA; thestinkingrose.com

Thermenbad Vals: CH – 7132 Vals/GR; www.therme-vals.ch

Thierry Mugler: 10, rue Boissy d'Anglais, F-75008 Paris

Thomas Kincade: Bluewater Kent DA9 9SN, UK; www.bluewater.co.uk

Times Square: New York, USA

Toyota E-com ride: Tokio; www.megaweb.gr.jp

Trafford Center: Manchester M17 8AA, UK; www.traffordcenter.co.uk

Tunnelsystem Oberlech: Oberlecher Wege und Garagengesellschaft, Oberlech 266, A-6764 Lech am Arlberg

Umpqua Bank: Kalifornieren, Oregon und Washington, USA; www.umpquabank.com

Universal City Walk: Los Angeles; www.citywalkhollywood.com ; Universal Orlando; www.citywalkorlando.com

Venetian Hotel: 3355 Las Vegas Boulevard South, Las Vegas, NV 89109; www.venetian.com

Versace: 5th Avenue, New York, USA

Village Cinemas: Landstraße Hauptstraße, A-1030 Wien

Vinopolis: 1 Bank End, London SE1 9BU, UK; www.vinopolis.co.uk

Waterstones: Bluewater Kent DA9 9SN, UK; www.bluewater.co.uk

Westside: CH- Bern Brünnen; www.westside.ch

Widder Hotel: Rennweg 7, CH-8001 Zürich; www.widderhotel.ch

Wiener Festwochen Eröffnung: Rathausplatz, A-1010 Wien, einmal pro Jahr; www.festwochen.or.at

World Financial Center: Battery Park City, Lower Manhattan, New York, USA; www.worldfinancialcenter.com

Yo! Sushi: Restaurantkette; www.yosushi.co.uk

Bildnachweis

Textteil

Abb. 1:   Zürcher Kuh-Kultur, Zürich (© Rolf Hiltl)

Abb. 2:   Zunftzeichen Getreidegasse, Salzburg (Foto: Dr. Christian Mikunda); Eislöffelwolke Café Lex, Stainz (Foto: Gerhard Maier)

Abb. 3:   Neue Staatsgalerie, Stuttgart (Foto: Dr. Christian Mikunda); Gasometer, Wien (Foto: Alexander Vesely)

Abb. 4:   Entrance Map Schloss Schönbrunn, Wien (© Schönbrunner Tiergarten)

Abb. 5:   Spannungsachse »Reiss«, England (Foto: Dr. Christian Mikunda)

Abb. 6:   Entrance Map Autostadt, Wolfsburg (© Autostadt)

Abb. 7:   Außenfassade der Swarovski Kristallwelten, Wattens (© Swarovski)

Abb. 8:   »Gerümpel-Totale« auf einer Messe (© expositions & exhibitions. Display designs in Japan 1980-1990 Vol. 3, Rikuyo-sha)

Abb. 9:   Liegewippen von Toyo Ito, Expo Hannover 2000 (Foto: Dr. Christian Mikunda)

Abb. 10:   Entrance Map »Eistraum« 2006, Wien (© Stadt Wien Marketing und Prater Service GmbH)

Abb. 11:   Entrance Map Forum Shops, Las Vegas (© Forum Shops)

Abb. 12:   Fassade von Comme des Garçons, New York (Foto: Dr. Peter Schneckenleitner)

Abb. 13:   Eingeschweißte Kleidung von Barbara Bui, Paris (Foto: Dr. Christian Mikunda)

Abb. 14:   Entrance Map Bluewater, England (© Bluewater)

Abb. 15:   Entrance Map Trafford Center, Manchester, England (© Trafford Center)

Abb. 16:   Tunnelsystem Oberlech, Österreich (© Lech am Arlberg)

Abb. 17:   Ocean Dome, Japan (© Ocean Dome, aus www.seagaia.co.jp)

Abb. 18:   British Airways »Lounge in the Sky« (© British Airways)

Abb. 19:   1. Österreichischer Natur- und Umwelterlebnispfad für Kinder, Ramsau (© Tourismusverband Ramsau)

Abb. 20:   Entrance Map »Gletschergarten Luzern«, Schweiz (© Gletschergarten)

Farbbildteil

Seite I:

Points of View, TV-Spot für »The Guardian«, GB 1988 (© BMP DDBL)

Seite II:

Swarovski Kristallwelten, Wattens, Design André Heller (© Swarovski)
Alligator, Wien (Foto: Dr. Christian Mikunda)

Seite III:

Le Meridien, Wien, Design Yvonne Golds (Foto: Alexander Vesely)
Meinl am Graben, Wien, Design Otto Rau (Foto: Alexander Vesely

Seite IV:

Bluewater, Kent, England, Design Eric Kuhne, Lend Lease (Fotos: Dr. Christian Mikunda)

Seite V:

Auréole »Weinturm«, Las Vegas, Design Adam D. Tihany (Foto: Dr. Christian Mikunda)
Auréole »Weinengel« (Foto: Pierre Nierhaus)

Seite VI:

VW Autostadt »Autotürme« außen & innen, Wolfsburg, Design Jack Rouse Ass. (© Autostadt)
VW Autostadt »Lamborghini Pavillon«, Design Bellprat Ass. (© Marc Oliver Schulz)

Anhang

Seite VII:

Blur Building, Expo 02, Yverdon les Bains, Design Diller & Scofidio (© Yves André)
Pavillon der Gesundheit, Expo 2000, Hannover, Design Toyo Ito (Foto: Dr. Christian Mikunda)

Seite VIII:

Piazza Navona, Gemälde von Pannini 1756 (© Landesgalerie Hannover)
Soulcity beim Wiener Riesenrad, Wien (© WIP Marketing)
Glass Horizon 2000 bei der Secession, Wien, Künstler: Doug Aitken (Foto: Alexander Vesely)

Seite IX:

Entrance Map »Venetian Grand Canal Shops«, Las Vegas (© The Venetian Resort)
Galleria »Venetian Resort«, Design Wilson & Ass. (Foto: Umdasch Shop-Concept)
Grand Canal »Venetian Resort«, Design WATG (Foto: Umdasch Shop-Concept)

Seite X:

Toiletten Sketch, London, Design Noe Lawrance (Foto: Umdasch Shop-Concept)
Bar 89, New York, Design Janis Leonard (Foto: Dr. Christian Mikunda)

Seite XI:

Hansen, Wien (© Restaurant Hansen)
Lederleitner, Wien (Fotos: Alexander Vesely)

Seite XII:

Lomography Shop, Wien, Design Sally Bibawy, Karl Emilio Pircher (Fotos: Alexander Vesely)

Lomography Shop Negligée-Tasche, Design Eva Blut, Wien (Foto: Alexander Vesely)

Seite XIII:

Bullring von Selfridges, Birmingham, Design Future Systems (© Selfridges)
Selfridges London, Design Future Systems (Fotos: Umdasch Shop-Concept, Dr. Christian Mikunda)

Seite XIV:

SSAWS Skidome, Tokio (Foto: Dr. Christian Mikunda)
NTC New Technology Center, Schruns, Österreich (Foto: Dr. Christian Mikunda)

Seite XV:

Colourscape, Jeunesse Musicale, Wien 1999 (Foto: Alexander Vesely)
Thalia Buchhandlung, Linz, Österreich (Foto: Gerhard Maier)

Seite XVI:

Loisium, Besucherzentrum, Langenlois, Österreich, Architektur Steven Holl (Foto: Robert Herbst)
Loisium, Kellerwelt, Design Steiner Sarnen (Fotos: Robert Herbst, Dr. Christian Mikunda)

Anmerkungen

[1] Oldenburg, Ray: *The Great Good Place: cafés, coffee shops, bookstores, bars, hair salons, and other hangouts at the heart of a community*, New York: Marlowe & Company 1999

[2] Muschamp, Herbert: *Postcards from the old world gone global.* The New York Times, 12. August 2001

[3] Underhill, Paco: *Warum kaufen wir? Die Psychologie des Konsums*, München: Econ Verlag 2000

[4] Field, Syd: *Drehbuchschreiben für Fernsehen und Film. Ein Handbuch für Ausbildung und Praxis*, München: List Verlag 1987

[5] Mikunda, Christian: *Kino spüren. Strategien der emotionalen Filmgestaltung*, Wien: WUV Universitätsverlag 2002

[6] Schulz, Denise: *Das Lokal als Bühne. Die Dramaturgie des Genusses*, Düsseldorf; Berlin: Metropolitan-Verlag 2000

[7] Mikunda, Christian: *Der verbotene Ort oder Die inszenierte Verführung. Unwiderstehliches Marketing durch strategische Dramaturgie*, Frankfurt: Wirtschaftsverlag Carl Ueberreuter 2002

[8] Kreft, Wilhelm: *Ladenplanung. Merchandising-Architektur. Strategien für Verkaufsräume: Gestaltungs-Grundlagen, Erlebnis-Inszenierungen, Kundenleitweg-Planungen*, Leinfelden-Echterdingen: Verlagsanstalt Alexander Koch 2002

[9] Hosch, Alexander: *Was nun, Herr Libeskind?* Architectural Digest 1/2002, München: Condé Nast Verlag 2002

[10] Mecke, Rolf: *Leuchtende Aussichten. Wandelbares Ambiente, fernbedient: Wohnen wird digital*, Architektur & Wohnen Heft 3/01, Hamburg: Jahreszeiten Verlag

Geheimnisse machen neugierig

Was verbindet einen mittelalterlichen Reliquienschrein mit einem Luxusshop von Gucci oder Louis Vuitton? Warum funktioniert die Fernsehserie Inspektor Columbo nach demselben Muster wie die spektakulären Aktionen von Greenpeace? In seinem Standardwerk zur Marketing-Dramaturgie entschlüsselt Christian Mikunda eine geheime Erlebnissprache. Die Beispiele spannen den Bogen von Shopping-Wundern in Las Vegas bis zur Terrorismus-Dramaturgie nach dem 11. September. Mikundas mitreißender Erzählstil macht das Buch zur unentbehrlichen Lektüre für alle, die immer schon wissen wollten, wie die »Drehbücher im Kopf« aussehen, nach denen wir uns richten.

264 Seiten
Format 17 x 24 cm, Hardcover
€ 36,00 (D) | € 37,10 (A) | CHF 62,00
ISBN: 978-3-636-01214-2

www.redline-wirtschaft.de

REDLINE WIRTSCHAFT